Kolibris

Trochilidae

(3., erweiterte Auflage)

Dieter Poley

Die Neue Brehm-Bücherei Bd. 484

Westarp Wissenschaften · Magdeburg · 1994

Die Deutsche Bibliothek – CIP-Einheitsaufnahme

Poley, Dieter:

Kolibris: Trochilidae / Dieter Poley. – 3., erw. Aufl. –
Magdeburg: Westarp-Wiss., 1994
(Die Neue Brehm-Bücherei; Bd. 484)
ISBN 3-89432-409-0
NE: GT

Titelfoto: W. Scheithauer, Bad Aibling

Wolf Graf von Westarp
Uhlichstr. 6, 39108 Magdeburg, Tel. + Fax: 0391–35620

Gesamtherstellung: Druckhaus Thamhayn GmbH, Gräfenhainichen

Vorwort zur 2. Auflage

Als ich im Frühjahr 1987 vom Ziemsen Verlag gebeten wurde, eine Nachauflage des 1976 erschienenen Bandes über die Kolibris ins Auge zu fassen, kam ich dieser Bitte gern nach. Das Wissen über Biologie, Systematik, Physiologie und anderer biologischer Teilwissenschaften hat sich seitdem enorm vermehrt. Nicht weniger als 350 Bücher und Arbeiten wurden zur Bearbeitung dieser neuen Auflage herangezogen. Aufgrund vieler neuer Erkenntnisse mußten die Kapitel über den Energiehaushalt, die Torpidität und die Kulturgeschichte neu geschrieben werden. Vollkommen neue Erkenntnisse fanden ihren Niederschlag in den Absätzen über Vogelblumenmilben, Schlafnester, Schlaf, Wanderungen, Feinde und Verlustursachen, Lebensdauer, verschollene und neu entdeckte Arten, Bruten in menschlicher Obhut und Artenschutz. Doch werfen alle diese neuen Erkenntnisse neue Fragen für den wissenschaftlich arbeitenden Biologen auf.

So ist das mit „wunderbar“ zu bezeichnende Ergebnis der Evolution – die Anpassungen von Blumenvogel und Vogelblume – noch um die Anpassungen der Vogelblumenmilben bereichert worden. Sie wandern sozusagen als „Anhalter“ mit den Kolibris in den Norden von Amerika, und kehren dann im Herbst auf die gleiche Art zurück.

Die Familie der Kolibris ist und bleibt für den betrachtenden Laien und für den sie bearbeitenden Zoologen von großer Faszination. Nicht zuletzt kommt dies auch im Kapitel über die Kulturgeschichte der Kolibris zum Ausdruck.

Als ein großer Erfolg der Vogelpflege kann die Tatsache gewertet werden, daß es gelang, eine ganze Reihe von Kolibriarten in menschlicher Obhut zur Zucht zu bringen. Doch damit und mit anderen Bereichen der Forschung ist es zumindest für Deutschland vorbei, denn nach den seit 1987 geltenden Natur- und Artenschutzgesetzen ist die Einfuhr von Kolibris verboten worden. Die hinter diesen Bestimmungen sichtbare geistige Grundhaltung von Legislative und Exekutive geht von einem abgrundtiefen Mißtrauen aus gegenüber jedem, der Tiere hält. Es bleibt zu hoffen, daß in den kommenden Jahren die Klugheit über die Ideologie (des Naturschutzes) siegt und auch künftig deutsche Autoren im Kolibrischrifttum nicht fehlen werden.

Heidelberg, im Februar 1988 — Dieter Poley

Die Ereignisse des Jahres 1989 und die daraus resultierende völlig neue Wirtschaftslage der Verlage im Osten Deutschlands haben zu einer Verzögerung des wesentlich früher geplanten Erscheinens dieses Buches geführt. Verlag und Autor freuen sich nun um so mehr, dem interessierten Leserkreis dieses Buch über Kolibris innerhalb der 1948 begründeten Reihe der Neuen Brehm-Bücherei vorzustellen.

„Ede demonstriert nur unseren ausländischen Gästen den Schwirrflug und die Nahrungsaufnahme der Kolibris."
Zeichnung: Schmitt

Inhaltsverzeichnis

1. Erste Berichte und Entwicklung unseres Wissens 7
2. Bezeichnungen und deren Herkunft 9
3. Geographische Verbreitung 12
4. Verwandtschaftsbeziehungen und Morphologie 15
5. Gewichte und Größen 17
6. Flug 18
7. Ernährung 22
8. Biologische Gruppierung der Trochilinae 27
9. Nahrungsaufnahme 28
10. Kolibris und Blumen – das Phaenomen der Ornithophilie 35
10.1 Anpassungen der Vogelblume 36
10.1.1 Farbe 36
10.1.2 Größe 37
10.1.3 Gestalt und Form 38
10.1.4 Nektar 39
10.1.5 Bau 41
10.1.6 Duft 41
10.1.7 Pollen 41
10.2 Beispiele für Bestäubung 42
10.3 Anpassungen des Blumenvogels 46
10.3.1 Schnabelform 46
10.3.2 Farbsehen 48
10.3.3 Verhalten bei der Futtersuche 51
10.4 Die Vogelblumenmilben 52
11. Energiehaushalt 53
11.1 Körpergewicht 54
11.2 Kropfkapazität 54
11.3 Nektaraufnahme 55
11.4 Energiebedarf 55
11.5 Regulation des Energiehaushaltes 57
12. Torpidität der Kolibris 58
13 Fortpflanzung 68
13.1 Nest 69
13.1.1 Nestbau in menschlicher Obhut 70
13.2 Balz 78
13.3 Gesang und Schlag 78
13.4 Gruppenschlag 78
13.5 Singflüge 79
13.6 Mechanische Tonerzeugung beim Schauflug 79
13.7 Hochzeitsflug 80
13.8 Balzfüttern 83
13.9 Eiablage und Brutdauer 83
13.10 Brutpflege 84
13.11 Wachstum der Nestlinge 87
14. Mauser 88

15. Schlaf . . . 90
16. Wanderungen . . . 90
17. Körperpflege . . . 94
17.1 Baden . . . 95
17.2 Trocknen und Einfetten des Gefieders . . . 95
17.3 Putzen . . . 96
17.4 Komfortbewegungen . . . 98
18. Aggressives und kommunales Verhalten . . . 99
18.1 Aggressionsverhalten . . . 99
18.2 Soziales Verhalten . . . 107
18.2.1 Spielflüge . . . 107
18.2.2 Kontaktschlafen . . . 110
18.2.3 Aktives Aufsuchen des Kontaktes am Tag . . . 112
19. Feinde und Verlustsachen . . . 113
20. Lebensdauer . . . 114
21. Hybriden, Zwitter und Albinos . . . 116
22. Verschollene und neu entdeckte Arten . . . 117
23. Haltung und Pflege . . . 120
23.1 Unterbringung . . . 126
23.2 Fütterung . . . 127
23.3 Krankheiten . . . 133
23.4 Bruten in menschlicher Obhut . . . 139
24. Artenschutz . . . 141
24.1 Schutzbestimmungen in den Heimatländern . . . 141
24.2 Internationaler Schutzstatus . . . 142
24.3 Kolibris im Artenschutzrecht Deutschlands . . . 142
25. Zur Kulturgeschichte der Kolibris . . . 143
25.1 Der Kolibri in den präkolumbischen Kulturen . . . 143
25.1.1 Mesoamerikanische Indianerkulturen . . . 143
25.1.2 Südamerikanische Indianerkulturen . . . 153
25.1.3 Nordamerikanische Indianerkulturen . . . 157
25.2 Das Zeitalter der Kolonisation . . . 157
25.3 Das 19. Jahrhundert . . . 159
25.4 Das 20. Jahrhundert . . . 160
25.4.1 Meso-Amerika . . . 160
25.4.2 Südamerika . . . 166
25.4.3 Europa . . . 166
26. Bestimmungsschlüssel . . . 166
27. Literatur . . . 191
28. Register . . . 214

1. Erste Berichte und Entwicklung unseres Wissens

Bereits 66 Jahre nach der Entdeckung Amerikas durch Christoph KOLUMBUS im Jahre 1492 finden wir die erste Erwähnung der Kolibris in dem Werk von THEVET und DE LERY „Les singularites de la France antarctique", wie man Brasilien damals nannte. Die beiden Autoren gehörten zur Expedition LE VILLAGAIGNONS, der 1555 von Admiral COLIGNY an die brasilianische Küste entsandt wurde, um hier eine französische Niederlassung zu gründen. Die Expedition soll wegen religiöser Streitigkeiten gescheitert sein. Doch verdanken wir DE LERY neben vielen ethnologischen, geografischen, botanischen und zoologischen Beobachtungen auch die erste Beschreibung eines Kolibris.

> „Mais pour une singuliére merveille et chef-d'œuvre de petisse il n'en faut pas omettre un, que les sauvages nomment Gonambuch, de plumage blanchâ tre et luisans, lequel combien qu'il n'ait pas le corps plus gros qu'un frelon, ou qu'un cerf volant, triomphe néanmoins de chanter."

Frei übersetzt würde das etwa heißen:

> „Aber als einzigartiges Wunder und Miniatur-Meisterwerk darf man einen nicht vergessen, den die Eingeborenen Gonambuch nennen, von weißlichem und glänzendem Gefieder, mit einem Körper nicht größer als eine Hornisse oder ein fliegender Hirschkäfer, ist er aber nichtsdestoweniger ein triumphierender Sänger."

Während die Azteken die Wanderungen der großen Wasservögel, die in riesigen Scharen zu ihrem See (Texcocosee) kamen, erklären konnten, waren sie beim Verschwinden und Wiederauftauchen der Kolibris auf Erklärungen ihrer Phantasie angewiesen. Die Indianer erklärten jedoch das Vorhandensein dieser Vögel sehr anschaulich, wie wir aus SAHAGUNS Manuskript „General History of the Things of New Spain" wissen: „Es gibt sehr kleine Vögel in unserem Land, die mehr einer Pferdefliege als einem Vogel ähneln. Es gibt viele Arten von ihnen, sie haben einen kleinen schwarzen gebogenen Schnabel, der wie ein Pfriem aussieht. Die Nester bauen sie in Büschen und sie legen nicht mehr als zwei Eier. Sie ernähren sich wie die Bienen vom Tau der Blüten, sind sehr leuchtend und fliegen wie ein Pfeil." Wo Fakten fehlten, begann dann die schöpferische Einbildung zu spielen, so wurde die Abwesenheit der Kolibris des Winters wie folgt erklärt: „Sie werden jedes Jahr neu gebildet. Wenn der Winter kommt, hängen sie sich mit den Schnäbeln in den Bäumen auf, trocknen aus und verlieren die Federn (zweifellos sind damit die Kokons verschiedener Motten gemeint). Doch wenn die Bäume wieder grün werden, regen sie sich wieder, das Gefieder beginnt zu sprießen, und wenn es donnert und regnet, erwachen sie und fliegen davon." Nach diesen außerordentlich genauen Beschreibungen konnte Professor Martin DEL CAMPO nicht weniger als elf Kolibriarten determinieren.

In der Folgezeit berichten mehrere Autoren in ihren Beschreibungen über die Wunder des neu entdeckten Kontinents auch über Kolibris, ohne bereits eine systematische Übersicht geben zu können. Im Jahre 1671 werden in den „Philosophical Transactions of Great Britain“ das Nest und die Eier von *Archilochus colubris* beschrieben. Im selben Journal findet sich 1691 eine Beschreibung des Blütenbesuchs, der Nektaraufnahme und des Schwirrfluges.

So kommt es, daß LINNÉ noch in der 10. Auflage seines Werkes „Systema naturae“ nur 18 Arten beschreibt. Er erkennt jedoch den besonderen Charakter dieser Vögel und vereinigt sie in einer Familie unter dem Namen „Trochilos“. Diesen Namen trägt die Familie noch heute – Trochilidae.

Die Zeit der Naturalienkabinette, die fast sämtlich über eine mehr oder weniger große Kollektion präparierte Kolibris verfügten, kennt gleichzeitig eine Reihe von Meistern der Illustration und Klassifizierung sowie hervorragender Qualität der Beschreibung, zu deren Ehren viele Kolibriarten benannt wurden:

BUFFON *(Chalybura buffoni)*
LESSON *(Campylopterus lessoni)*
SWAINSON *(Chlorostilbon swainsoni)*
LODDIGES *(Loddigesia mirabilis)*
JARDINE, BOISSONNEAU
(Boissonneaua jardini)
GOULD *(Lophornis gouldi)*
RICORD *(Chlorostilbon riccordii)*
FRASER *(Threnetes fraseri)*
DELATTRE *(Lophornis delattrei)*
LONGUEMARE *(Phaethornis longemareus)*
MULSANT *(Acestrura mulsanti)*
VERREAUX *(Lorphornis verreauxi)*
REICHENBACH *(Chrysolampis reichenbachi)*
CABANIS *(Petasophora cabanidis)*.

Leider sind inzwischen eine Reihe von diesen Bezeichnungen als Folge des Prioritätsgesetzes verschwunden.

Eine große Anzahl neuer und bislang noch nicht beschriebener Arten wurde von den Ornithologen in den kommerziellen Sammlungen von Vogelbälgen gefunden. Für die in der zweiten Hälfte des 19. Jh. blühende Schmuckfederindustrie wurden speziell aus Bogota, Trinidad und Bahia große Balgsammlungen nach London und Paris gebracht. Es müssen Millionen von Kolibribälgen gewesen sein, die damals per Schiff aus Südamerika und von den Antillen nach Europa kamen. Allein 3000 Bälge von *Chrysolampis mosquitos* befanden sich in einer einzigen Sendung. Auf einer öffentlichen Auktion in London am 21. März 1888 wurden mehr als 12 000 Kolibribälge, in einer anderen Woche desselben Jahres ebenfalls auf einer Londoner Auktion nicht weniger als 400 000 Kolibribälge verkauft.

Im Jahre 1911 wurden in London von vier Firmen auf drei Auktionen neben 129 168 kleinen Reihern, 13 598 großen Reihern, 20 698 Paradiesvögeln, 9 464 Adlern, 9 472 anderen Vögeln auch 41 090 Kolibris angeboten. In seinem Werk „Pros and Cons of the Plumage Bill“ schreibt BUCKLAND 1911: „Die Vernichtung der Kolibris wegen ihrer Federn ist eine Sache, über die man nicht leicht emphatische Äußerungen unterdrücken kann. Vor einigen Jahren, als die Gier nach diesen prächtigsten aller Geschöpfe auf ihrem Höhepunkt war, erhielt ein Händler aus Westindien in einem Jahr 400 000 Bälge. Solche Massenschlächterei konnte nur ein Ergebnis haben. Bestimmte Arten mit einem beschränkten Wohngebiet wurden ebenso vollständig ausgelöscht wie Figuren von einer Schiefertafel mit einem nassen Schwamm, während andere bis an den Rand des Verschwindens abnahmen und nun ganz verschwinden werden ...“

Die nicht zuletzt durch den 5. Internationalen Ornithologen-Kongreß 1910 in Berlin erzeugte Alarmstimmung im Federhandel und in der Modeindustrie erfaßte auch Frankreich, obwohl dort die Vogelschutzbewegung nicht sonderlich aktiv war. Neben FOREST und LEFÉVRE bemühte sich vor allem der Ornithologe am Pariser Museum für Naturgeschichte – MENEGAUX (1857–1937) – um eine Versachlichung der Auseinandersetzungen mit einer Schrift: „La Protection des Oiseaux et l'industrie plumassière“ (1911), mit Argumenten, die BUCKLAND nicht, nur flüchtig oder etwas einseitig behandelt hatte. MENEGAUX sieht die Schuld an den beklagten Zuständen vor allem in der Jagd und den Umweltveränderungen. Die Kolibris seien seit 15 Jahren schon aus der Mode gekommen, aus Angeboten und Märkten dürfe man nicht auf eine entsprechende Nachfrage schließen, und 26 000 angebotene Vögel müsse man in Relation zu den riesigen Räumen setzen, die von Kolibris bewohnt werden.“

Nicht zu beweisen, aber mit großer Wahrscheinlichkeit ist anzunehmen, daß durch diese Modetorheit eine Reihe von Arten ausgerottet wurde, denn es gibt tatsächlich Arten, die sich nur auf ein oder zwei solche Exemplare begründen lassen und die seither niemals wieder gefunden wurden. Doch der amerikanische Kontinent ist groß, die Möglichkeit, daß es noch nicht entdeckte endemische Arten gibt, besteht also. In diesem Zusammenhang sei auf die Wiederentdeckung des seit einer Reihe von Jahrzehnten verschollenen *Augastes lumachellus* durch RUSCHI erinnert.

Die zu Beginn unseres 20. Jahrhunderts von HARTERT (1900), SHARPE (1900), CORY (1908) und SIMON (1921) veröffentlichten Klassifikationen fanden ihren bisherigen Abschluß mit der „Checklist of Birds of the World“ von PETERS (1945). In den mehr als 40 Jahren seit dem Erscheinen der PETERSschen Checklist sind 16 neue Arten beschrieben worden, acht davon allein in den 70er Jahren. Dies verführt zu der Annahme, daß in den amerikanischen Tropen noch weitere Entdeckungen zu erwarten sind.

Über den historischen Ablauf der Entdeckungsgeschichte der Kolibris gibt die folgende Tabelle Auskunft:

Zeitraum	Anzahl der Arten	Zeitraum	Anzahl der Arten
1758	11	1841–1850	79
1761–1770	5	1851–1860	43
1771–1780	1	1861–1870	18
1781–1790	17	1871–1880	14
1791–1800	1	1881–1890	9
1801–1810	3	1891–1900	12
1811–1820	15	1901–1910	7
1821–1830	29	1911–1945	9
1831–1840	54	1946–1983	16

Dem Zug der Zeit und der Entwicklung der Zoologie entsprechend, erschien in den vergangenen Jahrzehnten eine Fülle von Arbeiten über die Biologie, die Physiologie, die Fortbewegung, die Ethologie und Haltung dieser Tiere.

2. Bezeichnungen und deren Herkunft

Wohl kaum eine Tierfamilie hat die Phantasie sowohl der Völker ihres Heimatlandes als auch der Wissenschaftler bei der Benennung so stark angesprochen wie die der Kolibris. Aus der Beschreibung ihres einzigartigen Flugvermögens, ihrer Winzigkeit und der jeder schriftlichen Darstellung spottenden Gefiederfärbung sind gleichermaßen Trivialnamen und wissenschaftliche Bezeichnungen hervorgegangen, die auch heute noch einen großen Zauber auf den Leser ausüben.

Die von vielen Sprachen assimilierte Bezeichnung „Kolibri" ist ihrer Herkunft nach westindisch, und sowohl LESSON als auch BERLEPSCH vermuten, daß hier die entstellte französische Bezeichnung „col brillant" – schillernde oder schimmernde Kehle – zugrunde liegt. Die Amerikaner nennen diese kleinen Vögel „hummingbirds", also summende oder brummende Vögel aufgrund ihres Fluggeräusches. Weitere phonetische Umschreibungen des Schwirrfluges sind die auf den Antillen gebräuchliche Bezeichnung „murmures" – Murmler – und das kubanische „zum zum". Bei den Kreolen der Antillen und in Guayana werden die Kolibris als „bourdon" – Drohne – und „frou-frou" – das Rauschen – bezeichnet.

Die sonst so phantasiebegabten Franzosen haben nur die Kleinheit dieser Tiere gesehen und nennen sie „oiseau mouche", also Fliegenvogel oder fliegengroßer Vogel. In Spanien und Argentinien nennt man den Kolibri „pica flor"– der Blütenpicker –, während ihn die Portugiesen „Beija flor" – Blütenküsser – nennen. Auch die zentralamerikanischen Bezeichnungen „chupa-rosa" – Rosensauger – und „chupamyrta" – Myrthensauger – nehmen auf den Blütenbesuch Bezug und sind oft zu hören.

Im Spanischen ist auch ein Name, der an das geringe Gewicht erinnert, gebräuchlich. So werden die Kolibris hier „tominejo" genannt. „Tomin" ist eine alte Bezeichnung für ein sehr kleines Gewicht. Auf die gleiche sprachliche Wurzel geht auch das portugiesische „tomeneco" zurück.

In Guatemala und im angrenzenden mexikanischen Bundesstaat Chiapas werden die Kolibris „gorrión" genannt, das spanisch Sperling oder Spatz bedeutet. Über das Warum dieser Namensgebung kann nichts ausgesagt werden. Weder die einheimische Bevölkerung noch mexikanische Ornithologen, die ich während einer Forschungsreise befragte, konnten Auskunft geben.

Eine Parallele zu dieser Bezeichnung stellt die mir von H. WENDT, Baden-Baden, mündlich gemachte Mitteilung dar, daß die vor etwa 150 Jahren aus dem Kaiserstuhlgebiet nach Tovar in Venezuela eingewanderten Alemannen die Kolibris „Spätzle" nennen.

Wesentlich klangvoller sind die Namen der indianischen Urbevölkerung Zentral- und Südamerikas für die bunten Vögel. So sind „ourissa", „hutziltzil", „guanumbia", „quinde", „tzitztolotl", „quinti", „quintiut", „uitzilin", „visiclin", „pigada" und „courbiri" Bezeichnungen, die einmal das Tagesgestirn, den Mittelpunkt der alten indianischen Religionen beinhalten. Man könnte sie mit „Strahlen der Sonne" oder „Locken des Tagessternes" übersetzen. Weitere phonetische Umschreibungen des Fluggeräusches sind unschwer zu erkennen. In der Sprache einiger brasilianischer Urwaldindianer sind die Namen „aratica" und „aratarataguacu" gebräuchlich. In der Sprache der Maya, die noch heute in den mexikanischen Bundesstaaten Chiapas, Campeche, Yucatan und Quintana Roo sowie in Guatemala und Honduras gesprochen wird, heißt der Kolibri lautmalerisch das Fluggeräusch umschreibend „tzunuum".

Da die Kolibris in der Regel zuerst von Wissenschaftlern benannt wurden, gibt es kaum Trivialnamen in den europäischen Sprachen. Doch selbst in der trocken-exakten Sprache der Wissenschaft erscheinen Bezeichnungen für die Sonne, die Sterne, glänzende Edelsteine usw.:

Heliomaster – Herr der Sonne
Heliangelus – Engel der Sonne
Stellula calliope – Sternchen mit dem wohltönenden Gesang
Sapphirina – Saphir
Topaza pyra – glühender Topas
Chrysolampis – glühende Fackel
Heliodoxa – Sonnenherrrlichkeit.

In ähnlich poetischer Form geht es nun über Sternenkehlchen, Waldsternchen, Sternenkronen und weiter zunächst zu Namen berühmter Wissenschaftler, die schon im Kapitel 1 aufgeführt wurden. Doch auch gekrönte Häupter finden ihre Namen in der wissenschaftlichen Nomenklatur wieder:

Calypte anna (Herzogin ANNA von Rivoli)
Eugenes fulgens (Herzog EUGEN)
Eugenia imperatrix (Kaiserin EUGENIE)
Heliangelus rothschildi (Baron ROTHSCHILD)
Helianthea bonapartei (NAPOLEON BONAPARTE)
Archilochus costae (Louis Marie Pantaleon COSTA, 1806–1864, französischer Adliger, der Kolibris sammelte).

Weitere Namensgebungen sind griechischen und lateinischen Ursprungs oder stammen aus den verschiedenen Indianersprachen.

Amazilia	ist die latinisierte Form des südamerikanischen Indianernamens amazili, der Bezug auf den Amazonas nimmt
A. tzacatl	kommt möglicherweise von dem Aztekenwort für Gras oder grün
A. violiceps	von lat. viola = violett und ceps = Kopf.
Archilochus	nach ARCHILOCHUS VON PAROS, griechischer Dichter des 7. Jh., oder von der griechischen Vorsilbe arch = Ober(haupt) und lochos = Hauptteil von Individuen
A. calliope	vom griechischen kalliope = wunderschöne Stimme; griechische Muse des Epos und der Elegie
A. colubris	latinisierte Form von colibri
A. atthis	griechisch für einen Einwohner Athens, vielleicht für PHILOMENA, die in einen Vogel verwandelt wurde, oder nach mystischen Priestern der Göttin Cybele
Basilinna	gr. = Königin
Calliphlox	gr. kalos = schön, thorax = Rücken
C. lucifer	lat. = lichtbringend
Calypte	gr. kalyptos = verbergen, verstecken
Chlorostilbon	gr. chloros = grün, stilbon = glitzernd, blitzend
Coeligena	gr. = himmelsgeboren
Colibri thalassinus	gr. thalassios = marine-(blau)
Cyanolaemus	gr. kyanos = dunkelblau, loimas = Kehle
Cynanthus	gr. kyanos = dunkelblau, anthos = glänzend

C. latirostris	lat. latus = breit, rostrum = Schnabel
C. leucotis	gr. leucos = weiß, otos = Ohr
Hylocharis	gr. hyle = Wald, charis = hübsch
Lampornis	gr. lampros = schillernd, ornis = Vogel
Orthorhyncus	gr. orthos = gerade, rhyncos = Schnabel
Philodice	ein Name aus der griechischen Mythologie, sie war die Mutter von Hilara und Phoebe
Selasphorus	gr. selas = Licht, phoros = tragen, Träger
S. platycercus	gr. platys = flach, kerkos = Schwanz
S. sasin	Möglicherweise eine Bezeichnung der Mootka-Indianer für diese Art.

In der Nomenklatur der Kolibris fehlen auch Hinweise auf Expeditionsteilnehmer, Ehefrauen und andere prosaische Erinnerungen nicht.

Amazilia riefferi	Heute nicht mehr gebräuchliche Bezeichnung, die an den Sammler Rieffer erinnert, der die ersten Exemplare dieser Art erbeutete.
Archilochus alexendri	Alexandre entdeckte diese Art
Chlorostilbon ricordii	Philippe Ricord (1800–1889) war ein französischer Chirurg
Heliomaster constantii	C. Constant (1820–1905) war ein kolumbianischer Präparator
Lampornis clemenciae	so genannt nach der Ehefrau des französischen Naturforschers R. P. Lesson (1795–1849)
Selasphorus heloisa	Von Lesson und de Lattre nach einer unbekannten Frau benannt, wahrscheinlich die Ehefrau von de Lattre.

Nicht weniger poetisch, dabei oft ziemlich exakt beschreibend, sind die deutschsprachigen Namen, die in den Listen überseeischer und europäischer Händler zu finden sind:

> Fliegender Amethyst, Smaragdkehlkolibri, Violettohr- und Weißohrkolibri, Weißkrönchen, Dornschwanzkolibri, Grüne Fliege, Hummelkolibri, Adlerschnabel, Schwertschnabel, Violettschwanzmuffenbeinchen.

Weitere deutschsprachige Bezeichnungen sind Sonnensucher, Bergwart, Metallschwanz, Riesengnom, Rückstrahlerkolibri, Bergjuwel usw. Da wir hier von einer geordneten Sprachregelung noch nicht sprechen können, verwende ich nur die wissenschaftlichen Bezeichnungen.

3. Geographische Verbreitung

Kolibris sind typische Vertreter der Neuen Welt; von Alaska und Labrador im Norden bis Tierra del Fuego und Feuerland im Süden besiedeln sie alle Festlandsterritorien

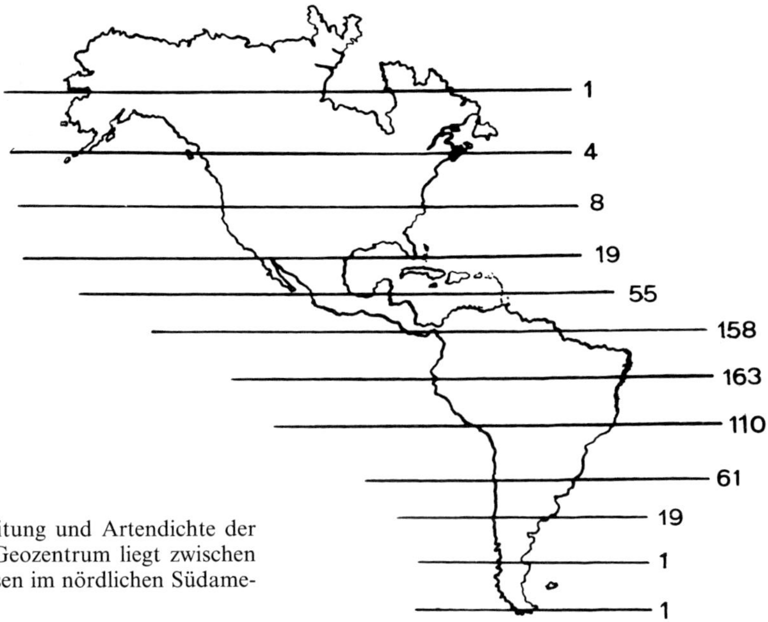

Abb. 1. Verbreitung und Artendichte der Kolibris. Das Geozentrum liegt zwischen den Wendekreisen im nördlichen Südamerika

und Inseln mit Ausnahme des Galapagos-Archipels. Das Geozentrum dieser Familie, das Gebiet mit der größten Artendichte, liegt im Ecuador und den Nachbarländern Peru und Kolumbien. Es ist sehr wahrscheinlich, daß hier auch das Entstehungszentrum der Kolibris zu suchen ist. Fossile Funde sind von Kolibris nicht bekannt. So sind wir in der Frage der Stammesgeschichte auf Vermutungen und Hypothesen angewiesen.

Im Tertiär waren Nordamerika und Asien über eine Landbrücke im Bereich des heutigen Beringmeeres miteinander verbunden. Während eine Reihe von eurasischen Arten diese Landverbindung zur Einwanderung benutzte, fehlt für eine Auswanderung amerikanischer Vogelarten nach Asien jeder Beweis. Es gilt als sicher, daß während des Tertiärs in den südlichen Teilendes Gebietes der heutigen Vereinigten Staaten von Amerika tropisches oder zumindest subtropisches Klima herrschte. MARTIN und MUSY nehmen daher an, daß in dieser Zeit eine Reihe von Kolibriarten in dieses Gebiet eingewandert ist. Doch war der südamerikanische Kontinent, den wir als das Entstehungszentrum dieser Familie betrachten, während des gesamten Tertiärs ein isolierter Kontinent, wenn nicht gar noch länger. Drei große Wassergräben haben in dieser Periode die beiden heute miteinander verbundenen Subkontinente getrennt: einer durchschnitt das Gebiet des heutigen Nicaragua, einer kreuzte Panama und der dritte verlief im heutigen nordwestlichen Kolumbien. Innerhalb dieser trennenden Wasserwüsten lagen Inseln, die ein Vordringen „Sprung für Sprung“ nach Norden ermöglichten. Die letzte dieser Grenzen fiel nicht vor Ende des Pliozäns, also etwa vor 2 Millionen Jahren. Es gilt als ziemlich sicher, daß diese weiten Wassergrenzen für Kolibris nicht überwindbar waren. Nur während Perioden einer Landverbindung könnten einige Arten nach Norden gewandert sein, etwa bis in das Gebiet der heutigen Antillen, wo sich eine Reihe von endemischen Arten gehalten hat. Die Besiedlung Nordamerikas durch Kolibris ist sicher von diesen neu bewohnten Gebieten ausgegangen. Als Beweis darf die große Ähnlichkeit der nordamerikanischen Kolibris in bezug auf Schnabellänge, Körpergewicht, Flügellänge sowie die Hybridisation gelten. Kolibris der Antillen oder sogar von Südamerika weichen wesentlich stärker von den Durchschnittswerten ab.

Zur Zeit einer Klimaverschlechterung zogen sich die Kolibris zurück und stießen bei einer Verbesserung des Klimas erneut in diese gemäßigten Breiten vor. Noch heute legen die Arten *Selasphorus rufus, Selasphorus sasin, Selasphorus platycercus* und *Stellula calliope* im Westen Amerikas und *Archilochus colubris* im Osten gewaltige Entfernungen auf dem Zug zurück. Noch heute weist gerade der Wanderweg von *Archilochus colubris* über den Golf von Mexiko auf eine alte Landbrücke hin. Während des Sommers speichern diese kleinen Vögel eine gehörige Portion Fett, damit für den langen Nonstopflug genügend Energie vorhanden ist. Es ist ziemlich unwahrscheinlich, daß diese Art während ihrer Stammesgeschichte eine Golfüberquerung ohne Landaufenthalte „erfunden" hat. Auf dem Meer gibt es weder Insekten noch Blüten noch Landeplätze, und ein Kolibri muß alle 15 Minuten Nahrung zu sich nehmen.

Verteilung der Kolibriarten in verschiedenen Regionen

	Anzahl der Arten	endemische Arten		Anzahl der Arten	endemische Arten
Argentinien	24	0	Kanada	5	0
Belize	19	0	Kolumbien	135	12
Bolivien	63	2	Mexiko	50	8
Brasilien	90	22	Panama	54	3
Chile	7	2	Paraguay	12	0
Costa Rica	52	3	Peru	100	15
Ecuador	163	5	Surinam	27	0
El Salvador	21	0	Uruguay	4	0
Guatemala	37	0	USA	19	0
Guyana	36	0	Venezuela	97	5
Honduras	40	1	Westindische Inseln	17	13

Als weiterer Hinweis mag die Tatsache dienen, daß von den rund 120 Gattungen nur etwa 20 ausschließlich im nördlichen Zentral- und Nordamerika vorkommen, nicht hingegen in Südamerika. Einige Arten könnten also vor oder zu Beginn des Tertiärs, vor dem Versinken der mittelamerikanischen Landbrücke, nach Norden gewandert sein. Andere wieder erst im Pliozän, als die Landverbindung zwischen diesen beiden Subkontinenten wieder hergestellt war.

Die Besiedlung des südamerikanischen Kontinents erfolgte sicher hauptsächlich vor der Auffaltung der Kordillere, denn viele Arten kommen sowohl östlich als auch westlich des Gebirges vor und haben jeweils nur Unterarten ausgebildet. Diese Tatsache weist darauf hin, daß die Ausbreitung schon vor der Faltung der Kordilleren stattgefunden haben muß, denn das Gebirge stellt heute eine unüberwindbare Barriere

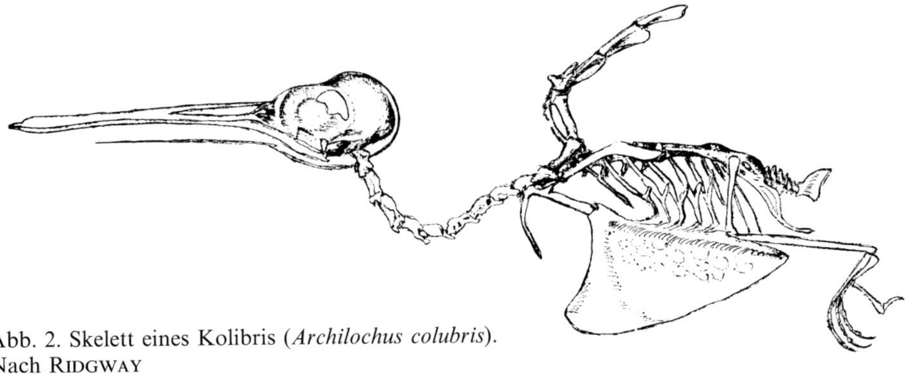

Abb. 2. Skelett eines Kolibris (*Archilochus colubris*). Nach RIDGWAY

dar. Während viele Arten auf dem gleichen Breitengrad Subspecies ausgebildet haben, hat eine genügend große Entfernung in der Nord-Süd-Richtung und damit gleichzeitig eine Veränderung der klimatischen Einflüsse eine stark morphologische Differenzierung bewirkt (*Colibri thalassinus* in Zentralamerika – *Colibri coruscans* in Südamerika).

Allgemein kann festgestellt werden, daß die Kolibris bei Vorhandensein genügend großer Nahrungsreservoire jede nur mögliche ökologische Nische bevölkern. Vom heißen Tiefland Brasiliens und Guayanas bis an die Grenze des ewigen Schnees in den Kordilleren, vom kalten Feuerland bis hinauf nach Alaska bewohnen sie viele Biotope, sofern ihnen nur Blumen und Insekten zur Verfügung stehen.

Während gerade die artenreichen Gattungen *Phaethornis, Amazilia, Chlorostilbon* und *Colibri* über ganz Süd- und Mittelamerika verbreitet sind, gibt es auch eine Reihe von endemischen Gattungen und Arten. Solche endemischen Gattungen oder Arten sprechen immer für ein ziemlich hohes Isolierungsalter der betreffenden Gebiete und sind tiergeografisch meist aufschlußreicher als weitverbreitete Arten.

Ausschließlich auf den Kleinen Antillen findet man mehr als 10 endemische Arten, darunter *Eulampis jugularis, Sericotes holosericeus* und *Orthoryncus cristata.* Trotz der geringen Entfernungen zwischen den Inseln der Kleinen Antillen untereinander und zum südamerikanischen Kontinent hin blieben diese Arten meist nur auf eine Insel beschränkt und erfuhren keine weitere Verbreitung. *Trochilus polytmus* kommt nur auf Jamaika vor, *Philodice evelynäe* auf den Bahamas.

Auch die Arten, die nur an den Hängen eines einzigen Vulkans vorkommen, sind bekannt. So z. B. *Oreotrochilus chimborazzo* am Chimborazo und *Selasphorus torridus* am Vulkan Chiriquí in Panama.

4. Verwandtschaftsbeziehungen und Morphologie

Die Kolibris (Trochilidae) bilden eine äußerst scharf begrenzte und determinierte Familie, die am nächsten mit den Seglern (Apodidae) verwandt ist. Mit dieser werden sie zur Ordnung der Apodiformes oder Macrochires vereinigt. Als unbestrittene Mei-

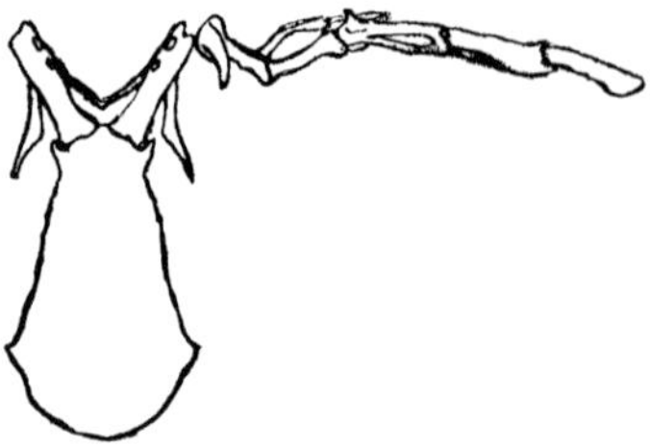

Abb. 3. Skelett des Schultergürtels und einer Vorderextremität eines Kolibris. Nach RIDGWAY

ster in der Kunst des Fliegens haben Segler und Kolibris eine Reihe von morphologisch-anatomischen Besonderheiten gemeinsam, die die Aufstellung einer eigenen Ordnung Apodiformes rechtfertigen. Wie kaum anders zu erwarten, haben sich bei diesen guten Fliegern die Flügel auf Kosten der Beine voll entwickelt, doch fehlen die Hintergliedmaßen keinesfalls vollständig, wie man aus der wissenschaftlichen Bezeichnung „Apodiformes“ vermuten könnte.

Das wichtigste Unterscheidungsmerkmal gegenüber anderen Ordnungen besteht in dem Größenverhältnis der Flügelknochen zueinander, denn die außerordentliche Flugtüchtigkeit bedingt eine extreme Verkürzung des Ober- und Unterarmes bei gleichzeitig stark verlängerten Handknochen. Dadurch wird nicht nur eine stabilere Verbindung des Flügels mit dem Körper erreicht, sondern auch ein besserer Hebelansatz für die mächtige Brustmuskulatur, die am ebenfalls enorm vergrößerten Brustbeinkamm ansetzt. Als Merkwürdigkeit fehlt bei Seglern und Kolibris die Einkerbung am Hinterende des Brustbeines. Die Knochenfasern in den Arm- und Handknochen des Mauerseglers verlaufen zum Teil schraubenförmig und wirken dadurch dem Einknicken und Abbrechen dieser stark beanspruchten Knochen entgegen.

Die zehn mächtigen Handschwingen benötigen die lange Hand zum Ansetzen, die sechs Armschwingen sind stark verkürzt. Der ganze Flügel wirkt praktisch wie eine einzige Feder. Auf die tragenden Federn des körpernahen Teiles der Flügel wird bei diesen kraftvoll schlagenden und nur kurze Strecken gleitenden Vögel verzichtet.

Die weiteren Merkmale seien der Vollständigkeit halber in Kürze wiedergegeben. Die Kolibris haben sämtlich nur eine geringe Größe, zu dieser Familie gehören die kleinsten Vögel der Welt. Der Hals ist ziemlich lang; die Läufe sind sehr kurz, die Vorderzehen sind ungefähr gleich lang und haben verhältnismäßig lange Krallen.

Die Schnabelform ist sehr mannigfaltig, und auch die Schnabellänge ist sehr verschieden. Bei *Rhamphomicron* ist der Schnabel kürzer als der Kopf, bei *Ensifera* übertrifft die Schnabellänge die Körperlänge. Die auffallenden Schnabelformen werden immer wieder als Anpassungen an die Blütenform gedeutet, doch fehlt es im Grunde genommen immer noch an sicheren Beobachtungen, die diese Abhängigkeit belegen. Schnabelborsten sind nicht vorhanden.

Das Herz ist sehr groß, sein Gewicht beträgt 1,75–2,5 % des Körpergewichts und ist damit relativ gesehen das größte im gesamten Tierreich. Die kleinen Arten haben proportional größere Herzen als die gößeren Arten. Dies hängt sowohl mit dem raschen Stoffwechsel als auch mit der Erbeutung der Nahrung zusammen. Die Herzschlagfrequenz beträgt 1 260 Schläge/min bei voller Aktivität, in der Ruhephase geht die Schlagfrequenz auf 500/min zurück. Beim größten Vogel, dem Strauß, ist die höchste Schlagfrequenz mit 176 und die niedrigste mit 38 gemessen worden. Nur bei einigen Spitzmäusen sind höhere Werte gemessen worden.

Das Gehirngewicht ist mit 4,2 % des Gesamtgewichts das höchste bei Vögeln gemessene. Im Tierreich ist bei den Wirbeltieren ein höheres relatives Gehirngewicht nur von den Klammeraffen mit 6,6 % des Körpergewichts (Mensch 2–2,5 %) bekannt.

Sehr hoch ist die Anzahl der Erythrocyten, mit 6,59 Millionen/Kubikmillimeter ist sie die höchste bei Vögeln gemessene. Dies ist sicher ein Resultat ihrer ungewöhnlichen Winzigkeit, die im Zusammenhang mit dem großen Wirkungsgrad des O_2-Transportes steht.

Die Zunge ist lang und am vorderen Teil in zwei seitlich offene Röhrchen gespalten. Die langen Zungenbeinhörner liegen wie bei Spechten um den ganzen Schädel herum, wodurch ein weites Vorschnellen der Zunge ermöglicht wird.

Die Trachea ist hoch oben gegabelt, die Bronchien sind sehr lang, die Furcula U-förmig. Blinddärme sind nicht vorhanden.

Der Schwanz besteht aus zehn Federn, zuweilen sind einige Steuerfedern verkümmert oder ihre Zahl ist reduziert. Der Körper ist mit glatt anliegenden, häufig harten, schuppenförmigen Federn bedeckt, die nur einen kleinen Afterschaft haben. Kolibris haben die geringste Federanzahl unter allen Vögeln, oft weniger als 1000. Bei einem Männchen von *Archilochus colubris* wurden 1936 940 Konturfedern gezählt, bei einem Weibchen derselben Art 1518 (1949). Bei *Selasphorus sasin* lauteten die Zahlen beim Männchen 1459 und beim Weibchen 1659 (1956). Auf dem Rücken, in der Mitte des Oberkopfes, am Hinterkopf, an der Kehle und am Bauch befindet sich je ein langer, schmaler, unbefiederter Rain. An den Bauchseiten befinden sich sehr auffällige Büschel flaumartiger Federn, ebenso oft an den Seiten des Rückens. Die meisten Arten tragen hauptsächlich an Kopf und Kehle wunderbar glänzende Schmuckfedern. Während die Männchen häufig auffallenden modifizierten Federschmuck tragen, sind die meisten Weibchen oft schlicht gefärbt.

5. Gewichte und Größen

Kolibris sind in der Mehrzahl kleine bis sehr kleine Vögel von der Größe einer Schwalbe bis hin zur Länge eines Streichholzes. Die größte Art ist der Riesenkolibri *Patagona gigas,* ein Bewohner der Kordilleren. Dieser Hochgebirgskolibri erreicht die Größe eines Seglers mit einer Gesamtlänge von 210–220 mm. Der Blauflügelkolibri *Pterophanes cyanopterus,* ebenfalls ein Hochgebirgsbewohner, ist mit einer Gesamtlänge von 160 mm die nächst kleinere Form, immerhin hat er noch die Größe einer Goldammer. Die Körperlänge der großen Arten variiert zwischen 120 und 140 mm und bei kleinen zwischen 80 und 60 mm. *Mellisuga minima* von den Antilleninseln Jamaika, Haiti und San Domingo hat eine Länge von 65 mm, *Chaetocercus bombus* aus Ecuador und Peru 63 mm, *Catypte helenae* aus Kuba 60 mm. Die kleinsten Kolibris erreichen nur ein Gewicht von etwas mehr als 2 g, wobei hier allerdings nur Gewichte frischtoter Exemplare aus dem Herkunftsland berücksichtigt werden sollten, da tote Zootiere oft halbverhungert, abgemagert und dadurch leichter sind.

Abb. 4. Größenvergleich zwischen dem größten Kolibri (*Patagona gigas*) und einem der kleinsten (*Calliphlox amethystina*). Nach GREENEWALT

Auffällig ist, daß bei kleinen Kolibriarten die durchschnittlichen Körpergewichte der Weibchen höher sind als bei den Männchen. Dies steht in einem engen Zusammenhang mit der besseren Aerodynamik während der Follikelreifung und dem Energie- und Gewichtsverlust nach der Eiablage. So wiegen die Eier von *Mellisuga minima* je 0,37 g, bei einem normalen Zweiergelege sind das 34 % des Körpergewichtes (bei Kiwis $^1/_3$ des Körpergewichts). Bei größeren Kolibriarten sind die Verhältnisse umgekehrt.

6. Flug

„Der Schwingenschlag ist so lebhaft und unmerklich, daß der in der Luft schwebende Vogel gänzlich regungslos zu seyn scheint." Diese Worte BUFFONS kennzeichnen den Flug der Kolibris am schönsten. Noch RIDGWAY bildet fliegende Kolibris ab, bei denen die Flügelbewegung durch einen fast halbkreisförmigen Schleier dargestellt wird. Beim Fliegen schlagen diese Tiere derart schnell mit ihren Flügeln, daß für das menschliche Auge nur ein Schleier sichtbar wird. Erst mit Hilfe von zerlegbaren Filmaufnahmen, die mittels eines Stroboskopes aufgenommen wurden, war eine genaue Analyse der Flugtechnik und auch eine Bestimmung der Schlagfrequenz möglich. Nach dem Amerikaner BLAKE waren es STRESEMANN und seine Schüler, die diesen im Vogelreich einmaligen Schwirrflug untersuchten. Schon allein die

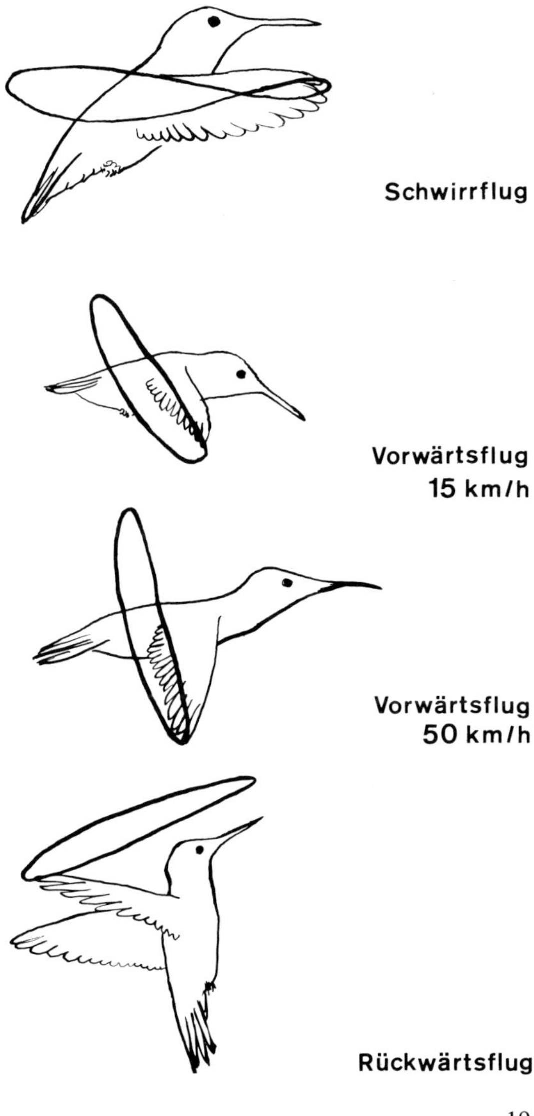

Abb. 5. Weg der Flügelspitze bei Schwirrflug, Vorwärtsflug und Rückwärtsflug. Nach GREENEWALT

vielen phonetischen Umschreibungen des Fluggeräusches wie „zumzum", „tzintzuntzan" usw. sowie auch die englische Bezeichnung „Hummingbird" weisen darauf hin, daß bei diesem Schwirrflug relativ hohe Frequenzen auftreten.

Diese spezielle Bewegungsweise ist nur mit Hilfe eines besonderen mophologischen Apparates möglich. Bei Kolibris ist im Gegensatz zu anderen Vögeln die Hand länger als Ober- und Unterarm. Auch das Schultergelenk zeigt Anpassungen an diese besondere Bewegungsform, so sitzt der Kopf des Oberarmes nicht fest in der Gelenkpfanne des Schultergelenks, sondern nur eine Innenfläche dient als Gelenk. Im Ellenbogengelenk ermöglicht eine Knochenscheibe die Drehung des Unterarmes. Das Brustbein als Ansatzpunkt für die Flugmuskulatur ist das größte, das wir von Vögeln kennen (s. Abb. 2 u. 3). Mit 30 % des Körpergewichtes ist die Brustmuskulatur dementsprechend die größte, die wir aus dem Vogelreich kennen.

Auch die Befiederung der Flügel ist speziell auf den Schwirrflug ausgerichtet. Die Hand trägt zehn lange und steife Schwungfedern, die durch ein System von Häkchen miteinander verbunden sind. So können sich die Federn beim Flug nicht gegeneinander verschieben, wie das bei anderen Vögeln der Fall ist. Die Mechanik dieses so vollkommen gebauten Flügels bedingt eine für die ganze Familie bemerkenswerte Gleichartigkeit bei der Fortbewegung.

Wie aus den Zeichnungen (Abb. 5) klar ersichtlich, rotiert der Kolibri mit seinen Flügeln, dabei beschreiben die Flügelspitzen eine flachgedrückte liegende Acht. So entsteht an keiner Stelle dieses Bewegungsablaufes ein toter Umkehrpunkt. Der Flügel wird in einer fast horizontalen Ebene bewegt und dabei sehr stark um seine Längsachse gedreht, so daß er – ähnlich wie beim Mauersegler – abwechselnd von seiner Ober- und seiner Unterseite her angeströmt wird. Beim Vorwärtsschlag zeigt die Unterseite des Flügels, beim Rückwärtsschlag die Oberseite nach unten. Bei Flugmanövern wie Heben und Senken, Vor- und Rückwärtsflug wird lediglich der Anstellwinkel der Flügel zur Schlagbahn geändert. Durch Verminderung der Schlagfrequenz eines Flügels entstehen Bogen-, Kurven- und Zickzackflüge.

Der Kolibri benötigt seinen Schwanz für seine Steuermanöver nur sehr bedingt, wenn überhaupt. Die immer wieder behauptete Darstellung, daß der Schwanz ein sehr wichtiges Steuerorgan für den Kolibri darstellt, konnte ich mehrfach widerlegen. Häufig verlieren Kolibris in menschlicher Obhut ihren Schwanz als Folge einer Schreckmauser beim Fangen. Ich habe nie beobachten können, daß solche Tiere auch nur die geringsten Schwierigkeiten beim Fliegen und Manövrieren hatten. Zu den gleichen Ergebnissen kam ich auch im Freiland. Weiterhin weist die Vielzahl von Luxusbildungen am Schwanz, z. B. Fahnenbildung bei *Loddigesia, Ocreatus* und *Discosura*, extreme Verlängerung ohne Verschmälerung der Fahnen bei *Eupetomena, Sappho, Lesbia* oder einzelne schmale verlängerte Schwanzfedern wie bei *Thaumastura, Trochilus polytmus* gerade am „Steuerorgan" doch auf die Funktionslosigkeit dieses Organs beim Steuern hin.

Beim distanzfördernden Geradeausflug ist die Flugbahn wellenförmig wie beim Finkenflug. Schwirrphasen wechseln mit Gleitphasen ab, bei denen in den allermeisten Fällen die Flügel an den Körper angelegt werden. Bei nur wenigen Arten konnte bisher ein Segelflug mit ausgebreiteten Flügeln beobachtet werden. Über den Flug von *Eugenes fulgens* sagt Bent, daß diese Kolibris kurze Strecken segelnd zurücklegen können. Diesen Befund konnte ich im Felde bestätigen. In menschlicher Obhut beobachtete ich ein mehr oder weniger regelmäßiges Segelfliegen bei *Patagona gigas* und bei *Aglaeactis cupripennis*. Besonders beim Riesenkolibri *(Patagona gigas)* waren die Segelstrecken wie bei Seglern sehr ausgeprägt, wie überhaupt diese Art in all ihren Verhaltensweisen sehr seglerartig wirkt.

Die Geschwindigkeiten des Geradeausfluges sind von H. O. WAGNER bei *Colibri thalassinus* gemessen worden. Dabei handelte es sich um singende Männchen, die in Abständen zwischen zwei Bäumen hin- und herflogen. Die mittlere Geschwindigkeit lag bei etwas mehr als 90 km/h, was erheblich unter der Maximalgeschwindigkeit liegt, die wesentlich höher ist. Bei der Verfolgungsjagd zweier Kolibris maß WAGNER eine Geschwindigkeit von 150 km/h. Weitere Angaben verdanken wir Zufallsbeobachtungen aus einem fahrenden Auto heraus. Dabei stellte HAYES eine Geschwindigkeit von 70 km/h und ALLARD eine solche von 90–95 km/h fest. In der neueren Literatur werden Geschwindigkeiten von 50–65 km/h beim Normalflug und 95 km/h beim Sturzflug angegeben. Bei einem fliegenden *Phaethornis superciliosus* wurden 11,5 m/s gemessen (= 41,4 km/h).

Beachtliche Ausdauer zeigen die Kolibris bei ihren Wanderbewegungen über Gebirge, Seen und das Meer. So überquert *Archilochus colubris* auf seinem alljährlichen Zug nach Süden im Nonstopflug den Golf von Mexiko. Die Länge dieses Überwasserfluges beträgt gut 800 km, eine wahrhaft beachtliche Leistung für einen Vogel, der nur etwa 3 g wiegt.

Die Untersuchungen von STRESEMANN und seinen Schülern STOLPE und ZIMMER über die Schlagfrequenz beim Kolibriflug ergaben folgende Resultate, wobei sich die Schlagfrequenz umgekehrt proportional zur Flügellänge verhält.

Arten	STRESEMANN u. ZIMMER 1932 Flügelschläge/s	STOLPE u. ZIMMER 1939 Flügelschläge/s
Eupetomena macroura	21–23	21–23
Chlorestes notatus	30–33	30–33
Chrysolampis mosquitus	32–33	32–33
Phaethornis ruber	50–51	50–51
Chlorostilbon	–	36–39
Melanotrochilus	–	27–30

Mit verbesserten Geräten gelang es 1951 den Amerikanern EDGERTON, NIEDRACH und VAN RIPER, Filmaufnahmen von Balzflügen der kleinen nordamerikanischen Kolibris *(Archilochus, Calypte, Selasphorus)* herzustellen und dabei Frequenzen bis zu 200 Flügelschlägen in der Sekunde zu messen. Dies sind Schlagfrequenzen, die auch bei der Honigbiene *(Apis mellifica)* registriert wurden. Bei diesen Frequenzen entstehen Töne, die man bei gutem Gehör sogar zur feldornithologischen Unterscheidung einzelner Arten verwenden kann, wovon ich mich auf einer Reise in Mexiko selbst überzeugen konnte. WORTH schreibt über die Kolibris von Chiriquí in Panama, daß ihre Flugtöne etwa drei Oktaven unter dem Do der Tonleiter lägen. Das entspreche einer Schwingungszahl von 64/s. Er betont, daß es sich dabei um eine persönliche Schätzung handele, daß er aber andererseits ein absolutes Musikgehör habe. Weiterhin berichtet er, daß sich der Vibrationston des Flügelschlages im Umfang von drei

Halbtönen nach oben (60–70) verändert, wenn der Vogel auffliegt, um Nahrung aufzunehmen.

Für den Schwirrflug der Kolibris kann wie beim Hubschrauber der Impulssatz angewendet werden: um einen Körper in der Schwebe zu halten, muß pro Zeiteinheit eine Luftmasse mit nach unten gerichteter Geschwindigkeit bewegt werden. Daraus folgt nun, daß bei abnehmender Luftdichte in größeren Höhen mehr Luftvolumen pro Zeiteinheit bewegt wird. Dies geschieht mit oder ohne Erhöhung der Geschwindigkeit. BERGER (1974): „Der Kolibri muß also beim Schwirrflug in der Höhe seine Flügelbewegung verändern.“ Die Sauerstoffaufnahme bei solchen Höhenflügen wird nur wenig erhöht. Die Fähigkeit der Kolibris, bei Flügen in großer Höhe ihre Energiebilanz günstiger zu gestalten, als es theoretische Überlegungen erwarten lassen, begründet BERGER (1974) mit dem Hinweis auf den relativ schlechten Wirkungsgrad.

7. Ernährung

Die Nahrung der Kolibris besteht aus Blütennektar und Kleininsekten. Wie jedes andere warmblütige Lebewesen benötigen auch sie zur Aufrechterhaltung des Betriebsstoffwechsels Kohlenhydrate und für den Baustoffwechsel Eiweiß und Fett.

Bereits im Jahre 1667 berichtet Gomara Fransisco HERNANDEZ über die Nektaraufnahme der Kolibris, und nur 30 Jahre später wies GREW auf die Insektennahrung hin. Trotzdem sollte es noch sehr lange dauern, bis zumindest die Tatsache der Insektennahrung allgemein Eingang sowohl in die Literatur als vor allem in die Praxis der Vogelpflege fand.

Die Gründe für die auch heute noch umstrittenen Fragen, was nun eigentlich als Kolibrinahrung anzusehen ist, liegen einerseits in der nicht statthaften Verallgemeinerung vieler Einzelbeobachtungen, die andererseits aus den verschiedensten Lebensräumen der Kolibris stammen. In ihren Arbeiten über dieses Problem haben PORSCH, STRESEMANN, KNOLL, MOLLER, SCHARNKE und andere die Aufnahme von Insekten als „gelegentlich“ oder als „eiweißhaltige Zukost“ bezeichnet, die Nahrung besteht „hauptsächlich aus dem Nektar der Blüten“.

Über die Nahrung der Kolibris existieren viele Beobachtungen und auch Theorien, die sich wie folgt gliedern lassen:

1. Für die alleinige Aufnahme von Blütennektar plädieren: DE GOMARA, HERNANDEZ, LA VEGA, DUTETRE, HAMERSLY, FEUILLEE, CATESBY, BRISSON, BANCROFT, BURNABY, MOLINA, BROWNE, BUFFON, STEDMAN, AUDEBERT, VIEILLOT, NITZSCH, SWAINSON, LATHAM, LESSON, SELLS, GUILDING.

2. Die auch heute noch vertretbare Feststellung, daß Insekten eine mehr oder minder große Rolle als Futter für Kolibris spielen, machen: RAY, BADIER, BARTON, AZARA, WILSON, BULLOCK, JARDINE, SWAINSON, CHAMBERS, KAY, BACHMAN, GAY, MARTIN, DEVILLE, ADAMS, WEBBER, SAUSSURE, SCLATER, ALSVIN, OCA, ORTON, F. u. H. MÜLLER, GENTRY, GUNDLACH, OBER, BEAL, ZIPPERLEN, WHITE, STOLZMANN, WILLARD, HUDSON, RIDGWAY, SHUFELDT, LAGERHEIM, LUDWIG, LODGE, HARTERT, FRIES, LOEW,

NUTTAL, FORBIN, JOHOW, EATON, DOFLEIN, TAVERNER, PORSCH, BODINE, HOWES, MOLLER, KNOLL, DESSELBERGER.

3. Daß Kolibris in der Hauptsache Insekten aufnehmen, meinen: WATERTON, AUDUBON, GOSSE, REEVES, D'ORBIGNY, BONELLI, LINDEN, GOULD, VILLADA, BELT, HENSHAW, LANDBECK, BOUCARD, WALLACE, BERNAYS, NEHRLING, LUCAS, JOHOW, MARCH, PAM, PENARD, REICHENOW, DARWIN, FRASER, KIRK, BATES, WELLS, LOWE, BRANDIS, WIED, RENNIE, LESSON, RICORD (in GERVAIS), BURMEISTER, FRANTZIUS, BADIER.

4. Als Beute der Kolibris werden andere Arthropoden, hauptsächlich Spinnen, angesehen: BADIER, BARTON, AZARA, WIED, WEBBER, BURMEISTER, GOULD, LAYARD, BELT, HUDSON, EAMES, LUCAS, LOWE, BENDIRE, EATON, HOWES, MOLLER.

5. Auch der Saft von Früchten und Bäumen wird von den Kolibris aufgenommen: LANDBECK, HINE, SMITH, GOULD, BRUNER, BOLLES, A. EATON, BENDIRE, NUTTAL, MILLER.

6. Die Aufnahme von Pollen erwähnen: SLOANE, AUDEBERT, BIEILLOT, AZARA, GAY, D'ORBIGNY, BRIDGES, GOULD, GIBBS, FRIES, SCHMIDT-HOENSDORF.

7. Die Aufnahme von Wasser, nicht von Tautropfen, sondern von größeren Wasserflächen, beschreiben: WIED, SEMPER, SIMON, JOHOW, WOODS, WAGNER.

8. Einige Autoren beschreiben die Aufnahme von Fruchtfleisch aus Trauben, Äpfeln usw.: LANDBECK, SMITH.

9. Im 17. und 18. Jh. vertraten einige Autoren (ROCHEFORT, VOLKAMER, LABAT, BARRERE) die Auffassung, daß der Tau, der sich auf den Blüten und dem Laub niederschlägt, eine ausreichende Nahrung für Kolibris sei.

Als von vielen Autoren nie verstandene Prophetie mag man nach der Lektüre dieser vieler Namen die ironischen Worte des großen Kritikers GREW lesen, die er bereits 1694 (!) schrieb: „You see it is believed he (der Kolibri) feeds on some Juice he sucks off, or out of Flowers. It was believed for a long while, that the Bird of Paradise had no legs. Wether may not this bird feed, some wherof lie in the bottom of most Flowers, and for which, this Bird hath a Bill?"

Die Vermutungen der ersten Naturforscher, die sich mit Kolibris beschäftigten, daß sich diese Vögel einzig und allein vom Nektar der Blüten ernährten, erwiesen sich als falsch. Zahlreiche Versuche, Kolibris in menschlicher Obhut mit Honig- und Zuckerwasser am Leben zu erhalten, endeten nach wenigen Wochen mit dem Tode der Tiere.

Also brauchen diese Vögel doch noch mehr als jene einseitige kohlenhydrathaltige Kost. Die vielen Beobachtungen über Insektennahrung und auch die Magenuntersuchungen von GOSSE, MARTIN, ZIM u. NELSON, WETMORE, COTTAM u. KNAPPEN, MORRISON, FRIEDMAN u. ZOTTA vermochten nur wenig an dem alten und zählebigen Irrglauben zu rütteln, daß Kolibris keine Insekten fressen. Die Gegenargumente wurden unterstützt durch die falsch interpretierten Anteile eines Mageninhaltes, z. B.: Nach COTTAM u. KNAPPEN enthielten die Mägen von fünf untersuchten Tieren der Art *Cynathus latirostris*.

Spinnen (Arachnoidea)	3,0 %	Ameisen (Formicidae)	1,0 %
Röhrenläuse (Aphidae)	7,0 %	Gallwespen (Figitidae)	4,2 %
Zikaden (Cicadellidae)	18,4 %	Zehrwespen (Chalicididae)	1,2 %

Blattflöhe (Psyllidae)	6,0 %	Zehrwespen (Serphoidae)	2,6 %
Schnabelkerfe (Hemiptera)	1,8 %	Hautflügler (Hymenoptera)	4,0 %
Trauermücken (Sciara)	5,0 %	Unbestimmt	1,0 %
Schwebfliegen (Syrphidae)	18,0 %	Weberknechte (Phalangidae)	1,2 %
Fliegen (Diptera)	25,0 %	Pollen	0,6 %

Nach diesem Bild eines Mageninhaltes könnte es scheinen, daß überhaupt kein Nektar, sondern nur Insekten aufgenommen werden. Wie jedoch Untersuchungen von DESSELBERGER zeigten, kommt kaum Nektar in den Magen. Vielmehr liegen die Ein- und Ausgangsöffnung ganz dicht zusammen und sind gegen den Magen noch

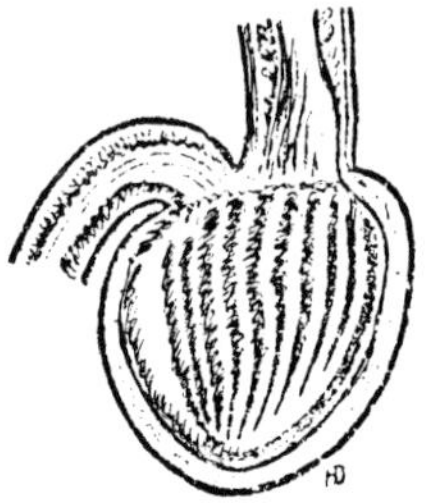

Abb. 6. Aufgeschnittener Muskelmagen von *Florisuga mellivora*, die beiden Öffnungen des Muskelmagens liegen direkt nebeneinander. Nach DESSELBERGER

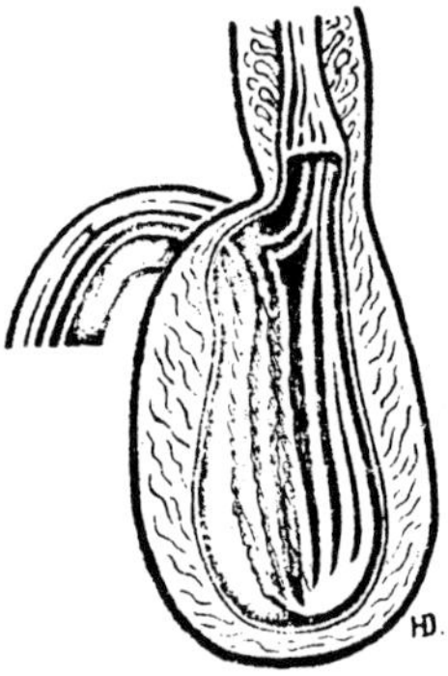

Abb. 7. Aufgescnittener Muskelmagen von *Hylocharis leucotis*, auch hier liegen Magenein- und -ausgang, eine kleine Kammer bildend, dicht nebeneinander. Nach DESSELBERGER

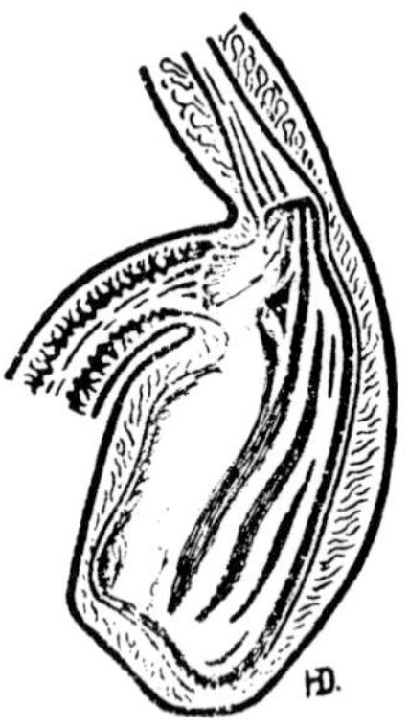

Abb. 8. Im Vergleich zu den Abbildungen 6 und 7 der aufgeschnittene Muskelmagen des Honigfressers *Promerops cafer*, man beachte die sehr große Ähnlichkeit. Nach DESSELBERGER

durch eine kleine Vorkammer abgetrennt. Infolgedessen kann der leichtverdauliche Nektar direkt in den Darm übertreten und kann nicht nachgewiesen werden. Weiterhin sei hier noch bemerkt, daß es sich meist um Alkoholmaterial handelt, in dem die Kohlenhydrate löslich sind. Es ist daher falsch, nur aufgrund dieser Magenuntersuchungen zu sagen, daß der Nektar in der Ernährung der Kolibris keine Rolle spiele.

Ohne hier näher auf die Fülle der Beiträge zur Ernährungsbiologie der Kolibris einzugehen, was den Rahmen dieses Buches sprengen würde, kann ausgesagt werden:

1. Zusätzlich zur Aufnahme von Trinkwasser konsumieren Kolibris beides, Nektar, Pollen, Saft von Büschen und Bäumen, Fruchtfleisch und Insekten.

2. Nektar und Insekten spielen dabei die Hauptrolle, da die anderen aufgezählten Dinge meist nur sporadisch aufgenommen werden. Ihren hohen Energiebedarf decken die Kolibris hauptsächlich mit Blütennektar, täglich trinken sie etwa das Dreifache ihres Körpergewichts. Der Vorteil des Nektars als Nahrung für Kolibris liegt darin, daß er energiereich, schnell umsetzbar und daher geeignet ist, diesen hohen Energiebedarf zu decken. Allgemein ist wäßriger Nektar weniger nahrhaft, aber sehr dickflüssigen können sie schlecht aufnehmen.

3. Die Kolibris decken ihren Eiweiß- und Fettbedarf ohne Frage durch Insektenfang und sind daher als obligatorische Insektenfresser zu bezeichnen.

4. Die anderen kohlenhydrathaltigen Nahrungsmittel, die zudem noch von Fall zu Fall, Art und Jahreszeit sehr variieren, sind für die Ernährung der Kolibris nicht notwendig, sondern werden nur aufgrund ihres Wohlgeschmackes verzehrt.

5. Die Vögel können ihren Flüssigkeitsbedarf (Wasser) nicht durch die Aufnahme des oft sehr hochkonzentrierten Blütennektars decken, sondern nehmen Wasser aus anderen Quellen zu sich, z. B. Flüssen, Bächen, Tümpeln, Wasserfällen, Tau, Regenwasser usw.

6. Die Arthropoden, hauptsächlich kleine Insekten und Spinnen, werden nicht nur aus Blüten aufgenommen, sondern auch an anderen Plätzen gefangen, so z. B. Zweigen, Laub, Stämmen, in Gras und Moos am Boden, in Spinnennetzen, in verschiedenen Löchern und Spalten und aus der Luft.

7. Die Kolibris besuchen Blüten wegen des Nektars und der Insekten, die hauptsächliche Attraktion der Blumen kann allerdings nach Art, Ort und Zeit unterschiedlich sein.

8. Bei süßen Flüssigkeiten ist es keinesfalls das Wasser, was anziehend wirkt, sondern einzig und allein der Grad der Süßigkeit. Eigene Versuche (Poley 1968) haben gezeigt, daß Kolibris sich aus einer Vielzahl von angebotenen Nährflüssigkeiten immer die süßeste aussuchen. Kolibris sind sehr wählerisch und erkennen Blüten mit hoher Nektarqualität sehr schnell. In Versuchen bevorzugten *Selasphorus rufus* Lösungen mit 45 % Zucker. So erhalten sie die größte Energiemenge pro Zeiteinheit.

9. Selbst das Vorhandensein von Alkohol in vergärenden Pflanzensäften ist von zwei Autoren als für Kolibris attraktiv beschrieben worden (Gosse, Miller).

10. Bacon (1973) beobachtete einen Kolibri beim Trinken von Seewasser.

11. In der Literatur sind 11 Beobachtungen beschrieben, wo Kolibris Sand aufnehmen. In acht Fällen handelte es sich um Weibchen. Auch eigene Beobachtungen

von sandfressenden Kolibris deuten darauf hin, daß es sich dabei um die Aufnahme von Kalzium handelt, das durch die Eiablage dem Organismus entzogen wurde und nun wieder ersetzt wird.

Bei mehrjährigen Studien über das Fortpflanzungsverhalten von *Colibri coruscans* in der Forschungsstation des Heidelberger Zoos wurde beobachtet, daß kleine Sandkörner von der Mutter an die Jungen verfüttert werden.

12. Aus einem Kolibriüberwinterungsgebiet in Brasilien ist die Aufnahme von Honigtau der *Bracaatinga*-Schildlaus beschrieben worden.

Die Fülle der oft gegensätzlichen Beobachtungen führt dringend zu dem Schluß, daß es an sich nicht mehr gerechtfertigt ist, den Terminus „die Kolibris" noch weiterhin zu benutzen. Wie ich an anderer Stelle bereits ausführlich darlegte, liegen die Gründe hierfür hauptsächlich in der Ernährungsbiologie begründet. Diese Verallgemeinerungen, die oft mit großer Hartnäckigkeit verfochten wurden, führten zu fehlerhaften Vorstellungen in der Ernährungsbiologie der Kolibris. Die Masse der Arten und ihre Verbreitung in den unterschiedlichsten Biotopen drängen nach einer Differenzierung.

In der modernen Klassifikation der Kolibris ist die alte Unterteilung in zwei Unterfamilien – Phaethornithinae und Trochilinae – fallen gelassen worden. Zu den Phaethornithinae gehörten u. a. die Gattungen *Phaethornis, Threnetes, Eutoxeres, Patagona.* Der Unterschied basierte hauptsächlich auf dem Vorhandensein bzw. Nichtvorhandensein von Schillerfarben; während für die Trochilinae Schillerfarben charakteristisch sind, fehlen sie den Phaethornithinae fast völlig. Da die Entwicklung von Schillerfarben bei Kolibris wohl ohne Zweifel phylogenetisch jünger ist, haben wir in den vorzugsweise insektenfressenden Phaethornithinae sozusagen den Urtypus der Kolibris vor uns. Es kann allgemein ausgesagt werden, daß der Blütenbesuch neben der in der Hauptsache aus Insekten bestehenden Nahrung eine untergeordnete Rolle spielt. Dies ist auch durch neuere Arbeiten von SKUTCH (1951, 1964) und YOUNG (1971) bestätigt worden. Schon allein diese Tatsache, der man auch bei der Haltung Rechnung tragen muß (POLEY 1966), rechtfertigt eine erneute Aufspaltung in zwei Unterfamilien. Auch die weiteren Punkte unterstützen diese Forderung: beide Unterfamilien bewohnen sehr unterschiedliche Biotope; so lebt der Großteil der Phaethornithinae *(Phaethornis, Threnetes)* in den recht schattigen tropischen Wäldern, die eine große Insektenfauna beherbergen. Die Gattungen *Eutoxeres* und *Patagona* leben im Gebirge und sind ebenfalls in ihrer Nahrung auf Insekten spezialisiert.

Daß die Ernährung mit Insekten die ursprüngliche ist, kann man leicht aus der Tatsache ableiten, daß die Aufzucht der Jungen ausschließlich mit Insekten vorgenommen wird, obwohl es rein technisch auch möglich wäre, diese mit Nektar zu versorgen.

Geradezu verblüffend sind die Übereinstimmungen mit den Nectariniidae, die in ihrer Biologie den Trochilidae sehr nahekommen, ohne wohl diese extreme Spezialisation zu erreichen. Wie bei den Kolibris gibt es auch bei den Nektarvögeln Vertreter mit und ohne Schillerfarben. Während sich die Gattung *Arachnothera* schlicht gefärbt präsentiert, ist die Gattung *Nectarinia-Cinnyris* in der Regel sehr prächtig gefärbt. So wird die auf die Orientalische Region beschränkte Gattung *Arachnothera* aufgrund ihres einheitlichen und von den Nektarvögeln i. e. S. abweichenden Aussehens von vielen Autoren als eigene Unterfamilie aufgefaßt. *Arachnothera* ernährt sich ebenfalls wie *Phaethornis* und *Threnetes* in der Hauptsache von Insekten. Auch im Nestbau sind Analogien vorhanden; Spinnenfresser und Einsiedler, wie sie bei uns genannt werden, bauen ihr Nest an der Spitze eines nach unten hängenden Blattes.

8. Biologische Gruppierung der Trochilinae

Das große Heer der Trochilinae läßt sich für unsere Zwecke am besten nach den jeweiligen geografisch-klimatischen Verbreitungsgebieten ordnen, obwohl ich hier einschränkend bemerken muß, daß selbst innerhalb einer dieser Gruppen immer noch beträchtliche Unterschiede bestehen.

1. Kolibris des nordamerikanischen Raumes. Diese Tiere sind fast ausnahmslos Zugvögel, die ihr Sommerquartier in den gemäßigten Breiten haben, diese aber bei Einbruch schlechterer Witterung und nach Beendigung der Brut wieder verlassen. Im Frühjahr erscheinen sie mit dem Erblühen der Blumen und rücken schrittweise nach Norden vor. Wie bekannt diese Tatsache ist, erhellt folgendes: die Cora-Indianer im nordwestlichen Mexiko glauben noch heute von den Kolibris, daß sie die Sonne bringen. In der nordamerikanischen Flora findet sich keine einzige Vogelblume – eines der Hauptmerkmale ornithophiler Pflanzen ist neben reichlicher Nektarabsonderung die Bestäubung durch Kolibris. Die Kolibris ernähren sich hier in der Hauptsache von Insekten, die sie neben den geringen Mengen Nektar in den Blüten finden und in Baumritzen u. ä. erbeuten.

2. Kolibris der Subtropen. Obwohl diese Gruppe sowohl nördlich und südlich der Wendekreise des Krebses vorkommen, seien sie gemeinsam behandelt. Wir sind über die Lebensgewohnheiten zumindest der nördlichen Gruppe ausreichend orientiert. Doch weisen beide Gruppen eine große Vertikalverbreitung auf, die sich ebenfalls in der Nahrung niederschlägt. So leben die Gebirgsformen zumindest während eines Teiles des Jahres ausschließlich von Insekten, wenn sie nicht überhaupt aus diesen Höhen wegziehen (Wagner 1945, 1946, 1952, 1959).

3. Kolibris der Tropen. Auch bei dieser Gruppe müssen wir den Unterschied zwischen Berg- und Tieflandkolibris machen. Die Haltung der reinen Hochgebirgsformen, z. B. der *Oreotrochilus*-Arten, ist noch immer sehr problematisch. Nicht umsonst befindet sich gerade bei diesen Arten schon in den Listen der Exporteure der Hinweis, daß spezielle klimatische Bedingungen vorhanden sein müssen. Nach Beobachtungen Langners (briefl.), der während 5 Jahren versuchte, *Oreotrochilus estellae* im Hochland von Bolivien zu halten, gingen diese Tiere immer nach etwa 8 Wochen ein.

Die Gruppe der Mittelgebirgskolibris stellt neben der der Tieflandkolibris das Gros der Importe. Wir haben uns daher besonders ausgiebig mit ihnen zu befassen. Nach eigenen Erfahrungen sind zumindest die Kolibris der Mittelgebirge während unseres Sommers problematische Pfleglinge. Um diese Zeit gibt es in den Tropen wenig Blumen, und die Tiere sind dann weitgehend auf Insektennahrung eingestellt. Sie ertragen daher kaum die Kette der Futterumstellungen: Insektennahrung in Freiheit – Kunstnektar beim Fänger – Transportfutter (meist nur Honig mit Kindernahrung) – Kunstfutter beim europäischen Händler – Kunstfutter und Insekten im Zoo oder beim Liebhaber. Selbst bei Direktimporten, die ich in den Jahren 1963 bis 1968 in Empfang nahm, wo also ein Glied in dieser Kette fehlte, habe ich bei Sommertransporten die Erfahrung machen müssen, daß die Tiere nicht überlebten. Ich habe nur ganz wenige Vögel länger als ein Vierteljahr pflegen können, obwohl ich ihnen Insekten reichlich anbieten konnte. Bei Wintertransporten, also in der Zeit von Oktober bis Februar, in einer Zeit, wo im tropischen Mittelgebirge wieder ausreichend Blumen vorhanden sind, gelang die Eingewöhnung wesentlich besser und die Vögel hielten auch länger aus. Es besteht aber gerade bei den Händlern eine Abneigung gegen Wintertransporte, weil es zu kalt sei. Dazu sei aber gesagt, daß Kolibris poikilotherm sind, ihr Organismus ist geradezu darauf eingestellt, torpid zu werden, und sie vertragen derartige Temperaturschwankungen, die übrigens auch in den Tropen keinesfalls selten sind, glänzend.

9. Nahrungsaufnahme

Wohl selten ist über Bau und Funktion eines tierischen Organes über Jahrhunderte hinweg so heftig diskutiert, ja sogar gestritten worden wie über die Kolibrizunge. Bereits im Jahre 1648 beschreiben Piso und Marcgravius die Kolibrizunge als ein langes, schmales und am distalen Ende gegabeltes Organ. Rochefort (1667), Volkamer (1714), Catesby (1731) und Edwards (1750) übernehmen und bestätigen in der Folgezeit diese Aussage. Brisson (1760), Buffon (1791) und Villada (1873) erkennen als erste die Röhrenform der Kolibrizunge. Wied (1822) spricht von „zwey neben einander liegenden muskelcylindern". Dieser Auffassung schließen sich in den kommenden Jahren Lesson (1829), Guilding (1834), Macgillivray (1840), Jardine (1852), Adams (1856) und Burmeister (1856) an. Dabei macht zumindest Macgillivray die Einschränkung, daß die distalen Teile der Zunge kein geschlossenes Rohr bilden. Swainson (1836), Orton (1871), Belt (1874) und Wallace (1895) kommen zum gleichen Befund. Gosse (1847, 1863), Martin (1852), Gould (1861), Gadow (1883), Lucas (1891), Ridgway (1892) und Moller (1930) beschreiben die Zunge als ein im Inneren hohles Organ. Diese offensichtlich falsche Darstellung übernehmen auch Bene (1942) und Greenewalt (1960). Erst Scharnke (1931) klärte mit Hilfe von histologischen Schnitten den Aufbau der Kolibrizunge, seine Befunde wurden von Weymouth, Lasiewski u. Berger (1964) durch Röntgenfotografie bestätigt.

Es ist verständlich, daß jeder neue Befund zu neuen Theorien darüber Anlaß gab, wie es den Kolibris gelingt, Nektar und Kleininsekten mit dieser Zunge aufzunehmen. Alle diese Gedanken, Hypothesen und Spekulationen lassen sich in vier Gruppen ordnen:

1. Die saugende Funktion der Zunge bei der Nektaraufnahme vertreten folgende Autoren: Rochefort (1667), Ray, (1713), Volkamer (1714), Catesby (1731), Edwards (1750), Brisson (1760), Bancroft (1796), Stedman (1796), Guilding (1834), Swainson (1836–1837), Martin (1861), Villada (1873), Gundlach (1874), Wallace (1895), Gadow (1883, 1891), Stolzmann (1884), Doflein (1914), Taverner (1919), Stresemann (1927–1934), Moller (1930) und Döhling (1931).

2. Eine leckende Funktion vermuten: BARRERE (1741), GUILDING (1834), SWAINSON (1836–1837), BALLOU (1879), ZIPPERLEN (1890) und WERTH (1901).

3. Die Kolibrizunge soll nach WIED (1822), LESSON (1829–1830), VILLADA (1873) und BELT (1874) eine greifende Funktion beim Insektenfang haben.

4. Folgende Autoren nehmen eine leimende Funktion beim Insektenfang an: AUDUBON (1831, 1840–1844), GERVAIS (1835), JARDINE (1852–1854), SWAINSON (1836–1837), MARTIN (1861), BALLOU (1879), LUCAS (1891) und PENARD (1908 bis 1910).

In den Darstellungen GADOWS (1883) und MOLLERS (1930) wird das gesamte „Vorderstück" hohl dargestellt. Nicht zuletzt aufgrund dieser falschen Befunde kommen beide Autoren zu fehlerhaften Vorstellungen des Trinkvorganges. GADOW entwickelte die Vorstellung, daß durch das Heraustreten der Zunge der vorher fest an das Rachendach gedrückte proximale Teil des Zungengrundes plötzlich abgezogen wird und somit zwischen Zunge und Gaumen ein luftverdünnter Raum entsteht. Dieses Vakuum soll sich dann auf die Saugröhren der beiden Zipfel auswirken, die in die Flüssigkeit gesteckt werden und in denen dann der Nektar aufsteigt. MOLLER will in der Zunge nur den Stempel einer Saugpumpe sehen, die Flüssigkeit würde nach seiner Annahme im Schnabelraum aufsteigen.

SCHARNKE (1931) widerlegt beide Theorien anhand seines histologischen Materials. Er zeigte als erster den weitgehend massiven Bau der Zunge, die nur an ihren beiden Zipfeln hohl ist. Er entwickelte weiterhin die Vorstellung, daß der Nektar in den beiden Röhrchen der distalen Zungenspitze kapillar angesaugt wird. Die Vorstellung eines kapillaren Ansaugens hatte auch schon GUILDING (1894), als er schrieb: „... pouring the nectar, by sucking and capillary attraction." Nach SCHARNKE gleitet die Zunge nach der Füllung sofort zurück, die Kapillaren werden im Inneren des Schnabels ausgequetscht, indem sie gegen das Dach der Schnabelkammer gedrückt werden. In den vielen Beobachtungen (BODINE 1928, PICKENS 1927, 1930, HARTERT 1900 und JOHOW 1900 über die horizontale Schnabelhaltung der Kolibris beim Trinken sieht SCHARNKE einen weiteren Beweis für seine Vorstellung, denn erstens verleiht diese Haltung der Kapillarattraktion eine gesteigerte Wirksamkeit und zweitens kann der ausgepreßte Nektar leichter in den Zungenrinnen schlundwärts fließen. Dieser Meinung ist auch KOENIG (1959); er sagt, daß Kolibris nur schräg von unten oder von vorn anfliegen, um zu trinken. Doch bereits im gleichen Jahr widerlegt DÖHLING (1931) durch Zoobeobachtungen diesen zusätzlichen Beweis SCHARNKES. WEYMOUTH, LASIEWSKI u. BERGER (1964) bestätigen aber die Angaben SCHARNKES, sie schreiben: „Nectar is probably taken up by capillar action in the external throughs, and then swallowed in the normal manner when the tongue is retracted into the mouth!"

Beobachtungen an Kolibris, die sich während des Transportes den Schnabel verletzt hatten, ließen auch mir am zweiten Teil der SCHARNKEschen Theorie Zweifel aufkommen. Eine *Amazilia franciae* hatte sich die distale Hälfte des Oberschnabels abgebrochen. An der Bruchstelle befand sich eine etwa linsengroße Geschwulst. Der Kolibri konnte deswegen seinen Schnabel nicht mehr schließen. Trotz dieser Verletzung und deren Folgen lebte dieses Tier noch etwa ein Jahr und nahm während der ganzen Zeit völlig normal Futter auf. Ein Auspressen der Zungenröhrchen am Dach des Oberschnabels war nicht möglich, da dies zum Teil fehlte und zum anderen Teil

Abb. 9. Ein Kolibri (*Amazilia franciae*) trinkt mit fast senkrecht nach unten gehaltenem Schnabel. Die Aufnahme zeigt das Tier unmittelbar nach einer Lagekorrektur. Aufn. POLEY

durch die Geschwulst abgehoben war. Weitere Beobachtungen an unverletzten Tieren, die aus waagerecht aufgehängten Röhrchen trinken mußten, bestätigten die Richtigkeit der Beobachtungen DÖHLINGS. Die Kolibris, die gezwungen sind, mit dem Schnabel nach unten zu trinken, sacken nach einigen Sekunden mit dem Körper nach hinten ab. Doch sofort korrigieren die Vögel ihre Fluglage und fangen erneut an zu trinken (Abb. 9). Werden die Futterröhrchen so befestigt, daß sich die Kolibris setzen können, trinken sie sich in einem Zug satt. Das Bestreben der Kolibris, beim Trinken den Schnabel waagerecht oder in einem kleinen Winkel nach oben zu halten, erklärt sich nicht aus der SCHARNKEschen Annahme, daß die Schwerkraft den Nektarfluß hemmt, sondern ist vielmehr bedingt durch die besondere Mechanik des Schwirrfluges. Durch Herunterbiegen von Schnabel, Kopf und Hals wird das Schultergelenk aus seiner fluggerechten Lage herausgedreht. Die dadurch bedingte Schwerpunktverlagerung – indem die Kopf-Hals-Region eingezogen und nach unten gerichtet wird, dadurch erhält das Abdomen mit dem Schwanz das Übergewicht – läßt den Kolibri nach jeder Korrektur immer wieder nach unten wegsacken. Weiterhin spielt auch die Bequemlichkeit der Vögel eine große Rolle. In Mexiko habe ich beobachtet, daß verschiedene Kolibriarten, die die roten Blüten von *Bourardia termifolia* besuchten, nur die waagerechten ausbeuteten, obwohl auch die nach oben weisenden offen waren und Nektar enthielten.

Die Theorie SCHARNKES erwies sich somit in diesem Punkt als nicht richtig. Daher überprüfte ich sie noch einmal von Anfang an. Bei den morphologischen Untersuchungen der Kolibrizunge kam ich zu den gleichen Ergebnissen wie SCHARNKE (1931) und WEYMOUTH, LASIEWSKI u. BERGER (1964). Die Kolibrizunge gliedert sich

Abb. 10. Schematische Darstellung der Zunge (links) und der Schnitte (rechts) nach SCHARNKE, WEYMOUTH, LASIEWSKI und BERGER. Das „Vorderstück" reicht bis zu den „Zungenflügeln" G, die schwarz gezeichnete linke Kappilare ist mit Flüssigkeit gefüllt. PZ „Zungenschlauch" mit Geschmacksknospen, ZG „Zungengrund". Schnitte: schwarz Horn, gepunktet undifferenziertes Zellgewebe, waagerecht gestrichelt Muskeln, senkrecht gestrichelt Knorpel und Knochen der Paraglossia, die auch in die Dorsalansicht der Zunge eingezeichnet sind

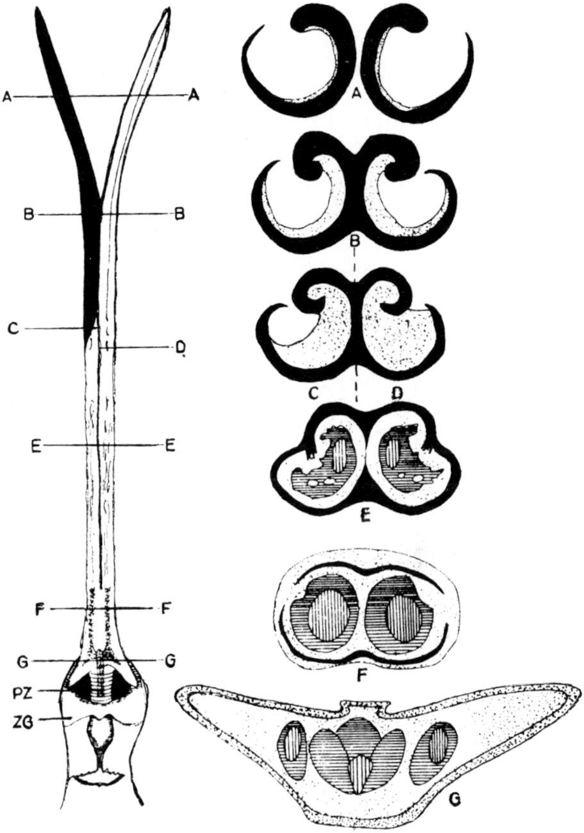

demnach in drei Teile, die in ihrem morphologischen Aufbau gut gegeneinander abgegrenzt sind:

1. „Vorderstück" – es reicht von der gespaltenen Spitze bis zu den „Zungenflügeln";
2. „Zungenschlauch" – er liegt bei zurückgezogener Zunge fast völlig in einer Scheide;
3. „Zungengrund".

Das hochdifferenzierte Vorderstück wird gemeinhin als Zunge bezeichnet, ist aber nicht mit einer solchen vergleichbar, da es nur bis zum proximalen Viertel von den Paraglossalia gestützt wird, nicht wie bei anderen Vögeln bis fast zur Spitze. Bis zur Hälfte des Vorderstückes setzen sich die Paraglossalia als hyaline Knorpel fort. Die schematischen Schnitte in Abb. 10 verdeutlichen den Aufbau. Der proximale Teil des Vorderstückes ist ein einheitlicher gewebserfüllter Stab mit unverhornter weichhäutiger Wandung. Dorsal und ventral schiebt sich – wie ein Fingernagel aus dem Nagelhäutchen – eine dünne Hornlamelle hervor, die im weiteren Verlauf den Stab in zwei Hälften teilt. Das Gewebe in diesem Hornrohr wird dünner, so daß die Spitzen der beiden Zipfel ausschließlich aus Horn bestehen.

An der Kapillarwirkung der beiden Zungenröhrchen bestehen ebenfalls keine Zweifel. Bei Versuchen mit Zungen frischtoter Tiere zeigte sich, daß beim Eintauchen der Spitzen der beiden Zungenzipfel in eine Flüssigkeit diese sofort in ihnen hochstieg. Beim Eintauchen der Zungenspitzen füllen sich die Hohlsäume passiv, ein Saugen bei der Nahrungsaufnahme ist ausgeschlossen. Ich bezeichne diesen Vorgang als eine Sonderform des Leckens (POLEY 1968). Die morphologischen Differenzierungen der Kolibrizunge erübrigen deren Leckbewegungen. Die gefüllte Zunge kann sofort in den Schnabel eingezogen und entleert werden.

Haben Kolibris den Trinkakt beendet, schieben sie noch einige Male ihre Zunge weit heraus. Es ist mir gelungen, die Kapillaren während einer solchen Bewegung einmal zu untersuchen. In ihnen befanden sich, wie in einem defekten Thermometer abgerissene Flüssigkeitsfäden. Es lag nun die Annahme nahe, daß das Entleeren der Zungenröhrchen durch Auspressen zwischen den nur wenig geöffneten Schnabelspitzen geschieht. Die Paraglossalia und ihre hyalinen Knorpelfortsätze versteifen die proximale Hälfte der Zunge. Beim Vorstrecken weicht das elastischere distale Ende zunächst in der Schnabelkrümmung nach oben aus, dabei klappen die lateralen dünnen Hornlamellen etwas auf. Beim Durchstoßen durch den Schnabelspitzenspalt werden sie von vorn nach hinten entleert. Die in ihnen enthaltene Flüssigkeit fließt in den Unterschnabel. Tauchen nun die entleerten Röhrchen wieder in die flüssige Nahrung ein, füllen sie sich sofort wieder. Die Flüssigkeit im Unterschnabel wird durch die genau eingepaßte Zunge nach oben verdrängt und fließt schließlich in der Rinne zwischen den Zungenflügeln nach hinten. Beim Zurückziehen der Zunge dienen diese als Schieber und befördern die Flüssigkeit schlundwärts, wobei durch die hermetische Abdichtung der beiden Schnabelhälften ihr seitliches Ausfließen verhindert wird. Erst jetzt kann die Nahrung abgeschluckt werden. Ein Andrücken des distalen Endes an das Dach der Schnabelkammer kann den gewünschten Effekt nicht erzielen, denn es kann nur von hinten nach vorn erfolgen, da ja nur im proximalen Teil Muskeln vorhanden sind. Es würde nur dazu führen, daß die in den Röhrchen enthaltene Flüssigkeit zur Schnabelspitze hin ausgedrückt und -gequetscht wird. Beim Öffnen der Schnabelspitzen für den erneuten Durchtritt der Zunge müßte dann die Flüssigkeit oder mindestens ein beachtlicher Teil davon wieder ausfließen.

Einen weiteren Beweis für die Richtigkeit meiner Annahme lieferte die Zählung der Frequenz der Einsteckbewegungen der Zunge. Bei *Amazilia franciae* erfolgen 10 Einsteckbewegungen in 1,4–1,9 Sek. Andere Arten zeigen ähnliche Frequenzen. Kappilares Ansaugen und Entleeren müssen bei so hohen Frequenzen der Zungeneinsteckbewegungen unbedingt in einem einzigen Arbeitsgang ablaufen und nicht, wie SCHARNKE annimmt, in zwei getrennten Vorgängen. Noch während der distale Teil der Röhrchen sich mit Flüssigkeit füllt, wird bereits der proximale Teil zwischen den Schnabelspitzen ausgepreßt.

Die Füllung und Leerung der Zungenröhrchen habe ich auch quantitativ bestimmt. Bei dem geringen Inhalt der Kapillaren – bei *Amazilia franciae* im Mittel für beide Röhrchen je 5,1 mm^3 – wäre es sinnvoll, wenn sie jedes Mal vollständig entleert würden, damit möglichst viel Nahrung aufgenommen wird. Aus der Bestimmung der Eintauchfrequenz der Zunge und des Volumens der Röhrchen läßt sich eine maximale Aufnahmemenge für eine bestimmte Zeiteinheit errechnen. Dieser errechnete Wert wurde nun mit dem gemessenen realen Futterverbrauch in der gleichen Zeiteinheit

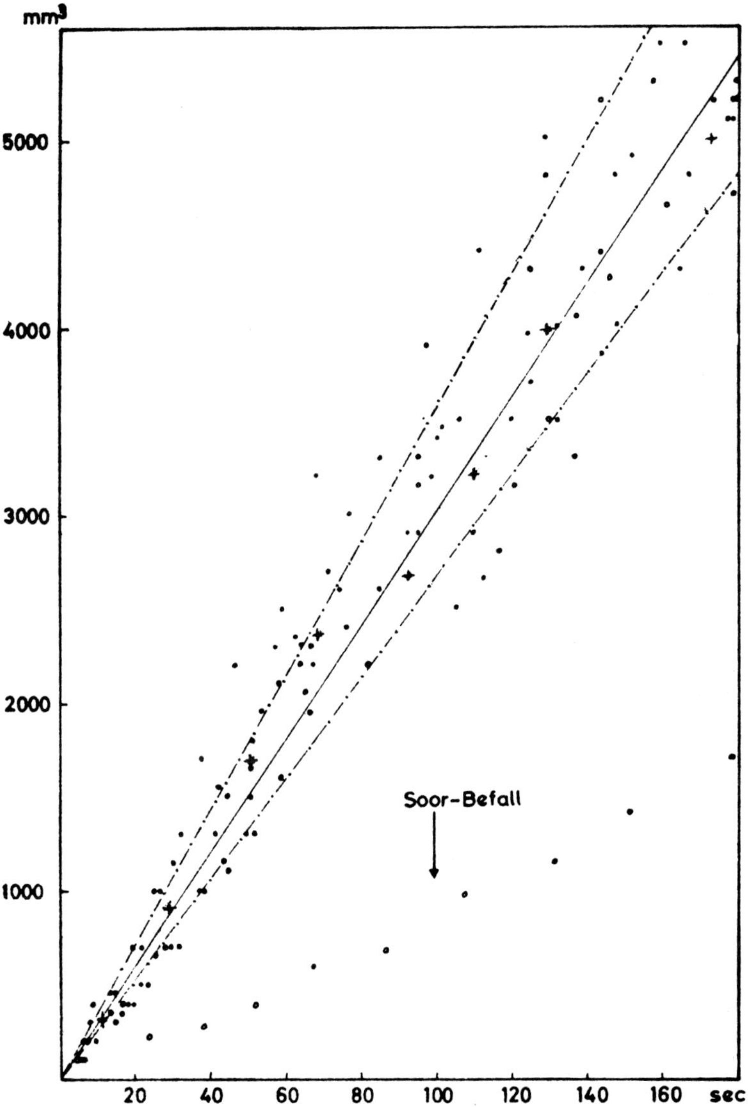

Abb. 11. Errechneter Maximalverbrauch (Strich-Punkt-Linie für je 10 Zungeneinsteckbewegungen in 1,4 bzw. 1,9 s, durchgezogene Linie = Mittelwert) und gemessener Realverbrauch (= Einzelwerte, die Kreuze stellen die Mittelwerte des Realverbrauchs von 20 s dar) zweier Kolibris (*Amazilia franciae*)

verglichen. In Abb. 11 sind maximaler und realer Verbrauch von zwei Kolibris eingezeichnet. Alle Werte des realen Verbrauches streuen um den Mittelwert des Maximalverbrauchs. Daraus kann nur ein Schluß gezogen werden: die Zungenröhrchen werden beim Durchstoßen durch den Schnabelspitzenspalt vollständig entleert und zwar in der oben beschriebenen Art und Weise.

Einen zusätzlichen Beweis lieferte eine aus dem Rahmen fallende Messung, daraufhin untersuchte ich Schnabel und Zunge dieses Kolibris und diagnostizierte einen Befall mit Soor und Aspergillose im Rachenraum und vor allem in den Zungenröhrchen. Besonders die letzten waren fast völlig zugewachsen, so daß das Tier kaum noch Nahrung aufnehmen konnte. In solchen Fällen treten bei dem hohen Energieverbrauch der Tiere rasch Schädigungen oder der Tod ein.

WEYMOUTH, LASIEWSKI u. BERGER (1964) beschreiben Geschmacksknospen auf dem dorsal-basalen Teil der Zunge, dem Zungenschlauch. Von anderen Orten auf der Zunge werden diese einfach gebauten Geschmackspapillen nicht beschrieben. Offenbar sind sie auf die Dorsalseite der Zunge beschränkt. Gerade hier sind nach meiner Auffassung die Strömungsverhältnisse der aus den Kapillaren ausgepreßten Flüssigkeit besonders turbulent. Beim Zurückziehen der Zunge staut sich die Nahrung vor dem aus den Zungenflügeln gebildeten Schieber, was auf jeden Fall zu Turbulenzen führt. Ständige Strömung und längeres Umspülen dieser Zungenregion kann für die Reizaufnahme der Geschmacksknospen nur förderlich sein. Die Lokalisation des chemischen Sinnes gerade an dieser Stelle ist mit den von mir entwickelten Vorstellungen über den Trinkvorgang sehr gut vereinbar. Bekommen die Kolibris schlechtschmeckende Nahrung, so zeigen sie ein charakteristisches Ekelverhalten. Es äußert sich als schnelles Kopfschütteln bei geöffnetem Schnabel, um die Reste dieser schlecht schmeckenden Nahrung aus dem Schnabel herauszuschleudern. Diese auffällige Reaktion tritt aber immer erst beim zweiten Zungenvorstrecken auf, dann also, wenn die ausgepreßte flüssige Nahrung die Geschmacksknospen erreicht hat. Bei der Aufnahme größerer Nektarquantitäten liegt deren optimale Zuckerkonzentration bei 35–40 %, bei kleineren Quantitäten bei 20–25 %.

Nehmen die Kolibris kompakte Nahrung, also Insekten, auf, dann dienen die Zungenflügel – wie bei der Nektaraufnahme – als Schieber. Kolibris fangen Insekten nur mit dem Schnabel, ein „Leimen“ mit der feuchten klebrigen Zunge habe ich nie beobachtet. Ist das Insekt zwischen den beiden Mandibeln gefangen, gleitet die Zunge im Unterschnabel unter dem Körper hindurch, und erst beim Zurückziehen treten die Zungenflügel als Schieber in Aktion und befördern die Beute schlundwärts. Dies scheint nicht immer beim ersten Anlauf zu klappen, da ich ein Herausstrecken der Zunge beim Insektenfang mehrere Male hintereinander beobachtete. Es kann immer nur ein Insekt gefangen werden, denn beim erneuten Schnabelöffnen zum Fang eines zweiten ginge das erste verloren. Tatsächlich fingen alle von mir beobachteten Kolibris immer nur ein Insekt, das dann sofort verschluckt wird, ehe das zweite gefangen wird.

10. Kolibris und Blumen – das Phänomen der Ornithophilie

Kolibris und Blumen sind zwei Begriffe, die wir mit Recht zueinander in Beziehung setzen. Die Beziehungen zwischen diesen Vögeln und gewissen Blumen hat im Verlauf der Evolution auf beiden Seiten zu einer Reihe verschiedener Anpassungen geführt. Naturgemäß sind die Anpassungen des stationären Partners dieser Wechselbeziehung zwischen „Vogelblume“ und „Blumenvögeln“ besonders gut untersucht worden. Die Veränderungen an Pflanzen auf dem Wege zur Vogelblütigkeit, der Ornithophilie, beschränken sich vornehmlich auf die Blüten.

Es ist lange bekannt, daß viele Blumen eifrig von Vögeln besucht werden. Bereits in der Mitte des 16. Jh. beobachtete der Spanier Lopez DE GOMARA in Amerika Kolibris beim Blütenbesuch. Seine Feststellungen wurden in der Folgezeit von LA VEGA, HERNANDEZ, PISO u. MARCGRAVIUS, DU TETTRE, ROCHEFORT und anderen bestätigt. Der Blütenbesuch der typischen Blumenvögel der Alten Welt hat nie die Aufmerksamkeit eines Naturforschers früherer Jahrhunderte erregt. Vielleicht liegt das daran, daß diesen altweltlichen Blumenvögeln der für die Kolibris charakteristische Schwirrflug fehlt. Weder ARISTOTELES und PLINY noch GESNER und BRISON haben meines Wissens etwas über die Blumenbesuche der Nektarvögel berichtet. Erst BUFFON hat 1790/91 einiges über die Ökologie dieser Vögel geschrieben.

Trotz der Tatsache, daß konstante Besuche von verschiedenen Vögeln an Blumen schon seit dem 16. Jh. bekannt sind, dauerte es noch sehr lange, bis jemand die Beziehungen zwischen Vogel und Blume erkannte. RAY und BUFFON, Naturforscher des 18. Jh., erklärten als erste einige spezielle Eigentümlichkeiten des Kolibris als eine Anpassung an den Blumenbesuch, die dann später von LEVAILLANT, WIED und LATHAM übernommen wurden. Im Hinblick auf die Vogelblume wurde der Gedanke einer Adaptation nur sehr langsam entwickelt, besonders der Vorgang der Pollenübertragung erschien mehr als rätselhaft. DELPINO, Fritz MÜLLER, BELT, DARWIN, GRAY, EVERETT und EVANS waren die ersten, die auf die große Rolle, welche Kolibris und auch andere Blumenvögel wie Nektarvögel bei der Bestäubung der Pflanzen spielten, aufmerksam machten. 1886 vertrat DELPINO die rein theoretische Überlegung, daß viele Blumen an den Vogelbesuch angepaßt seien, doch wurde diese Theorie von den oben erwähnten Autoren und anderen Darwinisten heftig bekämpft. Das Interesse galt aber weiterhin den Anpassungen der Blumen; SPRENGEL, DARWIN und Hermann MÜLLER analysierten vom streng anthropologischen Gesichtspunkt der Nützlichkeit aus Farbe, Form und Struktur der Blume als Anpassungen. Erst LOEW, WERTH, SCHNARF, PORSCH und KNOLL blieb es vorbehalten, den auch heute noch akzeptierten Standpunkt zu dieser beiderseitigen Anpassung zu formulieren.

In diesem Jahrhundert teilten auch Botaniker den bisherigen Standpunkt. So schreibt NEGER: „Daß es Blüten gibt, welche mehr oder weniger ausschließlich auf den Besuch sehr kleiner Vögel (Kolibris, Honigvögel) angepaßt sind, darf als feststehend angesehen werden.“ PORSCH: „Man brauchte und braucht vielfach auch heute noch beim Vogel gewissermaßen ein Paradestück der Anpassung, wie den Kolibri, den Honigvogel usw., um an die Innigkeit der Wechselbeziehungen und ihre unzweideutigen gegenseitigen Bewirkungen glauben zu können; und man übersah dadurch die Fälle beginnender oder weniger fortgeschrittener gegenseitiger Umbildung.“ „Für die Entstehung und Erhaltung der Vogelblumen im natürlichen Lebensraum war und ist der Vogel ebenso Voraussetzung, wie für die Bienenblume die Biene“. „Ich stehe nicht an, zu behaupten, daß der Kolibri der Blumenwelt des tropischen und subtropischen Amerika geradezu seinen Stempel aufgedrückt hat.“ Knoll schreibt: „Zwischen vielen Blumen und bestimmten Blumenvögeln ist eine so weitgehende gegenseitige Abhängigkeit zustande gekommen, daß das Aussterben des einen Teiles dieser Lebensgemeinschaft das Aussterben des anderen bewirken müßte und auch in manchen Fällen bereits bewirkt hat.“ Auch Moller vertritt die gleiche Meinung: „Blumenvogel und Vogelblume stehen eben in so inniger Wechselbeziehung, daß sich das eine ohne das andere kaum vorstellen läßt.

Außer Wallace und einigen anderen allround-Naturforschern verdanken wir unsere Kenntnisse über die Anpassungen der Pflanze an den Vogelbesuch fast ausschließlich Botanikern. Die Anpassungen der Pflanze beschränken sich auf Farbe, Größe, Form, Nektar, Aufbau, Duft und Pollen.

Die Koevolution dieser gegenseitigen Anpassungen ist ein hochinteressantes Kapitel der Biologie: sehr wahrscheinlich waren die Vorfahren der heutigen Kolibris, die Urkolibris, reine Insektenfresser. Auf der Suche nach kleinen Insekten kontrollierten sie regelmäßig blühende Pflanzen und lernten so die Süße des Nektars kennen. So wie auch heute noch viele Vogelarten Süßes zu sich nehmen – es gibt kaum einen Zoovogel, der nicht am Kunstnektar nascht –, so war es sicher auch am Beginn dieser Entwicklung. Die einzelnen Anpassungen von Vogelblume und Blumenvogel haben sich sehr wahrscheinlich parallel entwickelt.

10.1 Anpassungen der Vogelblume

10.1.1 Farbe

Im Jahre 1869 wies Delpino als erster Wissenschaftler auf die rote Blütenfarbe als Anpassung an den Besuch durch Vögel hin, auch die sogenannten „Papageienfarben“, Kombinationen mehrerer Farben (rot, blau, gelb, grün) sollen eine solche Anpassung sein. Zur gleichen Zeit schrieb Fritz Müller, der viele Jahre seines Lebens in Brasilien verbrachte, daß die Kolibris „vor allem helle, grelle Farben zu lieben scheinen. Scharlachfarbene Salvien, Combretum mit anfangs goldgelben, später orangefarbenen Staubfäden, Manettia usw. werden von ihnen sehr fleißig besucht,“ Später vertritt auch Hermann Müller, der Bruder von Fritz, in Schenks „Handbuch der Botanik“ die Auffassung, daß viele Pflanzen, die an Vogelbesuch angepaßt sind, unter anderem durch „große Blüthen mit brennenden, häufig scharlachroten Farben“ ausgezeichnet sind. Die Meinung, daß grelle Farben, vor allem aber Rot, mit dem Blumenbesuch der Vögel zusammenhängen und diese dadurch anlocken, vertreten auch Trelease, Merritt, Kerner v. Marilaun und Schimper. Die beiden letzten betonen: „Vielleicht hängt es hiermit auch zusammen, daß die Pflanzen mit scharlachroten Blumen vorwaltend in jenen Gegenden verbreitet sind, wo die Kolibris ihre Heimat haben“ und daß die Kolibris „eine Vorliebe für die rothe, speciell die brennend rothe Farbe“ haben.

Weiterhin vertritt er die erwähnte Hypothese, daß „der thatsächlich grössere Reichthum an leuchtend rothen Blüthen und Bracteen, der die warme Zone vor der nordtemperierten auszeichnet, mit der Ornithopilie zusammenhängt.

Unter den Autoren, die die rote Blütenfarbe als eine typische Adaptation der Vogelblumen berücksichtigen, müssen erwähnt werden: SCOTT-ELLIOT, LUDWIG ULE, LAGERHEIM, VOLKENS, KIRCHNER, NEGER, SCHNARF, WERTH, V. FRISCH und STRESEMANN. VOLKENS war übrigens nach DELPINO der erste Wissenschaftler, der mit Nachdruck darauf hinwies, wie wichtig kontrastierende Farben für die optische Orientierung der Vögel sind. WERTH, der wie SCHNARF und PORSCH ein Anhänger der Frage nach der Nützlichkeit solcher Anpassungserscheinungen ist, sagt über die Farbe: „Das ausgesprochene Vorwalten roter Farben, von sattorangerot über scharlach, zinnober und karmin bis purpur mit Überwiegen der ... hervorragend leuchtenden Scharlachfarbe ist ein auffallendes Charakteristikum der Ornithophilie." Karl v. FRISCH stellt erklärend fest: „... daß sich die Farben der Blumen als Anpassung an ihre Bestäuber entwickelt haben" und denkt, daß die Häufigkeit von Rot als Blütenfarbe bei Vogelblumen wohl mit dem Unvermögen der Vögel, den blauvioletten Teil des Spektrums klar zu erkennen, zusammenhängt.

Wir halten fest, daß die ersten Naturforscher wohl den Blumenbesuch beobachteten, nichts jedoch über die Vorliebe der Vögel für Rot aussagen. Ebenfalls glauben viele Botaniker nicht, daß die rote Farbe ein Charakteristikum der Ornithophilie ist, obwohl sie andererseits die Hypothese der Anpassung durchaus akzeptieren. Zu ihnen gehören z. B. JOHOW und PORSCH. Ausgehend von den Beobachtungen FRIES' in Südamerika, betrachten sie alle Farben als typisch für Vogelblumen, in der Hauptsache „das Vorherrschen reiner Spektralfarben wie Reinrot, Reinblau, Reingrün und die eigenartige Farbenkombination" (gemeint sind die sogenannten Papageienfarben).

10.1.2 Größe

Sowohl DELPINO als besonders WALLACE und Hermann MÜLLER legen großen Wert darauf, daß neben der Farbe die Größe besonders wichtig ist. Der amerikanische Naturforscher hat die Länge der Blüte als untrügliches Zeichen für den Vogelbesuch gewertet. Auch LUDWIG, KIRCHNER, NEGER, SCHNARF und WERTH berücksichtigen die Größe der Blume als ornithophile Adaptation. Der letztgenannte Autor schreibt: „selbstverständlich ist auch die bedeutende Größe der betrachteten Blüten ein ornithophiles Gestaltungsmerkmal"... „Die der Schnabellänge der Honigvögel angepaßten ornithophilen Röhrenblumen sind durchweg länger als die bienenblütigen."

Im Gegensatz zu den meisten der vorstehend erwähnten Autoren, die nur die Größe der Vogelblume als Entwicklungsmerkmal diskutieren, sieht EVANS als besonders wichtig die Anpassung in der Entfernung zwischen dem angebotenen Nektar und den Spitzen der Befruchtungsorgane, also Staubbeutel und Stempel an. Diese Darstellung ist dann von SCHNARF weiterentwickelt worden, der als Anpassung für den Vogelbesuch „eine Steigerung der Blütendimensionen, vor allem eine Verlängerung des Abstandes zwischen Nektar und Bestäubungsfläche im Vergleich zu entomophilen Blumen" ansieht. Die gleiche Anschauung hat WERTH auch bei seinem „Bürstenblumen-Typus" entwickelt, er schreibt darüber: „Nektarzone und Pollenzone entsprechen in ihrem Abstand voneinander der Schnabellänge der Besucher, während

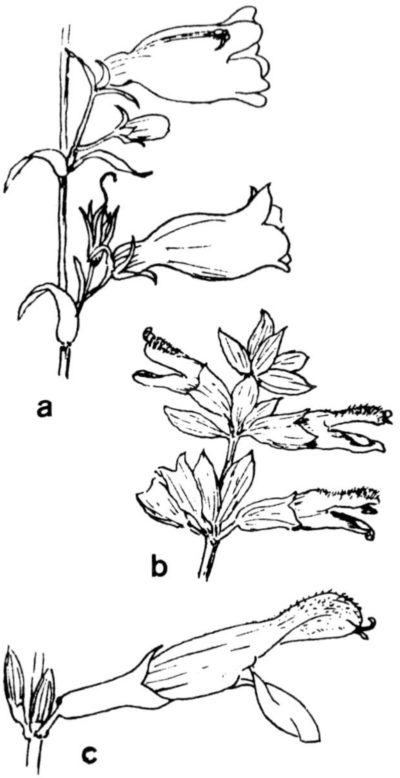

Abb. 12. Von der Form der Blüte hängt der Besuch der einzelnen Kolibriarten ab, nicht jede Blüte wird von jeder Art gleich gern besucht. a *Penstemon campanulatus* ist nicht besonders beliebt, zu weite Kronenöffnung, keine Schnabelführung; b *Salvia mexicana,* diese blaue Blüte ist bei *Lampornis clemenciae* wegen der geringen Größe nicht beliebt, sie wird aber von *Hylocharis leucotis* sehr stark besucht; c *Salvia cardinalis,* bei dieser roten Blüte liegen die Verhältnisse umgekehrt. Für den kleinen *Hylocharis leucotis* liegt der Blütenkelchboden an der äußersten erreichbaren Grenze für seine Zunge. Sie wird daher von den großen Kolibriarten (*Lampornis clemenciae*) sehr gern besucht. Nach H. O. Wagner

die Narbe die Pollenzone etwas (nach außen) überragt, wodurch Fremdbestäubung ein eintretendem Besuche gesichert wird."

Johow und Porsch sehen in der Größe kein entscheidendes Merkmal für die Ornithophilie, der letzte schreibt über dieses Problem: „Dagegen liefert die Größe kein entscheidendes Merkmal. Die Steigerung der Blütengröße wird vielfach irrtümlich als Charaktermerkmal einer echten Vogelblume betont." Er bemerkt aber weiter: „Da auch die kleinsten Blumenvögel die meisten Blumeninsekten an Körpergröße übertreffen, ist andererseits eine gewisse durchschnittliche Minimalgröße notwendige Voraussetzung für eine vogelblütige Anpassung, unterhalb welcher regelrechte Bestäubung durch Vögel nicht möglich ist."

10.1.3 Gestalt und Form

Bereits in den Arbeiten des 18. Jh. finden sich Abbildungen von Kolibris mit röhren- und trichterförmigen Blüten, und zwei Autoren, Wilson und Audubon, heben die Vorliebe der Kolibris für diese Blüten hervor. Der letzte schreibt, daß „the Ruby-throated Hummingbird has a particular liking for such flowers as are greatly tubular in their form". Auch Delpino, Hermann Müller, Trelease, Kirchner und Werth

Abb. 13. Die rot blühenden *Bourardia termifolia* werden wegen ihrer senkrechten Stellung von den Kolibris nicht gern besucht. Nach H. O. WAGNER

heben eine bestimmte Form, eben die röhren- und trichterförmige, als charakteristische Anpassung an den Vogelbesuch hervor. WERTH hat sogar acht verschiedene Typen solcher Blumen unterschieden, die weitgehend mit der Klassifizierung von DELPINO übereinstimmt. Doch legen weder JOHOW noch PORSCH ein besonderes Gewicht auf eine bestimmte Form der Blüte als Anpassung ornithophiler Art, obwohl letzter die Klassifizierung von WERTH in seinen „Vogelblumenstudien" lobend erwähnt.

In Hinsicht auf die spezielle Form der Vogelblume wurde oft herausgestellt, daß die Blumenvögel, die bei ihren Besuchen entweder vor den Blüten schwirren oder auf kleinen Zweigen sitzen, in der Hauptsache solche Blumen bevorzugen, denen geeignete Sitzplätze fehlen. DELPINO hebt das Fehlen solcher Landeplätze an Blumen als Merkmal ornithophiler Anpassung hervor. TRELEASE sieht sogar die verkleinerte Lippe von *Salvia splendens* als Vogelblumenmerkmal an, und LAGERHEIM schreibt: „Ein gemeinsamer Zug im Bau vieler ornithophiler Blüthen ist, dass eine Anflugsplatte oder ein Landungsplatz für die Besucher fehlt. Bei Blumen, deren Bestäuber sich in der Luft vor der Blume schwebend halten, wäre ja eine ähnliche Vorrichtung ohne Zweck. So ist z. B. bei den ornithophilen Labiaten die Unterlippe verkümmert, bei den ornithophilen Erythrina und Sutherländia sind die Flügel reduciert."

Auch in neuerer Zeit ist das Fehlen von Sitzgelegenheiten als eine sehr wichtige Anpassung an den Vogelbesuch hervorgehoben worden, besonders von SCHNARF und WERTH. Der erste sieht den Zweck dieser Einrichtung darin, „die unnützen Insekten vom Niedersetzen in der Blüte abzuhalten" und fährt fort: „Diese Eigentümlichkeit wird uns verständlicher erscheinen, wenn wir die Größe und das Gewicht der wenn auch kleinen Kolibris oder Honigvögel mit denselben Eigenschaften der Insekten in Vergleich setzen." WERTH schreibt zu diesem Problem: „Von den Formeigentümlichkeiten der Vogelblume ist schon durch DELPINO der Mangel eines Anflugs- und Sitzplatzes in der Blüte hervorgehoben worden. Es ist das in der Tat eine markante Eigentümlichkeit der ornithophilen Blütenanpassungen, die vielfach allein schon eine scharfe Trennung gegen sonst nahestehende entomophile Einrichtungen ermöglicht. – Ein konstanter Unterschied der ornithophilen Röhrenblumen gegenüber entomophilen ist das Fehlen eines größeren, ausgebreiteten Saumes."

10.1.4 Nektar

Als ein weiteres Merkmal der Pflanzen als Anpassung an den Besuch durch Vögel stellen alle Autoren die oft großen Nektarmengen heraus, die von der Blüte produziert werden. Selbst ein Kritiker der Ornithophilie, JOHOW, schreibt: „Auf Anpassung der *Puya*-Blüte an Insectenbestäubung würde der Besitz von Nektar hinweisen, wenn der selbe nicht in so riesiger, von keinem Insect auszunutzender Menge sich vorfände ... Es giebt auf der Erde wohl kaum ein Insect, welches im Stande wäre, einen halben Fingerhut voll dünnen Zuckerwassers zu sich zu nehmen!" SCHNARF betont, „daß Honigreichtum geradezu das auffallendste ornithophile Merkmal ist" und WERTH fährt fort: „Sehr dünnflüssige sowie schleimige Beschaffenheit des Nektars sind eine auffällige Erscheinung vieler Vogelblumen. Allgemein wird die große, oft enorme Honigmenge hervorgehoben, die viele Vogelblumen produzieren, und die im Verhältnis steht zu dem Nahrungsbedürfnis der grössten aller Blumenbesucher." PORSCH betont, daß die Blumenvögel nur des Nektars wegen die Blüten aufsuchen und argumentiert: „Ist die Farbe das einzige Fernlockmittel, so ist der auffallende Reichtum an dünnflüssigen oder schleimigen Nektar die typische Lockspeise und damit gleichzeitig das charakteristische Erkennungsmerkmal fast sämtlicher typischer Vogelblumen. Dieses Merkmal kann nicht genug in den Vordergrund gestellt werden, weil es alle übrigen bisher bekannten, auch die adaptiv niedrigst stehenden Vogelblumen kennzeichnet. Menge und Beschaffenheit des Nektars sind stets ein ausschlaggebendes Unterscheidungsmerkmal gegenüber den Insektenblumen."

Der Blütennektar von Vogelblumen liegt mit etwa 20 % Zuckerkonzentration, selten mehr als 25 %, weit unter der von Insektenblumen mit meist über 40 %. Da die Kolibris mit der Ausbeutung des Nektars nicht nur ihren Energiebedarf decken, sondern die Blüten auch bestäuben, was für deren Arterhaltung wichtig ist, muß die geringe Nektarkonzentration als eine Anpassung der Vogelblume angesehen werden, denn sie bedingt bei einem mittelgroßen Kolibri den Besuch von täglich 2000 bis 3000 Blüten.

Nach neueren Untersuchungen an über 150 ornithophilen Pflanzen besteht deren Nektar aus einer Kombination von Rohrzucker (Saccharose), Traubenzucker (Glucose) und Fruchtzucker (Fructose). Eine Untersuchung des Nektars von 40 ornithophilen Pflanzen aus 12 Familien ergab 15 % (3–33 %) Fructose, 11 % (0–23 %) Glucose und 74 % (55–94 %) Saccharose. Außerdem sind Spuren von Aminosäuren im Nektar gelöst. Glucose wird übrigens zu 97 % vom Körper verarbeitet. Erwähnenswert dabei ist, daß die passive Permeabilität im Verdauungstrakt für Glucose die langsamste bei allen Wirbeltieren ist.

Man nimmt heute an, daß die Nahrung der Kolibris zu 95 % aus Blütennektar und zu 5 % aus Insekten und Pollen besteht. Während der Mauser und bei der Aufzucht der Jungen steigt allerdings der Eiweißbedarf stark an, dabei sollen 15 % Insekten aufgenommen werden.

Da vor allem ornithophile Blütenpflanzen auf Fremdbestäubung angewiesen sind, ist es für solche Pflanzenpopulationen vorteilhaft, den Nahrungsbedarf des Bestäubers nicht optimal zu decken. Die Nektarkonzentration von Vogelblumen ist daher einerseits so hoch, daß diese Blüten vom potentiellen Bestäuber, also dem Kolibri, als Nahrungsquelle ausgewählt werden, und andererseits so gering, daß der Vogel zur Deckung seines Energiebedarfs eine große Anzahl dieser Blüten besuchen muß. SCHUCHMANN (1980) stellte dazu fest: „Bei den von jamaikanischen Kolibris besuchten Blütenpflanzen lassen sich aufgrund der Nektarsekretionsrate pro Stunde in Abhängigkeit von der Tageszeit zwei Blütenpflanzentypen unterscheiden. Blütenpflanzen, die sowohl von Trochiliden als auch von langrüsseligen Insekten besucht werden, weisen nur eine geringfügige Variation der Nektarsekretion pro Stunde am Tage auf. Im Gegensatz dazu kann bei ausschließlich von Kolibris frequentierten Blütenpflanzen eine von der Tageszeit abhängige unterschiedliche Nektarsekretionsrate pro Stunde beobachtet werden. Die maximale Nektarproduktionsrate pro Stunde fällt zeitlich in die morgendliche Aktivitätsperiode der Kolibris. Der zweite Anstieg der Nektarsekretion pro Stunde ist am späten Nachmittag. In dieser Zeit liegt die zweite Hauptaktivitätsphase der jamaikanischen Trochiliden."

10.1.5 Bau

Nahezu alle Autoren sind sich einig, daß ein besonders derber Bau der Blüten als ornithophile Anpassung zu werten ist. Dies ist in erster Linie im Hinblick auf die größere Kraft der Vögel verständlich, bei der ein zarterer Blütenbau Schaden nehmen würde. Weiterhin sind Einrichtungen von Vorteil, die ein Abfließen der großen Honigmengen verhindern, also Kapillarkanäle und Vergrößerung der stark benetzbaren Oberfläche und Steigerung der Adhäsionswirkung am Blütensaum.

10.1.6 Duft

Zum Unterschied zu vielen starkduftenden Insektenblumen fehlt vielen Vogelblumen der Duft. Diese Tatsache ist häufig als eine Anpassung an den Besuch von Vögeln gedeutet worden, denen ja ein Geruchsvermögen fehlt. Drei der bedeutendsten Wissenschaftler, die sich mit dem Gesamtproblem der Ornithophilie auseinandersetzten, unterstreichen die Duftlosigkeit der Vogelblumen als Anpassung. SCHNARF: „Die Geruchlosigkeit der Vogelblumen ist so allgemein, daß wir gezwungen sind, in ihr einen ornithophilen Charakter zu erblicken ...". WERTH: „Bei der allgemeinen Größe und Farbenpracht der hier in Betracht kommenden Einrichtungen ist die Geruchlosigkeit eine sehr auffallende Erscheinung und ein markantes Charakteristikum der Ornithophilie. Es dürfte dies wohl mit der hervorragenden Ausbildung des Auges und der schwachen Ausbildung des Geruchsinnes bei den Vögeln zusammenhängen". PORSCH: „Das dritte Charaktermerkmal fast aller typischen Vogelblumen ist ihre Geruchlosigkeit oder wenigstens der Mangel eines scharf ausgeprägten Blütenduftes ... Die Geruchlosigkeit der Vogelblumen steht im Einklange mit der geringen Entwicklung bzw. dem vollständigen Fehlen des Geruchsinnes beim Bestäuber." JOHOW hingegen stellt eine Anpassung in Frage, er sagt über einige geruchlose Arten der Gattung *Puya* von Chile: „Es wäre aber meines Erachtens voreilig, zu behaupten, daß hierin gleichfalls eine Anpassung gegeben ist, d. h. die Art sich von einer mit Geruch begabten, insectenblüthigen Stammform ableitet, die infolge ihrer Gewöhnung an Ornithophilie ihren Geruch verloren hat."

10.1.7 Pollen

In den untersuchten Vogelblumen wurden die verschiedensten Pollenformen gefunden, und nicht von einer Art kann gesagt werden, daß sie sich aufgrund des Vogelbesuches an eben diese Form angepaßt hat. SCHNARF sieht diese Zusammenhänge sehr deutlich, wenn er schreibt: „Wir werden von vornherein nicht erwarten dürfen, daß die Ausbildungsweise des Pollens bei entomophilen und ornithophilen Pflanzen wesentliche Unterschiede zeigen werde.“ Nur JOHOW vertritt die Meinung, daß pulverförmiger Pollen, den er bei den meisten der von ihm untersuchten Vogelblumen fand, wohl eine Anpassung an Vogelbesuch sei. Dieser Pollen hafte am besten an „einem rauhen oder mit feinen Häkchen versehenen Körper, wie es die Vogelfeder ist.“ Es sei hier darauf hingewiesen, daß A. WAGNER in seiner Arbeit über *Strelitzia reginae* von Kolibris als Bestäubungsvermittlern spricht, es sich allerdings um Nektarvögel handelt.

10.2 Beispiele für Bestäubung

Über die Rolle als Bestäuber liegen uns von den südamerikanischen Kolibris wohl eine Reihe von Angaben vor, jedoch fehlen ganz exakte Beobachtungen über das Zusammenspiel von Blume und Vogel. Lediglich aus dem mittel- und nordamerikanischen Raum kennen wir einige Beispiele über das sinnvolle Zusammenwirken dieser beiden Partner.

So bemerkte PICKENS bei Kolibris der Art *Archilochus colubris* nach dem Besuch von *Macranthera lecontei*, daß fast alle Tiere oben am Nacken einen gelben Fleck von Blütenstaub trugen. Die von den Kolibris besuchte Pflanze wird über 2 m hoch und blüht rotorange.

Die Blüten stehen aufrecht an gekrümmten Stielen. Vor dem Aufblühen der Blüten steht der Griffel aus der Knospe hervor, nach zwei Tagen verwelkt er, und die Staubgefäße haben die Länge des Griffels erreicht. Der Kolibri fliegt, um an den Inhalt der Blüte zu kommen, diese von oben an. Aus dieser nicht nur unbequemen, sondern auch flugunstabilen Lage (POLEY 1968) sinkt der Körper des Vogels langsam nach unten. Dabei drückt er die Blume in eine waagerechte Lage. Während dieses Vor-

Abb. 14. Kolibri (*Hylocharis leucotis*) bestäubt seine Stirn mit Pollen von *Salvia cardinalis* (oben) und überträgt ihn auf die Narbe einer zweiten (unten) schon weiterentwickelten Blüte. Nach H. O. WAGNER

Abb. 15. Kolibri an einer *Centropogon*-Blüte. Diese Pflanze ist ausschließlich auf Fremdbestäubung eingerichtet. Zuerst entwickeln sich die Staubgefäße, deren Blütenstaub von einem Kolibri mit der Kopfplatte abgestreift wird (oben). Nach dem Abstreifen des Pollens biegen sich die Staubgefäße nach oben und geben die bürstenartige Narbe frei. Diese berührt bei erneuten Besuchen von Kolibris deren Oberkopf, an dem von vorhergehenden Besuchen Pollen haften kann und streift diesen ab (unten). Damit ist die Bestäubung durch einen Blumenvogel erfolgt. Nach H. O. WAGNER

Abb. 16. Der Kolibri *Colibri thalassinus* an der Blüte von *Lamourouxia exerta*. Beim Anflug an die Blüte und beim Einführen des Schnabels in die Blütenröhre werden zuerst die langen Staubgefäße mit der Kopfplatte berührt, danach erst die Narbe, deren Bürstenhaare den Pollen abstreifen. Somit kann eine Eigen- oder Selbstbestäubung bei einmaligem Besuch durch einen Kolibri erfolgen; sobald mehrere Blüten von einem Tier besucht werden, erfolgt Fremdbestäubung. Nach H. O. WAGNER

ganges drückt der Griffel auf den Kopf, und die Narbe tippt für einen Moment auf den gelben Pollenfleck am Hinterkopf des Kolibris. Dieser Fleck rührt von früheren Besuchen an anderen Pflanzen her. Sobald die Narbe bestäubt ist, wachsen die Staubgefäße auf die gleiche Länge heran, und bei erneuten Besuchen wird der Pollen auf den Hinterkopf des Kolibris plaziert.

In Mexiko hat H. O. WAGNER ähnliche Beobachtungen an *Colibri thalassinus* und den Blüten von *Lamourouxia exerta* gemacht. Auch hier trugen die Kolibris kleine gelbe Pollenflecke auf den Köpfen. Während nur die eben geöffneten Blüten Nektar enthalten, besuchen die Kolibris diese Blüten aber auch noch später, um Kleininsekten in ihnen zu erbeuten. Auch bei *Lamourouxia exerta* reift der Griffel vor den Staubgefäßen, und beide sind nur während einer kurzen Periode in Funktion, offenbar um bei mangelnder Fremdbestäubung noch eine Selbstbestäubung zu ermöglichen. Der Griffel ist wie eine Bürste gestaltet, die den Pollen vom Vogelkopf regelrecht abbürstet.

Der nordamerikanische Kolibri *Calypte anna* ist von dem Ornithologen NUTTAL als *Trochilus icterocephalus* (= gelbköpfiger Kolibri) beschrieben worden. Den Grund stellten die mit gelben Blütenpollen völlig überpuderten steifen Scheitelfedern dar.

Auch bei *Centropogon cordifolius* hat H. O. WAGNER Bestäubung durch Kolibris nachgewiesen. Im Unterschied zu den bisher beschriebenen Pflanzen reifen hier die Staubgefäße vor dem Griffel. Die Kolibris tragen nach den Besuchen an dieser Pflanze regelrechte Pollenhütchen auf ihrem Kopf. Nach einigen Tagen verwelken die Staubgefäße und biegen sich dabei nach oben, dadurch wird der Griffel frei, der sich dann

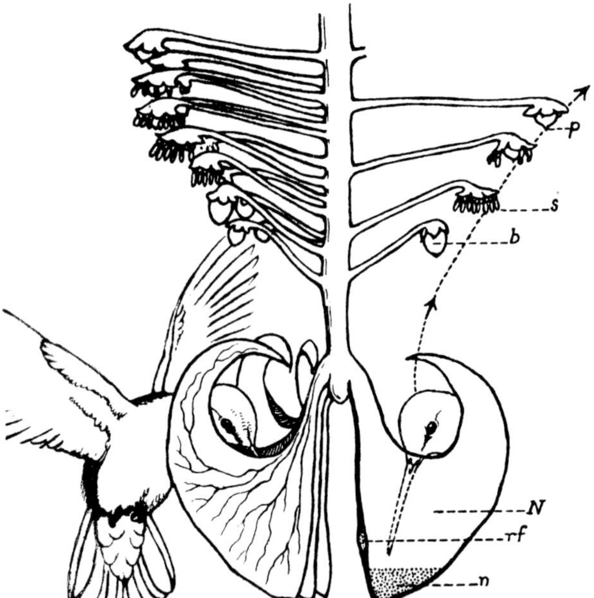

Abb. 17. Kolibri *Campylopterus* spec. an der Vogelblume *Marcravia picta.* Im Gegensatz zu anderen Kolibriblüten erfolgt bei dieser die Bestäubung nicht schon beim Anflug, sondern erst beim Abflug, wobei der Kolibri mit seiner Kopfplatte zuerst die Staubgefäße berührt, Pollen abstreift, diesen dann beim weiteren Hochfliegen zum Teil an den freiliegenden Narben abstreift, womit die Bestäubung der Blüte vollzogen ist. n Nektar, rf Nektardrüse, N Nektarausscheidende Spitzenblüte, b Knospe, s Blüte mit Staubgefäßen, p Blüte, deren Staubgefäße bereits abgefallen sind und deren Narbe dadurch freiliegt. Nach MIRANDA und H. O. WAGNER

verlängert und nach unten biegt. So kann der Pollen vom Kolibrikopf abgewischt werden.

Nicht immer wird der Blütenstaub auf den Kopf des Kolibris deponiert. So berichtet PICKENS von der Bestäubung eines Salbei, *Ramona polystrachya,* in Kalifornien folgendes. Hier wird der Pollen an Kinn und Kehle der Kolibris gebracht. Die Kronröhre dieser Blüte ist vorn mit einem Blütenblatt verschlossen, auf dem die Staubgefäße seitlich aufsitzen. Der lange Griffel wird durch dieses lange Verschlußblatt seitlich weggedrückt. Wird das Verschlußblatt heruntergeklappt, so bewegen sich die Staubblätter und bepudern Kinn und Kehle des Vogels mit Pollen. Bei den meisten Blüten von *Rhus ovata* steht das Verschlußblatt nicht aufrecht, sondern ist zusammen mit den Staubblättern leicht nach hinten geneigt. Der Kolibri führt seinen Schnabel unter das Verschlußblatt, bewegt es nach unten, wobei sich die Staubgefäße in die Waagerechte bewegen. Steckt der Vogel nun seinen Schnabel tiefer in die Blume hinein, kommen die Federn an der Schnabelwurzel mit den längsten der Staubgefäße in Berührung und bepudern diese mit Pollen. Auch Kehle und Brust werden während des Öffnens mit Pollen beladen. Die Staubblätter bewegen sich dank ihrer Elastizität nicht nur von oben nach unten, sondern auch quer, wobei sie einen ziemlich großen Bereich des Federkleides bestreichen.

Die Bestäubung durch Kolibris einer weiteren mexikanischen Pflanze ist von MIRANDA beobachtet worden (Abb. 17). Die Blütenstände von *Marcgravia mexicana* sind groß und hängen nach unten, die 120 bis 150 Einzelblüten sind um eine Achse angeordnet. Jede Blüte sitzt an einem langen Stiel und ist nach unten geöffnet. Die Staubblätter entwickeln sich bei dieser Pflanze vor dem Griffel, und bei den untersten Blüten sind die Geschlechtsorgane sogar verkümmert. Die Blütenstiele und Hüllblätter sind zu tiefen Nektarbehältern umgestaltet. Der Zugang zu diesem Nektarreservoir ist wegen der nach oben gekrümmten Spitzen erschwert und die Kolibris können den Nektar nur erreichen, wenn sie mit dem Rücken die Staubgefäße und Griffel der darüberliegenden Blüten streifen. Bei dem ständigen Kommen und Gehen an diesen Blüten wird Blütenstaub übertragen.

Nach ATSTATT u. RUNDEL (1982) ist der Kolibri *Rhodopis vesper atacamensis* der einzig bekannte Bestäuber von *Fuchsia lyciotides,* und es scheint, daß er energiemäßig von ihr abhängt.

Gewiß wird die Bedeutung der Kolibris als Blumenbestäuber zumindest für die gemäßigten Breiten und die Gebirge zwischen den Wendekreisen leicht überschätzt, denn hier sind die Blüten vornehmlich auf Insektenbestäubung eingestellt. Gelegentlich können diese als Zufallsanpassung auch von Kolibris bestäubt werden, wie wir von H. O. WAGNER wissen. So werden die Blüten von *Salvia cardinalis,* die eigentlich auf Hummeln abgestimmt sind, außerdem von Kolibris *(Hylocharis leucotis)* besucht und dabei auch bestäubt.

In diesem Zusammenhang ist ein Projekt der „Space Biosphere Ventures" interessant: In der Sonora-Wüste, USA, sollen sich 1989 die Türen des „Ökoprojekts" „Biosphere-II" zu einem 9000 Quadratmeter und 140000 Kubikmeter umfassenden Glausbau schließen. Hermetisch von der Umwelt abgeriegelt leben Ziegen, Hühner, Kaninchen, Schlangen und Kolibris in sieben verschieden simulierten Landschaften. Die Forscher in Arizona kamen deshalb auf die Idee, Kolibris in dieses Glaushaus aufzunehmen, weil sie verschiedene Pflanzen bestäuben sollen. Fünf verschiedene Arten sollen dafür verwendet werden.

10.3 Anpassungen des Blumenvogels

Die ornitophilen Anpassungen der Pflanzen sind in der Hauptsache von Botanikern untersucht worden, doch sind nicht alle Zoologen diesen Vorstellungen gefolgt. Darüber hinaus haben LOEW, WERTH und PORSCH Pionierarbeit auf diesem Gebiet geleistet.

Nach seiner Klassifikation der blumenbesuchenden Insekten hat LOEW auch die Blumenvögel in drei Gruppen unterteilt, je nach dem Grad ihrer Anpassung. Zur ersten Stufe, der Eutropie, gehören nur die am besten und höchsten angepaßten der Honigvögel, die Kolibris. Zur zweiten, der Hemitropie, die Nectarinidae, Meliphagidae und Zosteropidae. Zur dritten und primitivsten Gruppe – Allotropie – zählt er die Loriidae, Dicaeidae, Coerebidae. Dieser Auffassung folgen weder WERTH noch SCHNARF. So schreibt SCHNARF: „Dafür, daß die Trochilidae in bezug auf ihre Mundwerkzeuge in vollkommener Weise den Blumen angepaßt seien als Nectariniidae und Meliphagidae, scheint mir kein Anhaltspunkt vorzuliegen. Betont möge werden, daß sich die wichtigsten Bestäuber der alten und der neuen Welt zu den Blumen in der Hauptsache ganz gleich verhalten; man kann nicht sagen, daß die einen blütenbiologisch höher stehen als die anderen ... Der Umstand, daß die Kolibris im Schweben an der Blüte tätig sind, die Honigvögel aber in der Regel sitzend angetroffen werden, ist blütenbiologisch weniger von Bedeutung." Einen ähnlichen Standpunkt vertritt auch WERTH: „Wenn wir LOEW folgen wollten, der die Trochilidae als eutrope, die Nectariniidae als hemitrope Blumenbesucher auffaßt, so wären wir zu konstatieren gezwungen, daß die ganz gleichen, durchaus eutropen Blumenkonstruktionen ... in Amerika regelmäßig von eutropen, in der übrigen Welt aber ausschließlich von hemitropen Blumenbesuchern gekreuzt würden." Später schreibt STRESEMANN zu diesem Problem: „Am vollkommensten ist das Ziel erreicht worden bei den Trochilidae sowie unter den Passeres bei den Meliphagidae, Nectariniidae, Coerebidae und vielen Drepanididae; auf halbem Wege sind die Zosteropidae und Dicaeidae stehengeblieben!"

Zweifellos sind die Kolibris die am höchsten angepaßten der blumenbesuchenden Vögel, wenn man nur an die Morphologie der Zunge und die Technik der Nahrungsaufnahme sowie den einzigartigen Schwirrflug denkt.

10.3.1 Schnabelform

Die oft abenteuerlichen Schnabelformen und -längen korrespondieren sicher mit vergleichbaren Blütenformen. Dieses Phaenomen ist schon 1609 von LA VEGA erkannt worden und in den folgenden Jahrhunderten von SLOANE, LEVAILLANT, SWAINSON, NITZSCH, LESSON, MARTIN, GOULD, MULSANTU, VERREAUX, WALLACE, STOLZMANN, RIDGWAY, CHAPMAN, HARTERT, SHELLEY, WERTH, PERKINS, DOFLEIN, REICHENOW, MATHEWS, PORSCH, STRESEMANN und MOLLER bestätigt worden.

So schreibt REICHENOW über die Schnabelformen der Kolibris: „Und den Formen ihrer Lieblingsblumen entspricht auch die Form ihres Schnabels. Die kurzschnäbligen Arten besuchen offene Blüten, während andere mit ihrem langen Schnabel tief trichter-

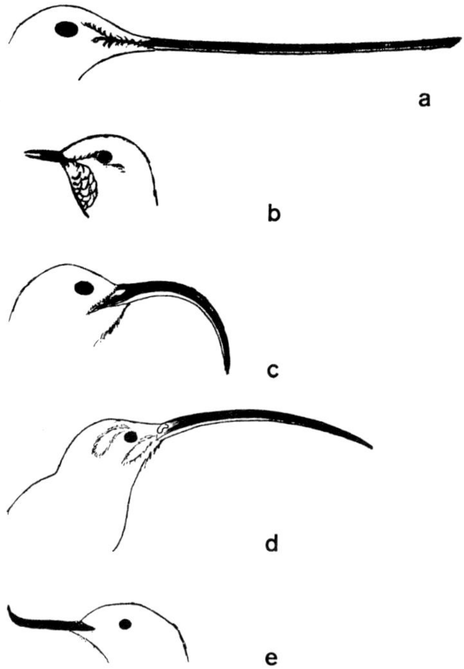

Abb. 18. Extreme Schnabelformen bei Kolibris. a *Ensifera ensifera,* b *Rhamphomicrum* spec., c *Eutoxeres* spec., d *Phaethornis* spec., e *Avocettula recurvirostris*

und röhrenförmige Blüten untersuchen." DOFLEIN geht noch einen Schritt weiter, wenn er sagt: „Die Schnabelformen der Kolibris weisen uns darauf hin, daß diese Vögel zu speziellen Blütenformen in besonderer Beziehung stehen ... Ihre Schnäbel passen nach Umfang und Form genau in die Kelche der Blumen, die von ihnen befruchtet werden." HARTERT nimmt in einer auch heute noch gültigen Form Stellung: „Die auffallenden Schnabelformen werden auf Anpassung an die Form der Blütenkelche, aus welchen die Vögel ihre Nahrung nehmen, zurückgeführt, doch fehlt es noch sehr an zuverlässigen Beobachtungen."

Heute haben wir zumindest über einige mexikanische Arten Beobachtungen vorliegen; so schreibt H. O. WAGNER: „Bauplan und Stellung der Blüte sind entscheidend für den Besuch durch Kolibris. Ihre Stellung kann ungünstig sein wie bei der senkrecht stehenden, leuchtend roten *Bourardia termifolia,* die, obwohl sie im Mai/Juni zur Zeit größter Nahrungsknappheit blüht und reichlich Nektar und Insekten enthält, von Kolibris nicht besucht wird. Waagerechte, offene Blüten sind für die Schnabeleinführung am bequemsten und bevorzugt gegenüber engen Blütenkelchen mit dicht stehenden Staubgefäßen oder offenen Korbblütlern, Glockenblumen *(Penstemon).* Jede Art ist auf bestimmte Blüten bevorzugt eingestellt. Die großen Blaukehlkolibris lieben die roten *Salvia cardinalis,* Weißohr bevorzugen die daneben blühenden blauen kleineren *Salvia mexicana,* ohne *Salvia cardinalis* zu meiden." (S. Abb. 13 u. 14).

Die Ausschließlichkeit, mit der die Korrelation zwischen Schnabel- und Blütenform in bezug auf die Ernährungsbiologie der verschiedenen Kolibriarten meist dargestellt wurde, ist durch verschiedene Beobachtungen hinfällig geworden. Es ist sicher so, daß bestimmte Blütenformen nur mit den entsprechenden Schnabelformen sinnvoll zusammenwirken können. Doch untersuchen die Kolibris auf ihren Nahrungsflügen viele Blüten, besonders dann, wenn Nahrungsknappheit herrscht oder die bevorzugten Blumen verblüht sind. Widersteht nun eine Blüte durch morphologische Eigenheiten dem Besuch der Kolibris, so kommt es nicht selten zu Einbrüchen seitens der Vögel. So berichtet SKUTCH von den großen Schwierigkeiten, die *Phaethornis longemareus* mit den leuchtend roten Blüten von *Scutellaria costaricana* hatte. Die Blütenröhren dieser Blumen sind 4–5 cm lang und haben nur einen Querschnitt von 3 mm. Der Kolibri konnte seinen gebogenen Schnabel nicht in die lange und gerade Blütenröhre einführen. Trotzdem gelang es ihm, die Blüte an ihrer Basis zu öffnen und den Nektar herauszutrinken. Die Art und Weise seines Vorgehens setzte eine ziemliche Exaktheit voraus, der Vogel schwirrte seitlich vor der Blüte, setzte seinen Schnabel an der Röhrenbasis an und bewegte sich dann so lange vorwärts, bis die Röhre durchstoßen war. Dem gleichen Autor verdanken wir die Beobachtung, daß *Hylocharis leucotis* in Guatemala die blauen Blüten von *Salvia caecifolia* in der gleichen Manier öffnete. Ähnliche Beobachtungen wurden auch an den südamerikanischen Arten *Calliphlox amethystina, Lesbia nuna* und *Amazilia versicolor* gemacht. Als Sonderfall eines Einbruches darf die Beobachtung BENE's gelten, der über *Archilochus alexandri* schreibt, daß er Nektar aus dem Sporn einer Akelei schlürfte und dabei ein Loch benutzte, das ein Insekt vorher hineingebissen hatte. Eine weitere derartige Beobachtung verdanken wir LOOS, der *Chlorostilbon aureoventris* an *Tecoma radicans* sah. Für diesen Kolibri ist es unmöglich, selbst Löcher in die Blüte zu stoßen, obwohl er es immer wieder versucht. Vielmehr benutzt er für seine Zwecke die Löcher, die von der Holzbiene *Xylocopa brasilianorum* in den Kelch genagt wurden.

10.3.2 Farbsehen

Durch nahezu sämtliche Literatur über Kolibris zieht sich die Tatsache des häufigen Besuches von roten Blüten wie ein roter Faden. Genährt wird diese Feststellung durch eine Fülle von Einzelbeobachtungen des Besuches von roten Blumen oder anderen roten Gegenständen sowie durch die Zusammenstellungen von Blütenfarben ornithophiler Pflanzen.

In einer Blütenfarbenzusammenstellung von 110 nordamerikanischen Pflanzen, die von Kolibris besucht werden, die PICKENS im Jahre 1930 veröffentlichte, fand er rote Blüten bei 45 Pflanzen (= 40 %). Die Rot am nächsten stehenden Farben Orange (15 = 13,6 %) und Purpur (19 = 17,3 %) ergeben etwa 30 %. Der Rest entfällt auf andere Farben. Aus der von MELIN gegebenen Zusammenfassung, die viele Einzelbeobachtungen verschiedener Autoren enthält, erkennt man ebenfalls den hohen Anteil der roten Farbe bei ornithophilen Blüten. BENÉ's Zusammenstellung der von Kolibris besuchten Blüten umfaßt 97 Pflanzen, im einzelnen entfallen auf Rot = 22, Purpur = 10, Rosa = 17, Orange = 3, Gelb = 17, Blau = 10, Violett = 2 und Weiß = 22 Exemplare.

Bereits F. MÜLLER (in HILDEBRAND) weist darauf hin, daß Kolibris „vor allem helle, grelle Farben zu lieben scheinen“; er fährt fort: „Scharlachfarbene Salvien, Combretum mit anfangs goldgelben, später orangefarbenen Staubfäden, Manettia usw. werden von ihnen sehr fleißig besucht.“ In SCHENKS, „Handbuch der Botanik“, charakterisiert sein Bruder H. MÜLLER die ornithophilen Blumen als „große Blüthen mit brennenden, besonders häufig scharlachrothen Farben." SCHIMPER spricht davon, daß die Kolibris „eine Vorliebe für die rothe, speciell die brennend rothe Farbe" zu haben scheinen. Die Meinung, daß die rote Blütenfarbe die größte Anziehungskraft für Kolibris hat, wird auch von TRELEASE, MERRIT u. KERNER vertreten; letzter schreibt, es sei möglich, daß „der tathsächlich grössere Reichthum an leuchtend rothen Blüthen und Bracteen, der die warme Zone vor der nordtemperierten auszeichnet, mit der Ornithophilie zusammenhängt ..." und „vielleicht hängt es hiermit auch zusammen, daß die Pflanzen mit scharlachrothen Blumen vorwiegend in jenen Gegenden verbreitet sind, wo die Kolibris ihre Heimat haben."

Von den Autoren, die die rote Blütenfarbe als typische Anpassung der Vogelblume ansehen, seien noch erwähnt: SCOTT-ELLIOT, LUDWIG, ULE, LAGERHEIM, VOLKENS, KIRCHNER, NEGER, SCHNARF und WERTH. Der letzte schreibt: „Das ausgesprochene Vorwalten roter Farben, von sattorangerot über scharlach, zinnober und karmin bis purpur mit Überwiegen der ... hervorragend leuchtenden Scharlachfarbe ist ein auffallendes Charakteristikum der Ornithophilie", und er folgert weiter: „Nach dieser Zusammenstellung dürfte die Tatsache, daß die ornithophilen Blütenapparate ganz überwiegend rote Färbungen zeigen, wohl endlich nicht mehr bezweifelt werden."

Doch aus manchen Zusammenstellungen ornithophiler Blüten geht hervor, daß einige Autoren Vogelbesuch an anderen Farben beobachteten. FRIES gibt eine Zusammenstellung der Blütenfarben von 25 ornithophilen Pflanzen aus dem Grenzgebiet zwischen Argentinien und Bolivien. Dabei entfallen auf Rot (eingeschlossen das reine Rot, Orange und bläuliche Rot) 28 %, Gelb 36 %, Blau und Violett 20 %, Weiß 16 %. Es gibt auch tatsächlich viele Beobachtungen, daß Kolibris nicht die roten, orangen oder gelben Blüten bevorzugen. So beschreibt GOSSE die Blüten eines Scrophulariaceen-Strauches aus Jamaika als wenig anziehend in Form und Farbe und trotzdem als äußerst attraktiv für *Trochilus polytmus.* JOHOW sagt über chilenische Kolibris, daß sie „unter den zahlreichen Farbvarietäten von *Canna indica* L., einer Pflanze, welche gleichfalls eine große Anziehungskraft auf sie ausübt, anscheinend keine besondere Farbe bevorzugen." FRIES schreibt: „... diejenigen Pflanzen der von mir bereisten Gegenden, welche am allermeisten von den Kolibris besucht wurden, und wo man sie fast immer, und zwar öfters massenhaft, antreffen konnte, waren *Veronica fulta, Lycium cestoides, Gourlica decorticans, Nicotinia glauca* und vielleicht noch *Phrygilanthus cuneifolius.* Die beiden ersten haben violette, die beiden folgenden gelbe und nur die letzte rote Blüten." F. MÜLLER schreibt vom Verhalten südbrasilianischer Kolibris: „Selbst ganz unansehnliche Blumen, wie kleine Compositen, *Buddleia brasiliensis,* die kleinen grünen Blümchen der *Hohenbergia augusta* werden von ihnen besucht." Nach H. O. WAGNER werden die kleinen roten Blüten von *Bourardia termifolia* aufgrund ihres ungünstigen Neigungswinkels von den Kolibris gemieden. Ich selbst habe diese Beobachtung nicht bestätigen können, aber festgestellt, daß die Pflanze auf guten Böden mehr waagerechte Blütenkronenröhrchen treibt.

Demgegenüber stehen viele Beobachtungen, die alle eine besondere Attraktion der roten Farbe hervorheben. Aus der Fülle dieser Beobachtungen seien einige zitiert: HOLDEN schreibt über das Verhalten von *Selasphorus platycercus,* daß drei dieser Vögel ein Stück Fleisch sofort nach dem Aufhängen in einem dürren Baum untersuchten. Über die gleiche Art berichtet MEARNS, daß sie den Träger einer roten Mütze derart umschwirrten, daß es ihm schließlich lästig wurde. WOODS beschreibt Kolibribesuche an Karotten und orangen *Crateaegus*-Beeren, BODINE solche an roten Filmschachteln und Pullovern. Über das Anfliegen von roten Verkehrsampeln nach Besuch an roten Blüten berichtet COTTAM.

In Amerika wurden in den vergangenen Jahrzehnten von einigen Autoren Versuche angestellt, die den experimentellen Nachweis der Rotvorliebe der Kolibris erbringen sollten. Die Ergebnisse stehen im Widerspruch zu den oben aufgezählten Beobachtungen; weder WOODS, BENÉ noch LYERLY, RIESS u. ROSS konnten bei ihren Versuchstieren eine Rotvorliebe feststellen. Einzig PICKENS konnte in einigen Versuchsserien, die er im Freiland anstellte, eine Rotvorliebe nachweisen. Da es sich mit Ausnahme der Untersuchungen von LYERLY, RIESS u. ROSS um Freilandversuche handelte, bei denen die Kolibris aus Wild- und Gartenblumen Nektar holen konnten, ist es sehr wahrscheinlich, daß sie sich dabei gerade auf eine andere Blütenfarbe dressiert hatten. H. O. WAGNER stellte ähnliche Untersuchungen an und fand, daß *Colibri thalassinus,* der ausschließlich rote Futterröhrchen wählte, in dieser Zeit die rotblühende *Salvia cardinalis* besuchte. *Hylocharis leucotis* hingegen wählte blaue Futterröhrchen, weil er zur Zeit der Untersuchungen auf die blauen Blüten von *Salvia mexicana* dressiert war. Es überrascht, daß LYERLY, RIESS u. ROSS bei ihrem Versuchstier *(Colibri thalassinus)* auch unter kontrollierten Bedingungen im Labor keine Rotvorliebe nachweisen konnten. Zum Kriterium ihrer Untersuchungen wählten sie den Verbrauch der Nährflüssigkeit aus vier Röhrchen, die in den Farben Rot, Grün, Gelb und Blau geboten wurden. Statistisch sicher war ein Meiden der gelben Farbe und eine Bevorzugung des Futterröhrchens nahe der Volierenwand und des Sitzplatzes. Die Selbstdressur des Tieres auf diesen bestimmten Ort machte schließlich die geplante Auswertung des Unterschiedes im Verhalten gegenüber Farben unmöglich.

Erst eigene Untersuchungen, die in der Hauptsache mit *Colibri coruscans, Amazilia tzacatl* und *Amazilia franciae* durchgeführt wurden, und bei denen die Ortsdressur durch eine sich ständig drehende Futterscheibe ausgeschaltet wurde, ergaben brauchbare Ergebnisse. So wählen die Kolibris in der Zeit des Suchens, also einer Phase des Versuchs-Irrtums-Verhaltens, die rote Farbe statistisch sicher am häufigsten. Die Dressuren auf Rot ließen sich sehr viel schneller erreichen als auf andere Farben. Wurden die Tiere im Blindversuch, also ohne Futter, getestet, erkannten sie das Fehlen von Futter bei der Dressurfarbe Rot ungleich schneller als bei anderen Farben. Als besonders aufschlußreich erwiesen sich Versuche, bei denen die Farbe gegen die Zuckerkonzentration des Futters ausgespielt wurde. Ich hatte herausgefunden, daß Kolibris immer die jeweils süßeste Nahrung bevorzugten. Veränderungen der Zuckerkonzentration wurden bei Dressur auf die Farbe Rot sofort gemerkt. Bei Dressuren auf Grün konnte zum Schluß reines Leitungswasser geboten werden, erst dann flogen die Tiere diese Farbe mit dem miserablen Futter nicht mehr an. Aus allen Versuchen ging klar hervor, daß bei Kolibris eine Rotvorliebe vorhanden ist, die z. B. auch nicht durch eine mehr als halbjährige Fütterung aus blauen Futterröhrchen gestört wurde.

Bei allen Überlegungen über die Rolle der Farben bei der Nahrungssuche und Nahrungsauswahl der Kolibris darf nicht vergessen werden, daß diese Tiere nicht ausschließlich von Blütennektar leben, sondern auch Insekten aufnehmen. Bei der Aufzucht der Jungen sollen sogar ausschließlich Insekten verwendet werden. Eine sehr feste Bindung an eine bestimmte Blütenfarbe ist aus diesem Grund nicht wahrscheinlich. Vielmehr gestattet die Fähigkeit zu rascher Selbstdressur auf Blütenfarben eine optimale Ausnutzung des Nektars der gerade blühenden Pflanzen; denn die Kolibris dressieren sich auf eine Farbe nur aufgrund der Tatsache, daß ihnen diese Farbe ein gutes und reichliches Futter bietet. SCHNARF schreibt dazu: „... daß Honigreichtum geradezu das auffallendste ornithophile Merkmal ist.“ PORSCH faßt alle bekannten Beobachtungen zusammen und schreibt: „Ist die Farbe das einzige Fernlockmittel, so ist ... der auffallende Reichtum an dünnflüssigem oder schleimigem Nektar die typische Lockspeise und damit gleichzeitig das charakteristische Erkennungsmerkmal fast sämtlicher typischer Vogelblumen. Dieses Merkmal kann nicht genug in den Vordergrund gestellt werden, weil es alle übrigen bisher bekannten, auch die adaptiv niedrigst stehenden Vogelblumen, kennzeichnet. Menge und Beschaffenheit des Nektars sind stets ein ausschlaggebendes Unterscheidungsmerkmal gegenüber den Insektenblumen.“

Alle diese Beobachtungen machen klar, daß sich die Kolibris zuerst rein optisch nach Nahrungsquellen orientieren. Haben sie eine solche gefunden und ist es möglich, in sie hineinzusehen, so sind sie in der Lage, zwischen verschiedenen Nektarfüllungen zu unterscheiden. Ist ihnen der Blick in das Blüteninnere verwehrt, dressieren sie sich aufgrund der Qualität des Nektars auf die ihn bietende Blütenfarbe. Die morphologischen und physiologischen Anpassungen der Kolibris und der von ihnen besuchten Blüten gehen so weit, daß KNOLL feststellt: „Zwischen vielen Blumen und bestimmten Blumenvögeln ist eine weitgehende gegenseitige Abhängigkeit zustande gekommen, daß das Aussterben des einen Teils dieser Lebensgemeinschaft das Aussterben des anderen bewirken müßte und auch in manchen Fällen bereits bewirkt hat.“

Versuche von HUTH mit monochromatischen Lichtern haben ergeben, daß der spektrale Sehbereich von *Colibri serrirostris* ins Ultraviolette hineinreicht und daß auf der anderen Seite die Empfindlichkeit im Rotbereich früher nachläßt als beim Menschen. Dies steht im Gegensatz zu den bisherigen Befunden an Kolibris. Leider ist nur ein Tier untersucht worden, so daß dieser Befund noch mit Vorsicht zu genießen ist. Versuche von MILLER u. MILLER im Jahre 1971 an *Archilochus colubris* über die Farbbevorzugung ergaben die gleichen Ergebnisse wie bei LYERLY, RIESS u. ROSS. Der Unterschied zwischen diesen Arbeiten liegt lediglich darin, daß die MILLERS die Ortsdressur als das Primäre bei der Nahrungssuche ansehen. Eine Diskussion über diese Ergebnisse ist überflüssig.

Weiteren Anpassungen der Kolibris an den Besuch von Blüten wie Ausbildung einer Röhrenzunge, Entwicklung des Schwirrfluges sind eigene Kapitel gewidmet.

10.3.3 Verhalten bei der Futtersuche

In den meisten tropischen Lebensräumen kann man die dort lebenden Kolibris nach der Art ihrer Futtersuche in vier verschiedene Gruppen einteilen. Da sind zunächst Arten mit einem sehr spezialisierten Schnabel, mit dem erfolgreich nur bei einem Teil der Blüten nach Nektar gesucht werden kann. Da andere Kolibriarten diese Blüten nicht ausbeuten können, ist die Nektarsuche dieser Arten sehr erfolgreich. Diese Kolibris besuchen die ihnen bekannten Vogelblumen immer wieder. Sie gründen jedoch keine Nahrungsterritorien, die sie verteidigen.

Eine zweite Gruppe hat kürzere, gerade Schnäbel, mit denen sie weniger spezialisierte Blüten ausbeuten kann. Auch bei dieser Gruppe werden wegen der oft weit voneinander entfernt liegenden Vogelblumen keine Territorien gebildet. Der Erfolg dieser Art der Futtersuche ist weniger lohnend als bei der ersten Gruppe.

Eine dritte Gruppe bilden die typischen Inhaber und Verteidiger von Territorien, die innerhalb ihrer Reviergrenzen alle erreichbaren Blüten ausbeuten.

Die vierte Gruppe ist heterogen, hierbei handelt es sich um Arten, die in bestehende Nahrungsterritorien anderer Kolibris eindringen. Das sind einmal große Arten, die ohne weitere Streitereien mit dem Territoriumsinhaber nach Nahrung suchen. Dieser aufgrund ihrer Größe vom Revierinhaber geduldeten Kolibris stehen kleine schnelle Arten gegenüber. Sie dringen rasch und unbemerkt für kurze Zeit in ein Revier ein, suchen nach Nahrung und sind wieder verschwunden.

Die territorialen Kolibriarten sind meist rascher und wendiger als die ersten beiden Gruppen, doch ist ihr Energieverbrauch und die Kreisflächenbelastung der Flügel höher.

Untersuchungen in Mexiko haben das Vorhandensein von drei verschiedenen Gruppen bei der Nahrungssuche ergeben. Die Gruppe der Standvögel besucht die unterschiedlichen Biotope während des ganzen Jahres. Die Zugvögel besuchen die verschiedenen Habitate innerhalb des Jahres, wobei sie meist den saisonal blühenden Pflanzen folgen. Die Wintergäste sind nur während einer bestimmten Jahreszeit vorhanden. Während das Gros der Standvögel territorial ist, streifen die Zugvögel bei der Nahrungssuche umher. Ein Teil der Zugvögel ist allerdings auch territorial, deckt jedoch den Nahrungsbedarf zum Teil mit Insekten.

10.4 Die Vogelblumenmilben

Erst in jüngster Zeit (CALWELL 1974, 1986) sind diese Blüten- oder Nektarmilben sowie ihr Verhalten näher untersucht worden. Diese kleinen Milben, die in den Blüten von Vogelblumen leben, sind nicht mit den im Federkleid oder in den Nestern lebenden Vogelmilben zu vergleichen. Ihr Leben und ihre Fortpflanzung spielt sich ebenso wie ihre Nahrungssuche nur in den von Vögeln besuchten Blumen ab. Sie legen ihre Eier entweder in die Blüten oder in deren Nähe. In sieben bis 10 Tagen entwickeln sie sich aus dem Larvenstadium zum Imago. Ihre Nahrung besteht aus Blütennektar und Pollen. Die Länge dieser Vogelblumenmilben beträgt nur wenig mehr 0,5 mm, ist also von der gleichen Größe wie ein „Punkt“ auf dieser Seite. Trotzdem können sie leicht auf den Blumenblättern der Vogelblumen beobachtet werden. Es existieren zwei unterschiedliche Gattungen – *Rhinoseius* und *Proctolaelaps*.

Der größte Teil ihres Lebens spielt sich innerhalb oder in unmittelbarer Nähe der Blüten ihrer Gastpflanze ab. An eine Ortsveränderung müssen die Milben erst dann denken, wenn diese Gastpflanze verblüht oder stirbt. Sie sind zwar in der Lage, kurze Wege zwischen einzelnen Blüten zu durchwandern, beim Aufsuchen von neuen Pflanzen sind sie aber auf den Transport durch die blütenbesuchenden Kolibris angewiesen. Während der Reise sitzen die Blumenmilben in dem Bereich zwischen den beiden Nasenlöchern oder in diesen direkt am Oberschnabel. Hier zwischen den kurzen enganliegenden Federn erhalten die Milben ein Signal, wenn der Kolibri auf seinen

Futterflügen an der richtigen Blüte stoppt. Denn jede Milbenart lebt nur in den Blüten von einer bestimmten Pflanze.

In dem Moment, wenn der Kolibri vor der richtigen Blüte stoppt und Nektar aufnimmt, rasen die Milben den Schnabel entlang zur Spitze, um zur Blüte zu gelangen. Die Geschwindigkeit wurde gemessen und liegt bei etwa 10 mm/s.

Obgleich oft Milben verschiedener Arten von Kolibris transportiert werden, ist es doch selten, daß ein Vogel mehr als ein Dutzend Individuen auf einmal transportiert. Mit dieser im Tierreich als Phoresie bezeichneten Verhaltensweise sind die Milben in der Lage, sich mit Hilfe der Kolibris neue Lebensräume zu erschließen.

Bisher sind etwa 40 Kolibriblumenmilbenarten beschrieben worden, vielleicht sind aber 100 noch nicht entdeckt worden. Es scheint aber so, als ob es in Nordamerika nur eine Art gibt. Bis zu 100 Tiere der Art *Rhinoseius epoecus* können in der Blütenkrone einer einzigen *Castilleja* leben. Die Vogelblumenmilben dieser an der kalifornischen Küste vorkommenden Pflanze werden von *Selasphorus sasin, Calypte anna* und *Selasphorus rufus* verbreitet. Diese Nektarmilbenart dringt mit den ziehenden nordamerikanischen Kolibris im Sommer bis nach Alaska vor, wo sie sich in den Blüten des Indianerstrauches *(Castilleja)* fortpflanzt und im Herbst mit den zurückziehenden Kolibris wieder nach Mittelamerika ist das Winterquartier zurückkehrt. Soweit bisher bekannt ist, kommen 50 Kolibriarten als Transporteure für Vogelblumenmilben, die in über 100 Gastpflanzen zwischen Kalifornien und Chile leben, in Frage. Bisher ist von diesem Transportsystem bei anderen Blumenvögeln nichts bekannt geworden.

Nach bisherigen Erkenntnissen schaden diese Nektarmilben weder den Kolibris noch den Blumen. Warum Nektarmilben solche „waghalsigen" Reisen in den Nasenlöchern von Kolibris von Blüte zu Blüte unternehmen, ist nicht bekannt. Weder gibt es Massenansammlungen von Milben in Blüten, die einen Nahrungsmangel hervorrufen, noch ist bislang eine intra- oder interspezifische Aggression beobachtet worden. Eine mögliche Erklärung könnte in der größeren Fortpflanzungschance liegen. Bei einer spezifischen Wirtspflanze ist die Chance ungleich größer, einen artgemäßen Partner zu finden.

11. Energiehaushalt

Die höchsten von einem Wirbeltier gemessenen Werte des Energieverbrauchs sind von fliegenden Kolibris bekannt. Kolibris gehören zu den leichtesten und kleinsten warmblütigen Wirbeltieren. Mit Körpergewichten von 2 g ist die Grenze des warmblütigen Lebens fast erreicht. Je kleiner und leichter ein warmblütiger Körper wird, um so größer wird im Verhältnis seine wärmeabstrahlende Oberfläche. Die Energiezufuhr in Form von Nahrung erreicht immense Werte, gleichzeitig wird Energie für die Erbeutung der Nahrung verbraucht. Ein Ausweg der Energieersparnis liegt im Torpor; Kolibris können in eine Kältestarre fallen. Alle diese Fakten stehen in engem Zusammenhang miteinander und sind bei der Energieregulation und der Nahrungsaufnahme von Bedeutung.

11.1 Körpergewicht

Das Körpergewicht beeinflußt nahezu alle Funktionsbereiche des lebenden Organismus. Für die Familie der Kolibris (kleinste Art 2 g, größte Art mehr als 20 g) treten verschiedene vom Körpergewicht abhängige Energieprobleme auf.

Da mit sinkendem Körpergewicht die Wärmeisolation des Organismus abnimmt, muß ein kleiner Vogel zur Aufrechterhaltung seiner Körpertemperatur, bezogen auf das Gewicht, den höheren Wärmeverlust durch eine höhere Wärmeproduktion ausgleichen. Dadurch erreicht ein kleiner Kolibri eine höhere Grundumsatzrate als ein größerer Kolibri. Diese Grundstoffwechselrate je Gramm Körpergewicht steigt exponentiell mit abnehmendem Körpergewicht. Wenn also bei Vögeln mit sinkendem Gewicht die Wärmeisolation abnimmt und der Grundumsatz pro Gramm Körpergewicht zunimmt, so sind diese dann unterhalb einer Minimalgröße nicht mehr in der Lage, so viel Nahrung aufzunehmen, um den hohen Wärmeverlust auszugleichen.

11.2 Kropfkapazität

Ein leichter Kolibri hat eine geringere Speicherkapazität als ein größerer, immer bezogen auf Gramm/Körpergewicht. Das Verhältnis zwischen dem Körpergewicht und dem Kropfvolumen, also der Nahrungsspeichermöglichkeit, ist linear. Da kleinere Kolibris einen höheren Grundumsatz haben als größere, brauchen sie folglich ihren Kropfinhalt schneller auf. Somit müssen kleine Kolibris häufiger Nahrung aufnehmen als größere.

Es gibt eine gewichtsspezifisch unterschiedliche Beziehung zwischen der Nahrungsaufnahmekapazität und der Stoffwechselrate der Kolibris (Schuchmann 1981). Ein Vergleich der Speicherkapazität des Kropfes mit der aufgenommenen Futtermenge zeigt, daß der Kropf bei einer Nahrungsaufnahme nicht vollständig gefüllt wird. Versuche haben gezeigt, daß die Kropffüllung von Kolibriarten unter 10,6 g bei 11,6 % lag, bei *Patagona gigas* bei 20,1 %. Die Gründe dafür könnten einmal darin liegen, daß der Nektar einer Blüte nicht für eine Kropffüllung ausreicht und daß die Laborvögel jederzeit Zugang zur Nahrung hatten. Die höhere Kropffüllung bei *Patagona gigas* wird mit den reichlich Nektar produzierenden Agavenblüten, die diese Art häufig besucht, in Einklang gebracht. Nach Wolf u. Hainsworth (1977) kann die optimale Nahrungsmenge durch deren Gewicht und die dadurch erhöhte Stoffwechselrate bestimmt werden. Danach könnte sich *Patagona gigas* eine höhere Kropffüllung leisten, da sein Ruhestoffwechsel durch das zusätzliche Nahrungsgewicht nur unwesentlich erhöht wird.

Die Zeiten für das Leeren des Kropfes werden für *Selaphorus rufus* und *Calypte anna* in einer amerikanischen Arbeit angegeben. Die erste Hälfte des Kropfinhaltes wird in 4 min entleert, die zweite Hälfte in 15–20 min. Der leere Kropf stellt einen Reiz zur Futteraufnahme dar. Die Zeit von der Nahrungsaufnahme bis zur Kotabgabe wird für *Selasphorus rufus* und *Calypte anna* mit 48 min angegeben.

11.3 Nektaraufnahme

Wegen des hohen Energieverbrauches bei der Nektaraufnahme im Schwirrflug muß diese möglichst rasch erfolgen. Besonders für größere Kolibris ist dies von Bedeutung, da ihr Energieverbrauch im Schwirrflug sehr hoch ist. Die Dauer der Nektaraufnahme ist vom Gewicht unabhängig, nicht jedoch die Menge der in der Zeit aufgenommenen Nahrung. Diese ist deutlich positiv mit dem Gewicht korreliert, d. h. mit zunehmendem Gewicht nehmen die Tiere zwar weniger häufig, dafür in gleicher Zeit mehr Nahrung auf. Da nach den Untersuchungen von SCHUCHMANN (1981) sowie WOLF u. HAINSWORTH (1977) die Schnabellänge vom Körpergewicht abhängig ist, d. h. die Gewichtszunahme bedingt längere Schnäbel, könnte hier die Erklärung für die Beziehung zwischen Nektaraufnahme und Körpergewicht liegen. Die größere Zungenlänge und größere Oberfläche der Kapillaren spielen bei der Nektaraufnahme eine positive Rolle.

11.4 Energiebedarf

Die unterschiedlichen Grundstoffwechselwerte und der ebenfalls unterschiedliche Kalorienverbrauch bei den Bewegungsaktivitäten der Kolibris ergeben weitere Konsequenzen im Energiehaushalt. So ist beispielsweise die Reviergröße von der täglich benötigten Energiemenge abhängig.

Die amerikanischen Physiologen HAINSWORTH u. WOLF veröffentlichten im Jahre 1972 Berechnungen über das Verhältnis zwischen dem Energieverbrauch beim Schwirrflug und dem Körpergewicht von 40 Kolibriarten, deren Gewichte zwischen 2 und 13 g lagen. Dabei erkannten sie, daß der Energiebedarf für den Schwirrflug je Gramm Körpergewicht unabhängig vom Gewicht des Vogels ist; danach nimmt mit steigendem Körpergewicht der Energiebedarf beim Schwirrflug der Kolibris zu. Der Energiebedarf für den Schwirrflug steht proportional zum Körpergewicht. Ein 20 g schwerer Kolibri verbraucht beim Schwirrflug eine etwa zehnmal größere Kalorienmenge als ein 2 g schwerer Kolibri. Da beim Grundumsatz, dem Basalstoffwechsel, dieser Faktor wesentlich geringer ist, vermutet SCHOENER, daß die mit steigendem Gewicht linear steigende Energiemenge für den Schwirrflug eine wichtige Ursache für eine obere Gewichtsgrenze bei Kolibris darstellt.

Da der Energiebedarf für den Schwirrflug mit steigendem Körpergewicht linear ansteigt, verbraucht ein größerer Kolibri für diese Leistung im Vergleich zu seinem Grundstoffwechsel wesentlich mehr Energie als ein kleinerer Kolibri. Der Quotient aus dem Kalorienverbrauch für den Basalstoffwechsel wird mit zunehmendem Gewicht größer (SCHUCHMANN 1981). In diesem Zusammenhang ist es wichtig zu wissen, daß der Energieverbrauch des Grundstoffwechsels bei sinkender Temperatur steigt. Dies bedeutet für die kleinen Kolibriarten des Hochlandes, speziell der Anden, daß ihr Kropfinhalt schneller aufgebraucht ist als der Kropfinhalt eines gleich schweren Tieflandkolibris.

Der Energieumsatz eines Tieres steigt mit abnehmender Körpergröße, daher haben kleinere Kolibris einen sehr hohen Energiebedarf. So benötigt der knapp fünf Gramm schwere Kolibri *Calypte anna* je Gramm Körpergewicht täglich dreißigmal soviel Energie wie ein Mensch. Besonders kostspielig ist, energetisch gesehen, der Schwirrflug vor den Blüten. BARTHOLOMEW u. LIGHTON (1986) untersuchten den Sauerstoffverbrauch freilebender Anna-Kolibris an Futterröhrchen mit eingebauter Atemmaske. Durchschnittlich verbrauchten die Tiere 190 Milliliter Sauerstoff in der Stunde, das entspricht einem Energiebedarf von 0,92 Kilokalorien oder 0,20 Kilokalorien je Gramm Körpergewicht. Ein Mensch benötigt beim schnellen Gehen nur ein Fünfzigstel, also 0,004 Kilokalorien je Gramm Körpergewicht.

In einer Untersuchung von EPTING u. CASEY (1973) betonen diese die Bedeutung der Flügellänge für den Energieverbrauch beim Schwirrflug. Die Tests ergaben eine lineare Beziehung zwischen dem Energieverbrauch beim Schwirrflug und der Kreisflächenbelastung der Flügel. Die Kreisflächenbelastung ist der Quotient aus Körpergewicht und der von den Flügeln beschriebenen Kreisfläche. Dieses Verhältnis der Flügellänge zum Gewicht hat einen direkten Einfluß auf den Energieverbrauch beim Schwirrflug. Je kürzer die Flügel im Verhältnis zum Gewicht sind, desto höher ist auch die Kreisflächenbelastung und desto höher ist der Energieverbrauch. Gewicht und Flügellänge sind miteinander korreliert, daher sind die Unterschiede des Energieverbrauchs verschieden schwerer Kolibris vergleichsweise gering.

JOHNSGARD (1983) hat anhand von Literaturangaben und Museumsbälgen die Flügellänge von 294 Arten zusammengestellt:

Flügellänge in mm	Anzahl der Arten	prozentualer Anteil der Arten	Flügellänge in mm	Anzahl der Arten	prozentualer Anteil der Arten
29–34	10	3,4	65–69	33	11,2
35–39	22	7,4	70–74	27	9,2
40–44	26	8,8	75–79	15	5,1
45–49	29	9,8	80–84	4	1,3
50–54	36	12,2	85–90	2	0,7
55–59	48	16,3	90	3	1,0
60–64	39	13,2			

CARPENTER (1976) sammelte die Gewichtsangaben von 166 Kolibriarten:

Körpergewicht in g	Anzahl der Arten	prozentualer Anteil der Arten	Körpergewicht in g	Anzahl der Arten	prozentualer Anteil der Arten
1,5–2,5	13	7,8	6,5–7,5	14	8,4
2,5–3,5	31	18,6	7,5–8,5	16	9,6
3,5–4,5	34	20,5	8,5–9,5	5	3,0
4,5–5,5	24	14,5	9,5	2	1,2
5,5–6,5	27	16,2			

Vergleicht man diese Angaben miteinander, so fällt eine Spitze bei etwa 4 g und eine weitere bei einer Flügellänge zwischen 55–60 mm auf, dies scheint ein aerodynamisch gut angepaßter Gipfel zu sein.

Besonders interessant ist der Energieverbrauch bei ziehenden Kolibris, vor allem bei *Archilochus colubris,* der im Nonstopflug den Golf von Mexiko überfliegt. Die kürzeste Strecke beträgt dabei immer noch mehr als 800 Kilometer. Die erste Berechnung des Energiehaushaltes dieser Reise liegt uns von Pearson vor: nach einer aus der Literatur übernommenen Gewichtsdifferenz von 1 g (in Form von Fett), einer Durchschnittsgeschwindigkeit von 80 km/h, wäre die Überwindung einer Distanz von 620 Kilometern möglich. Eine zweite Berechnung machte Lasiewski: nach neueren Messungen liegt das Gewicht des verfügbaren Fettes bei 2,5 g und garantiert einen 26stündigen Flug. Bei einer angenommenen Geschwindigkeit von nur 40 km/h bedeutet dies einen Flug von über 1 050 km. Dies reicht, um den Golf von Mexiko zu überqueren, wobei ein Sechstel des Fettes als Reserve gelten kann. Die ganze Kalkulation sieht noch günstiger aus, wenn man annimmt, daß der Geradeausflug mit den eingefügten Segelstrecken noch energiesparender als der Schwirrflug ist.

11.5 Regulation des Energiehaushaltes

Der enorme Energieverbrauch der Kolibris und die geringe Speicherkapazität der Energie erfordern eine optimale Regulation des gesamten Energiehaushaltes. Die zwingende Notwendigkeit einer solchen Regulation wird deutlich, wenn man bedenkt, daß die tagaktiven Vögel während der Nacht keine Nahrung aufnehmen können. Sie müssen also in der Lage sein, am Tage zusätzliche Energie für die nächtliche Fastenzeit zu speichern. Nach den Versuchen von Schuchmann (1981) speicherten die Kolibris die für die Nachtstunden benötigte Energie ziemlich gleichmäßig über den ganzen Tag. Der Gewinn dieser Nettoenergie, also der aufgenommenen Energie abzüglich des Energieverbrauches für die Tagesaktivität (Sitzen, Fliegen, Schwirren), war bei den einzelnen Tieren nach 12 Std. unterschiedlich. Vor allem war die Höhe dieses Energieüberschusses nicht vom Körpergewicht abhängig. Es wurde sogar beobachtet, daß die Vögel das an einem Tag entstandene Energiedefizit am nächsten ausglichen.

Die negative Korrelation zwischen Nahrungsaufnahme und Körpergewicht bedingte, daß der Anteil von Fliegen und Schwirren bei kleineren Kolibriarten zunahm und die Länge der Sitzzeiten mit zunehmendem Körpergewicht ebenfalls eine Zunahme zeigten. Die energetischen Kosten für das Sitzen nehmen bei 10fachem Gewicht nur um den Faktor 3 zu, die fürs Fliegen und Schwirrflug bei der Nahrungsaufnahme um den Faktor 10. Ein großer Kolibri kann durch das Reduzieren der Flugaktivität mehr Energie einsparen als ein kleiner. Die negative Korrelation der Flugaktivität mit dem Körpergewicht läßt auf die mit zunehmendem Gewicht steigende Bedeutung der Energieeinsparung durch die Verringerung der Flugaktivität schließen.

Die zeitliche Regulation der Nahrungsaufnahme bei Kolibris ist unterschiedlich: während die Regulation des zeitlichen Abstandes zwischen zwei Nahrungsaufnahmen durch die Geschwindigkeit der Kropfentleerung gesteuert wird, erfolgt die Aufnahme der Nachtenergie gleichmäßig über den ganzen Tag, wobei ein Nahrungsdefizit möglichst am nächsten Tag ausgeglichen wird.

Die im Hochland, beispielsweise der Anden, blühenden ornithophilen Pflanzen haben eine geringere Nektarkonzentration als die aus dem Tiefland. Auch ist der Energieverbrauch des Schwirrfluges in höheren Lagen aufgrund der geringen Luftdichte größer. Dies stellt weitere physiologische Anforderungen an den Organismus, erklärt aber die Tatsache, daß Kolibriarten aus den Hochländern viel häufiger Nahrung aufnehmen und häufiger in Kältestarre fallen, um einen Ausgleich in der Energiebilanz zu erzielen.

Es ist im übrigen interessant, daß der starke Einfluß der Körpergröße auf den Energiebedarf sich auch auf den pflanzlichen Partner dieser evolutiv entstandenen Beziehung auswirkte. So gibt es eine positive Korrelation zwischen der Körpergröße des Bestäubers und dem kalorischen Wert des in der Pflanze erzeugten Nektars.

Eine weitere wichtige Regulation des Energiehaushaltes bei Kolibris wird im Kapitel über die Torpidität behandelt.

12. Torpidität der Kolibris

Die Tatsache, daß Kolibris torpid, d. h. starr werden, war schon den alten Indianerkulturen Amerikas bekannt. So schreibt Pater BERNABE COBO, daß die Frauen der südamerikanischen Indios, wenn sie einen erstarrten Kolibri fanden, diesen an ihrem Busen erwärmten und dann fliegen ließen. Solche Begebenheiten sind bei der Christianisierung Südamerikas als Beispiel für die „Wiederauferstehung Christi“ verwandt worden. In der Folgezeit wurden – wie z. B. auch in Europa vom Winterschlaf der Schwalben – solch märchenhafte Behauptungen aufgestellt wie von Francisco HERNANDEZ, daß die Kolibris während sechs Monaten starr seien und schliefen und danach wieder erwachten. Vor 150 Jahren erzählten Indianer im Staate Vera Cruz dem englischen Naturforscher BULLOCK, sie hätten Kolibris mit dem Kopf nach unten hängend in so festem Schlaf gefunden, daß diese trotz der Störung nicht erwachten. Auch JARDINE beschreibt in seiner Monographie über Kolibris dieses Phänomen und bezieht sich dabei auf Beobachtungen von WILSONS. Nach 1860 vertritt JOSSELYN die Meinung, daß die Kolibris in Nordamerika einen Winterschlaf halten.

Einer der besten Kolibrikenner, der Amerikaner RIDGWAY, schreibt 1891 über den Schlaf dieser Vögel, es komme oft vor, daß die Kolibris wie manche Papageien mit dem Kopf nach unten hängend schliefen. Diese Beobachtung wurde auch in Höhlen der Anden gemacht, und es ist, lange Zeit bezweifelt worden, ob diese Dinge wahr sind. Als der chilenische Forscher BEHN einst auf einer Skitour im Schnee einbrach, lag in einer freigelegten Felsspalte ein toter Kolibri der Art *Oreotrochilus leucopleurus*. Er steckte ihn in die Tasche, in der es nach einiger Zeit zu schwirren anfing; der Kolibri war zum Leben erwacht. Ich selbst fand Anfang Juni 1976 beim Abstieg vom Macchu Picchu einen torpiden Kolibri *(Amazilia franciae)* auf einer Orchideenrispe. In der Brusttasche des Hemdes erwärmte sich der Vogel. Nach eingehender Begutachtung durch die Mitreisenden ließ ich den Kolibri an der Bahnstation wieder fliegen.

Erst in der Mitte unseres 20. Jh. hat man sich erneut mit dieser Frage beschäftigt, und noch heute ist in neu erschienenen ornithologischen Monographien, ja selbst in zoologischen Sammelwerken, neben den neuen noch von den alten Erkenntnissen zu lesen. Eigene Beobachtungen haben gezeigt, daß die alten Berichte durchaus richtig sind. Beim Empfang eines stark unterkühlten Kolibritransportes hing ein großer Teil der torpid gewordenen Vögel ebenfalls mit dem Kopf nach unten an den Seilen, die in diesen Transportkäfigen als Sitzgelegenheiten dienten. Es ist allerdings so, daß sich die Tiere nicht aktiv mit dem Kopf nach unten aufhängen, sondern daß Erschütterungen als Ursache in Frage kommen.

Schon aus diesem kurzen historischen Überblick wird deutlich, daß eigentlich nur sinkende Temperaturen für die Starre der Kolibris verantwortlich zu machen wären. Der biologische Sinn dieses winterschlafähnlichen Zustandes ist leicht einzusehen: mit Hilfe der Torpidität werden nicht nur die Nacht, während der dem Organismus keine Nahrung zugeführt werden kann, sondern auch Schlechtwetterperioden überwunden. Weiterhin gestattet die Poikilothermie das Vordringen in große Höhen und gemäßigte Breiten, wo kühle Nächte vorherrschen, höhere Tagestemperaturen aber ein Erwachen garantieren.

In einer leider kaum beachteten und auch von mir erst 1979 entdeckten argentinischen Zeitschrift haben NEGRI und RADICE bereits Anfang der 40er Jahre geschrieben, daß der Starrezustand der Kolibris auch durch Hunger ausgelöst werden kann. Diese, den nachfolgenden Bearbeitern dieses Themas nicht bekannte Tatsache (die Arbeit von NEGRI und RADICE wird nirgendwo zitiert) trägt nun viel zum Verständnis ihrer Arbeiten bei. Tiergärtnern und Vogelliebhabern ist der Starrezustand bei fehlendem Futter allerdings eine bekannte Tatsache. Wenn bei der nun folgenden Besprechung von Ergebnissen amerikanischer Physiologen, die diese in den letzten 30 Jahren erarbeiteten, der Versuchsanordnung größere Aufmerksamkeit geschenkt wird, so nur deshalb, um klarzustellen, ob es sich um Ergebnisse an gesättigten oder hungernden Tieren handelt.

Im Jahre 1950 veröffentlichte PEARSON die bis dahin erste Arbeit über den Stoffwechsel der Kolibris. Einleitend zu dem Kapitel „Torpidität“ bedauert er, daß die Kenntnis über den Starrezustand der Kolibris bei Zoologen offenbar nicht sehr weit verbreitet ist. An den Anfang seiner Betrachtungen stellt er ein Zitat aus einer Arbeit von ALDRICH (1939) über den Anna-Kolibri: „In allen Fällen, und zwar unabhängig von der Temperatur, scheinen diese Vögel in ein Koma zu fallen, aus dem sie nicht leicht erwachen. Dieses Verhalten, das vielleicht mit einer Verringerung der Körpertemperatur einhergeht, ist in kalten Nächten sehr ausgeprägt. In warmen Nächten können die Vögel geweckt werden.“ Obwohl sich dieses Zitat eindeutig auf zwei gekäfigte Exemplare bezog, prägt es zunächst die Arbeiten der folgenden Jahre. Hinzu kommt, daß PEARSON die Beobachtung und der Fang von zwei erstarrten Kolibris in Freiheit glückte.

Im Rahmen einer Stoffwechseluntersuchung (Sauerstoffmessungen) an Kolibris standen PEARSON fünf *Calypte anna* und zwei *Selasphorus sasin* zur Verfügung. Torpide Tiere konnten in zwei Fällen im Freiland erbeutet werden: ein *Calypte anna*-♀ wurde während eines kalten Februartages in Oakland/Kalifornien und ein ♂ derselben Art im September bei einer Lufttemperatur von 15 °C gefangen. Eine Torpidität bei gekäfigten *Selasphorus sasin* wurde in sechs Nächten beobachtet, und zwar beim ♀ in einem Fall und beim ♂ in fünf Fällen. Im Zustand des Erwachens wurden bei einer Raumtemperatur von 16 °C drei Körpertemperaturmessungen durchgeführt:

3.41 Uhr	Temperatur in der Kehle	18,7 °C
3.42 Uhr	Rectaltemperatur	21,5 °C
3.51 Uhr	Hauttemperatur am Bauch	30,5 °C.

Die O_2-Verbrauchsmessung über 24 Std. von je einem *Calypte anna* und *Selasphorus sasin* ergab folgendes: Der durchschnittliche O_2-Verbrauch eines 4,32 g schweren *Calypte anna* ♂ von 16,0 ccm/g/h während des Tages steigt kurz vor Eintreten der Dunkelheit auf 23,7 ccm/g/h an. Dies ist eine Periode ständigen Fliegens, Trinkens und Flügelschlagens kurz vor der Nachtruhe. Etwa 20 min später sinkt der O_2-Verbrauch auf 0,8 ccm/g/h. Es ist möglich, daß dies die Periode des Schlafs ist. Nach etwa 2 Std. sinkt der O_2-Verbrauch nochmals rapide ab, bis zwischen 1 und 3 Uhr nachts der tiefste Punkt bei 0,84 ccm/g/h erreicht ist. Nach einer Torpidität von 7 Std. steigt die Kurve wieder an, zeigt aber rasch danach einen kurzzeitigen Abfall, bis sie sich auf den Tageswert einpendelt. Die Außentemperatur bei diesen Versuchen betrug konstant 24 °C. Die Messungen bei *Selasphorus sasin* zeigten ein ähnliches Bild. Die Torpidität wurde bei Nestlingen und flüggen *Calypte anna* nicht registriert, erst im Alter von 26 Tagen ist eine Tendenz zur Poikilothermie und somit zur Torpidität beobachtet worden. Bei den gekäfigten Kolibris erfolgte das Erwachen aus der Starre spontan vor Tagesbeginn. Die Tiere wurden entweder mit einer Mischung aus Wasser, Zucker, Milch und Mellins Food oder Wasser, Zucker und gemahlener Dosenleber gefüttert.

Einen weiteren Fall von Torpidität im Freiland weist PEARSON bei der peruanischen Kolibriart *Oreotrochilus estella* nach, die zum Nisten und Übernachten Höhlen bevorzugt, in denen die Temperaturen nicht den großen Schwankungen wie im Freien unterworfen sind. Ein torpides Exemplar hatte eine Körpertemperatur oesophagal gemessen von 14,5 °C bei einer Höhlentemperatur von 14,0 °C, es hing dabei wie ein Specht an der Felswand. Die anderen untersuchten Kolibris waren nicht torpid. Eine weitere Untersuchung ergab, daß das torpide Exemplar im Gegensatz zu den anderen kleinere Follikel aufwies. Dieser Befund deckt sich mit jenem von FRENCH und HODGES, die in Höhlen von Ecuador torpide *Oreotrochilus chimborazo* fanden. Es handelte sich ausnahmslos um Vögel, die sich nicht in Brutstimmung befanden oder mauserten. Bei einer Höhlentemperatur von 5 °C waren vier von fünf nächtigenden Kolibris torpid. Als die Temperatur auf 3,5 °C sank, waren alle Exemplare starr.

FRENCH und HODGES meinen, daß diese Erscheinung ein täglich wiederkehrendes Ereignis im Leben aller die Anden bewohnenden Kolibris sei. Als auslösende Faktoren für das Erwachen könnten weder das Licht noch die Temperaturerhöhung angesehen werden, da es in den Höhlen dunkel sei und am Morgen die Temperatur innerhalb der Höhlen sinke. Vielleicht kommt ein automatisches Erwachen nach einer bestimmten Torpidität in Betracht, doch kann sich dies evolutionär nur in den Tropen mit einer Tag-Nacht-Gleiche entwickelt haben.

Die physiologischen Faktoren der Kontrolle von Untertemperaturen bei Vögeln und auch bei Säugetieren sind weitgehend unbekannt; es gibt allerdings genügend Daten, die beweisen, daß Poikilothermie bei Vögeln und Säugetieren nicht das gleiche ist. Im Gegensatz zu Säugern tritt bei Vögeln die Torpidität schnell ein und hält ununterbrochen an. Bei Kolibris und Seglern sind niedrige Außentemperaturen nicht unbedingt für das Eintreten der Starre verantwortlich, so daß das plötzliche Absinken der Körpertemperatur vorläufig nur durch eine zentralnervöse Steuerung erklärt werden kann. Darauf weisen die nun zeitlich folgenden Arbeiten der amerikanischen Autoren BARTHOLOMEW, HOWELL, DAWSON und CADE in den Jahren 1954 bis 1957 hin. Die Verfasser montierten einen Temperaturfühler in ein Nest von *Calypte anna* und maßen kontinuierlich die Temperaturen im Nest während der Brut- und Nestlingsperiode. Ein in der Nähe des Nestes angebrachter zweiter Fühler nahm die Außentemperaturen auf.

Es waren keinerlei Anzeichen einer Torpidität des brütenden Weibchens zu bemerken. Die Nesttemperatur betrug z. B. 27–29 °C bei einer Außentemperatur von 13–18 °C. In den ersten Tagen nach dem Schlüpfen haben die Nestlinge noch nicht die Möglichkeit, ihre Körpertemperatur homoiotherm zu halten. Die Temperaturen steigen, sowie sie gehudert werden, und sie sinken rapide, wenn die Mutter das Nest verläßt. Erst im Alter von 13 Tagen ist eine gleichbleibende Temperatur von etwa 30 °C im Nest bei Außentemperaturen von 14–24 °C gemessen worden. Die älteren Nestlinge zeigen keine Tendenz zur Torpidität.

In einer weiteren Arbeit wurden Körpertemperaturen und O_2-Verbrauch von zwei *Calypte anna* gemessen. Die beiden Kolibris gelangten zufällig in Menschenhand und wurden sofort – einer sogar ohne Futter und Wasser – in die Versuchsapparatur übernommen. Die Körpertemperatur wurde mittels eines Temperaturfühlers gemessen, der 5–10 mm tief in den Oesophagus der Tiere gesteckt wurde. Das alte ♂ wurde bei einer Außentemperatur von 21–23 °C torpid und ein zweitesmal beim Absinken der Temperatur von 23 °C auf 7 °C. Das unausgefärbte Stück erstarrte einmal tagsüber bei 2 °C und ein zweitesmal bei 23 °C während der Nacht. Die niedrigste Körpertemperatur war 8,8 °C bei 8,4 °C Außentemperatur, der tiefste Punkt des O_2-Verbrauchs lag bei 0,3 ccm/g/h.

Wird der torpide Kolibri bei einer Körpertemperatur von 12 °C berührt, breitet er die Flügel weit aus, läßt ein hohes feines Piepen hören, bleibt ansonsten aber bewegungslos. Die Amerikaner HUXLEY, WEBB und BEST vermuten, daß dieses Pfeifen durch das Entleeren der Luftsäcke hervorgerufen wird. Die Normalhaltung solcher „schlafenden“ Tiere sieht so aus: der Kopf ist steif aufgerichtet, der Schnabel zeigt schräg nach oben, das Gefieder ist leicht gesträubt oder auch glatt, es können keine Atembewegungen registriert werden. Bei Erhöhung der Körpertemperatur auf 15,5 °C schlägt er langsam mit den Flügeln, bei 17,4 °C kann er allein auf einem Ästchen sitzen. Bei 21,9 °C strampelt er in der Hand und zetert, bei 35,5 °C erscheint der Vogel wieder normal, zeigt Strampeln, Zetern und Flügelschwirren.

Im Jahre 1959 veröffentlichten HARTMANN und BROWNELL eine Arbeit über Leberfette bei Kolibris, die in der Folgezeit von keinem amerikanischen Autor mehr berücksichtigt oder zitiert wird. Von 22 Kolibriarten aus Panama wird der Fettgehalt der Leber bestimmt. Die Leber von in den Abendstunden gesammelten Kolibris ist möglicherweise schwerer als die von solchen, die in den Morgenstunden erbeutet werden. Der Fettspiegel in der Leber ist im Vergleich zum frühen Morgen am Abend höher, dies trifft vor allem für die in Meereshöhe gesammelten Tiere zu. Der morgendliche Fettspiegel von Vögeln, die in 1350–1400 m Höhe gesammelt wurden, ist höher als der vergleichbare Wert von Vögeln des Tieflandes.

Eine ausführliche Arbeit über den Sauerstoffverbrauch verschieden aktiver Kolibris verdanken wir LASIEWSKI. Der Verfasser untersuchte folgende Arten: *Archilochus alexandri, Archilochus colubris, Selasphorus rufus, Selasphorus sasin, Calypte costae, Calypte anna, Stellula calliope.* Torpide Kolibris haben im allgemeinen eine Körpertemperatur, die nur um 1 °C über der Umgebungstemperatur liegt. Außerdem tritt ein bemerkenswerter Abfall des O_2-Verbrauches, des Herzschlags etc. ein. Es gelang, den O_2-Verbrauch während der Poikilothermie bei vier Arten über einen größeren Bereich der Außentemperatur lückenlos zu messen. Der Stoffwechsel wächst exponential mit dem Ansteigen der Außentemperatur von 0,17 ccm/g/h bei 14 °C bis 1,95 ccm/g/h bei 32 °C. Es wurden keine Artunterschiede gefunden. Weiterhin wurde festgestellt, daß zwischen Schlaf und Torpidität kein Übergangsstadium zu finden ist. Torpidität konnte nicht oberhalb 34 °C Außentemperatur beobachtet werden. Ein Überleben von Tieren, die nach einer Torpidität bei Temperaturen unterhalb von 12 °C wieder erwärmt wurden, konnte nicht registriert werden.

Untersuchungen über den 24-Stunden-Rhythmus haben ergeben, daß Kolibris nicht allnächtlich torpid werden, sondern nur bei relativ niedrigen Temperaturen. Tatsächlich regulieren Vögel mit guter Kondition ihre Körpertemperatur und werden nicht torpid. Es wird vermutet, daß ein endogener Rhythmus für das Erwachen am nächsten Morgen ausschlaggebend ist.

Aufgrund des O_2-Verbrauches können drei Aktivitätsstufen bei Kolibris unterschieden werden: Tagesaktivität, Schlaf während der Nacht und Torpidität. Der niedrigste und höchste O_2-Verbrauch differieren um den Faktor 350. Von SHELLABERGER et al. wurde gezeigt, daß die Schilddrüsenproduktion in Relation zu diesen drei Stoffwechselstufen steht. Die Einlagerung von radioaktivem Jod 131 in die Schilddrüse ist bei torpiden Tieren wesentlich geringer als bei schlafenden oder aktiven homoithermen Tieren. Die Torpidität der Kolibris ist kein notwendiges nächtliches Ereignis, sondern kann als letzte Überlebensmaßnahme bei zu geringen Energiereserven gedacht sein. Vermutlich sind diese Vögel unfähig, Temperaturen unter 0 °C in Starre zu überstehen.

Während die Torpidität eindeutig von den vorhandenen Energiereserven abhängig ist, unterliegt der Schlaf mit reduziertem Stoffwechsel einem Tagesrhythmus. Dieser kann außerordentlich schnell umgestellt werden, wie Haltungserfahrungen in Europa zeigen. In Mexiko habe ich gefangene Kolibris, um ihnen auch nachts die Gelegenheit zur Nahrungsaufnahme zu geben, unter Dauerlicht gehalten. Dabei stellte ich ein Aktivitätsminimum bei Einsetzen der natürlichen Dämmerung fest. Ein weiteres Kriterium für stattgefundene Nachtruhe war auch der geringe Futterverbrauch während der Nachtstunden. Trotz Dauerlichtes schliefen die Kolibris während der Nachtstunden, wovon ich mich selbst oft überzeugt habe. Ändert man in Menschenobhut einen über viele Monate hin eingehaltenen Tag-Nacht-Rhythmus derart, daß die Nacht später beginnt, suchen die Kolibris kurz vor Beendigung des „Tages“ ihre Schlafplätze auf und ruhen. Beide Beobachtungen sprechen für einen endogenen Rhythmus.

Während die Intensität der Torpidität von der Außentemperatur abhängt und die Körpertemperatur nur wenig über der Umgebungstemperatur liegt, ist beim Schlaf eine weitgehend konstante Körpertemperatur gegeben. Der Sauerstoffverbrauch schlafender Kolibris ist demnach von der Außentemperatur abhängig. Je tiefer diese ist, desto höher ist der Sauerstoffverbrauch zur Aufrechterhaltung der Eigenwärme.

Kolibris können in Freiheit Frosttemperaturen ertragen, wie H. O. WAGNER an den im Hochtal von Mexiko ansässigen Arten nachweisen konnte.

Im Jahre 1971 stellt CALDER bei Untersuchungen der Bruttemperaturen von *Stellula calliope* erneut fest, daß brütende Weibchen trotz fast den Gefrierpunkt erreichenden nächtlichen Außentemperaturen nicht torpid werden.

Zum gleichen Zeitpunkt arbeiten HAINSWOTH, STILES und WOLF ebenfalls an Stoffwechsel- und Energieproblemen bei Kolibris. Ihre Ergebnisse, die in bezug auf die Messungen des Sauerstoffverbrauches die Richtigkeit der Aussagen von PEARSON und LASIESWKI bestätigen, seien hier kurz referiert. Futterexperimente zeigten, daß das Kropfvolumen linear mit dem Körpergewicht wächst. Die Nektarkonzentration von Blumen, die von Kolibris besucht werden, ist im Tiefland höher als in den Bergen. Bei gleicher Außentemperatur haben kleine Kolibris weniger Kropfvolumen in bezug auf ihre Stoffwechselhöhe per Gramm als große. Ein hauptsächlicher Faktor für die Energiebeschaffung ist die niedrige Nektarkonzentration der Hochlandblumen, in einer Umwelt also, wo die Tiere niedrigeren Außentemperaturen ausgesetzt sind. Die Torpidität als energieerhaltender Zustand ist deshalb sehr wichtig für Kolibris der Hochländer.

In den fast drei Jahrzehnten Beschäftigung mit Kolibris hatte ich Gelegenheit, nahezu 200 Arten im Freiland und in Menschenobhut zu studieren. Vorangestellt seien die im Jahre 1971 angestellten Untersuchungen in Mexiko. Während dieses Aufenthaltes in Mexiko in den Monaten Juli, August, September fing ich an zwei Orten mehr oder minder große Kollektionen Kolibris zu allerdings anders gelagerten Versuchszwecken.

1. Finca Irlanda, etwa 1000 m Höhe, im Süden von Chiapas in der Nähe von Huixtla:

Amazalia rutila	*Eugenes fulgens*
Campylopterus hemileucurus	*Amazilia cyanaura*
Abeillia abeillia	*Lampornis viridipallens*

2. Nationalpark „Desierto de los Leones“, 2750–3000 m Höhe, westlich von Mexiko-City:

Hylocharis leucotis	*Calypte anna*
Lampornis clemenciae	*Selasphorus rufus*
Colibri thalassinus	*Stellula calliope*
Lampornis amethystinus	*Archilochus colubris*
Eugenes fulgens	*Atthis heloisa.*

Die auf „Irlanda“ gefangenen Vögel wurden etwa eine Woche in einer überdachten Netzvoliere gekäfigt. Die meist nächtlichen Regen brachten Abkühlungen auf 12–15 °C. Obwohl die Tiere nur mit einer Honig-Zucker-Lösung gefüttert werden konnten und keine Gelegenheit hatten, Insekten aufzunehmen, konnten in keiner Nacht torpide Tiere festgestellt werden. Als während eines Tages meiner Abwesenheit zu einer nicht feststellbaren Tageszeit einige Röhrchen ausliefen, wurden nach meiner Rückkehr am Abend ein Drittel der Tiere torpid vorgefunden. Es handelte sich um jene Vögel, die von den aggressiveren von den wenigen Futterröhrchen vertrieben wurden und keine Nahrung mehr aufnehmen konnten. Bei den ersten Bewegungen wurden sie zwangsgefüttert und anschließend bis zur völligen Flugfähigkeit weiter gewärmt. Als Grund für die Torpidität ist sicher das mangelnde Futter anzusehen.

In Freiheit wurde neben Nektaraufnahme an Apfelsinen- und Bananenblüten Insektenfang beobachtet.

Die im „Desierto de los Leones" gefangenen Tiere sind einmal Brutvögel (linke Spalte), zum anderen nordamerikanische Wintergäste oder Durchzügler (rechte Spalte). Wegen der außerordentlich kalten Regenzeit 1971 brüteten die Kolibris des Hochtales von Mexiko nicht. Die ♀ besetzten wohl Nestreviere, bauten aber kein Nest, während die ♂ nur andeutungsweise einen Gesang hören ließen. Gefangene Vögel waren durchweg in sehr schlechtem Ernährungszustand. Der Grund dürfte ausschließlich in der großen Kälte des Sommers begründet sein, die weder die Wildflora zum Blühen kommen noch ein Insektenleben sich entwickeln ließ. So lagen die monatlichen mittleren Tiefsttemperaturen von Mai bis September z. T. um mehr als 4 °C unter denen der voraufgegangenen vier Jahre.

Gefangene Vögel wurden zuerst in einer ungeschützten Netzvoliere, später in einem ungeheizten gekachelten Raum mit Fenster zur NO-Seite untergebracht. Mehr als zwei Stunden Nahrungsentzug bedeuteten für die Vögel eine derartige Schwächung, von der sie sich in den seltensten Fällen wieder erholten. Grundsätzlich wurden alle Vögel in den ersten Nächten torpid, sowohl in der Netzvoliere mit Außentemperaturen von +5 °C als auch in dem genannten Raum, in dem die Temperatur etwa 2–3 °C über der Außentemperatur lag. Der Futterverbrauch frischgefangener Tiere war außerordentlich hoch; gefüttert wurde ein sehr hoch konzentriertes Gemisch aus Honig, Zucker, Kindernährmitteln und Eigelb. Dieser hohe Futterverbrauch ging nach zehn Tagen Haltung ziemlich abrupt zurück. Zum gleichen Zeitpunkt konnte auch bei der Mehrzahl der Vögel beobachtet werden, daß sie nachts nur schliefen und nicht mehr torpid wurden. Daraufhin wurde eine Vergleichsgruppe sofort nach dem Fang in einem geheizten Raum mit etwa 25–30 °C untergebracht, ansonsten aber so behandelt wie die anderen Tiere. Wie bei der ersten Gruppe lag der Futterverbrauch in den ersten 10 Tagen sehr hoch, und während dieser Zeit wurden die Tiere Nacht für Nacht trotz hoher Temperaturen torpid. Als eine dritte Gruppe bei hohen Temperaturen und Dauerlicht gehalten wurde, änderte sich nichts an diesem Bild.

Trotz intensiver Nachsuche konnten im Freiland niemals torpide Kolibris gefunden werden, obwohl mit großer Sicherheit angenommen werden muß, daß die freilebenden Kolibris in diesem Gebiet nachts in Starre fallen. Aus den Beobachtungen kann nur der Schluß gezogen werden, daß einzig und allein die geringen Energiereserven des Tieres für das Eintreten der Torpidität verantwortlich zu machen sind.

Erfahrungen mit gekäfigten Tieren in den Jahren 1963–1970 schienen diese später gemachten Beobachtungen schon anzudeuten. Es konnten niemals niedrige Temperaturen für die Torpidität verantwortlich gemacht werden, sondern stets nur mangelndes Futter. Im Jahre 1970 hielt ich im sehr regenreichen und kalten Sommer einige *Amazilia fluviatilis,* die aus dem oberen Amazonasgebiet Perus und Ecuadors stammten, in einer ungeheizten und wetterungeschützten Freivoliere. Es handelte sich um mehrjährig eingewöhnte Vögel. Auch hier konnte in den oft recht kühlen Nächten (13–16 °C) keine Torpidität bei den Vögeln beobachtet werden. Bei den kleinsten Störungen schwirrten sie in der Voliere umher, hatten also vorher nur geschlafen. Da es sich um gutgenährte Tiere, die zudem am Tage viel Insekten fingen , handelte, sind diese Beobachtungen nach den Befunden des vorangegangenen Kapitels verständlich.

Aufgrund dieser Erfahrungen entschloß ich mich, im Zoo Heidelberg neben einer beheizten Tropenvoliere eine große Außenvoliere für Kolibris und andere tropische Kleinvögel zu bauen. Bei Nebel, Regen und Außentemperaturen am Tage in Gefrierpunktnähe ist noch nie ein torpider Kolibri beobachtet worden. Gerade in den besonders kalten Morgenstunden baden die Vögel in einem Wasserfall, ohne Schaden zu nehmen. Lediglich in Frostnächten (– 6 °C) konnten bei nächtlichen Kontrollen torpide Kolibris in der Außenvoliere angetroffen werden. Im Gegensatz dazu werden neu ankommende Transporte in einem geheizten Raum (25–30 °C) untergebracht und sofort reichlich mit Nahrung versorgt. Trotzdem fallen in den ersten Nächten viele Neuankömmlinge trotz angenehmer Wärme in Starre. Nach etwa 10tägiger Eingewöhnung wurden z. B. vier *Metallura thyranthina,* zwei *Ocreatus underwoodi* und ein *Eutoxeres aquila* in einen nur 8–12 °C warmen Raum verbracht. Trotz des transportbedingten Temperaturabfalles konnte keine Torpidität registriert werden.

Die höchsten, je von einem Wirbeltier gemessenen Stoffwechselwerte sind uns von schwirrenden Kolibris bekannt; der höchste von LASIEWSKI gemessene O_2-Verbrauch liegt bei 147 ccm/g/h. Den niedrigsten Wert maß er bei 0,17 ccm/g/h. Zur Aufrechterhaltung dieses hohen Stoffwechsels am Tage sind enorme Nahrungsmengen notwendig, die nur bei Tageslicht erbeutet werden können. In den Nachtstunden kann der Stoffwechsel nur mit den vorhandenen Energiereserven betrieben werden. Übereinstimmend sprechen die Autoren von drei deutlich und ohne Übergangswerte voneinander getrennten Stoffwechselstufen: der Aktivität am Tage, dem Schlaf mit gedrosseltem Stoffwechsel und dem torpiden Stadium mit einem Minimalstoffwechsel. Obwohl eindeutig nachgewiesen wurde, daß während der Nachtstunden den Kolibris zwei Möglichkeiten der Stoffwechselregulierung verfügbar sind, ist auch in moderner Literatur ausschließlich die Rede von der Torpidität. Was also tun die Kolibriweibchen beim Brüten, da die Eier doch einer weitgehend gleichmäßigen Wärme ausgesetzt sein sollen?

Die zuerst von HOWELL und DAWSON gemachte Feststellung, daß brütende Kolibriweibchen keinerlei Anzeichen einer Torpidität erkennen lassen, erscheinen nun doch besser erklärbar. Wie andere Vögel, so brüten auch Kolibris zur Zeit des besten und reichhaltigsten Nahrungsangebotes, sie können sich also schon vor der Brut regelrecht mästen. Weiterhin verbraucht ein brütender Kolibri, der zudem auch noch auf einem wärmeisolierenden Nest sitzt, auf keinen Fall so viele Energien wie ein normal aktives Tier. Durch vor der Brut gespeicherte Energiereserven und Energieeinsparung während des Brütens bleibt das Weibchen in dem für die Bebrütung der Eier ja unbedingt erforderlichen homoiothermen Zustand.

Es muß nach eigenen Beobachtungen zumindest mit zwei brutauslösenden Faktoren bei Kolibris gerechnet werden:

1. Der von WAGNER festgestellten bestimmten klimatischen Situation, die während der Nestbauzeit mit einer hohen Luftfeuchtigkeit (Regen) das Nistmaterial geschmeidig macht, und
2. der Möglichkeit, möglichst optimale Ernährungsbedingungen ausnutzen zu können, um Energiereserven für die Brutdauer zu schaffen.

In der kalten und regenreichen Brutsaison 1971 im Hochtal von Mexiko war nur der erste der beiden brutauslösenden Faktoren gegeben, nicht aber der zweite. Es standen zu wenig Blüten und Insekten für die Mastperiode zur Verfügung, ganz zu schweigen von der fehlenden Nahrung für die Zugvögel, die ebenfalls zu einem großen Teil aus Insekten besteht. In einem interessanten Zusammenhang hiermit stehen die Untersuchungen von HARTMANN und BROWNELL über Fettdepots in der Leber von Kolibris. Der höhere Fettspiegel in der Kolibrileber gegenüber der anderer Kleinvögel wird hervorgehoben, und für die großen Unterschiede im Fettgehalt der Leber wird teilweise der hohe Anteil an Kohlenhydraten in der Nahrung verantwortlich gemacht. Alle Vögel wurden in der Brutzeit gesammelt, wie aus den Aufzeichnungen hervorgeht, und müssen somit besser genährt gewesen sein als andere Kleinvögel. Der Unterschied des Fettspiegels zwischen Hoch- und Tieflandkolibris liegt eindeutig in der Nahrung begründet. Hochlandkolibris fangen mehr Insekten als Tieflandkolibris und müssen somit einen höheren Fetttgehalt als diese haben.

Sowohl die genannten Autoren als auch WAGNER (1952, 1955, 1959) wiesen nach, daß die Nestlinge während der ersten Tage noch nicht über die Möglichkeit einer selbständigen Thermoregulation verfügen. So berichtet WAGNER (1955) von einem 15 Tage alten *Lampornis clemenciae,* daß er nach 70stündiger Auskühlung auf 20–23 °C lebte. Doch sollte man meiner Meinung nach dieses infantile Unvermögen einer selbständigen Thermoregulation nicht als Poikilothermie bezeichnen.

Nach HOWELL und DAWSON bleiben die Nestlinge von *Calypte anna* im Alter von 13 Tagen homoiotherm. Nach WAGNER (1952) haben die Nestlinge von *Lampornis clemenciae* mit 16 Tagen das Gewicht der Alttiere erreicht, am 11. oder 12. Tag erlischt der Wärme- und Hudertrieb des Weibchens. Wenn also die Nestlinge im genannten Alter das Gewicht der Altvögel erreicht haben und bis zum endgültigen Ausfliegen noch sehr viel schwerer werden, haben sie eine ausreichende Energiereserve, um homoiotherm zu bleiben. PEARSON registrierte eine Tendenz zur Torpidität erst im Alter von 26 Tagen, also bei bereits flüggen Tieren. Dies dürfte der Zeitpunkt sein, zu dem die während der Nestlingszeit gespeicherten Reserven aufgebraucht sind.

Die von HOWELL und DAWSON durchgeführten O_2-Messungen an frisch gefangenen, nicht gefütterten Tieren, die nach relativ kurzer Zeit torpid wurden, lassen sich ebenfalls mit mangelnden Energiereserven und -zufuhren erklären. Dem gegenüber stehen die Versuche von LASIEWSKI (1963), der an optimal genährten Labortieren selbst bei 12 °C Außentemperatur keine Torpidität feststellte. Er folgert: „Torpidity in hummingbirds is not necessarily a nightly occurence and can be more acurately thought of as an emergency measure utilized if the energetic reserves of the bird are low.“ Als Ergebnis aller vorliegenden Untersuchungen kann festgestellt werden, daß Kolibris nur dann torpid werden, wenn die vorhandenen Energiereserven einen homoiothermen Zustand über Nacht oder bei Schlechtwetterperioden nicht gewährleisten. Verantwortlich für das Zustandekommen der Torpidität ist eine bestimmte Energiereserve, die dem Tier nach einer gewissen Torpiditätsdauer den Eintritt in den homoiothermen Zustand erlaubt. Ausgelöst wird die Torpidität durch geringe Temperatur oder Nahrungsentzug.

Kolibris mit hohen Energiereserven fallen weder bei Nahrungsentzug noch bei niedrigen Temperaturen in Starre. Eintritt und Beendigung des torpiden Zustandes werden sehr wahrscheinlich von endogenen Faktoren bestimmt. Aktivitäts- und Ruhepausen unterliegen einem tageszeitlichen Rhythmus, trotz hoher Temperaturen und Dauerlicht halten Kolibris an ihrem Schlafrhythmus fest. Ist nun aber wegen zu geringer

Energiereserven ein Schlaf unter Beibehaltung des homoiothermen Zustandes mit einer Körpertemperatur von 35–40 °C nicht möglich, wird das Tier ohne Übergangsstadium torpid.

Bisher ungelöst ist die Frage, wo die Letaltemperaturen beginnen. Es ist bekannt, daß Kolibris zum Schlafen Höhlen aufsuchen, in denen die Temperaturen höher liegen als im Freien. PEARSON fand *Oreotrochilus estella,* FRENCH u. HODGES *Oreotrochilus chimborazo* in Höhlen der Anden. Weiterhin ungeklärt ist die Frage, von welchen Faktoren das Erwachen der torpiden Kolibris in den dunklen und am Morgen sogar auskühlenden Höhlen gesteuert wird. Da hier Licht und Temperatur ausscheiden, dürften wohl nur endogene Faktoren in Frage kommen. Wie hoch die natürliche Verlustrate bei länger anhaltenden Schlechtwetterperioden ist, kann nicht gesagt werden. Jedoch sind in diesem Zusammenhang die Beobachtungen LANGER's interessant, der zwei *Oreotrochilus estella* in einem Kühlschrank Minustemperaturen aussetzte. Die Tiere starben einen Kältetod bei −4 bis −7,5 °C, nachdem sie vorher bei 0 °C durch heftiges Muskelzittern wieder erwachten und sogar für zwei Stunden flugfähig wurden. Diese Befunde können als Hinweis auf ein Überleben selbst bei Frosttemperaturen dienen, denn zwei Stunden Flugfähigkeit garantieren den Kolibris den Wegzug aus solch kalten Gebieten.

Nach den Vorstellungen von HAINSWORTH und seinen Mitarbeitern aufgrund ihrer Untersuchungsergebnisse einer wesentlich geringeren Nektarkonzentration der Hochlandblumen wäre ein Überleben der Kolibris ohne nächtliche Starre in Frage gestellt. Dabei lassen sie den außerordentlich hohen Anteil an Insekten, der bei der Ernährung der Hochlandkolibris eine große Rolle spielt, außer acht, obwohl schon WAGNER darauf hinwies. Auch die Ergebnisse von HARTMANN und BROWNELL, die in der Leber von Hochlandkolibris einen höheren Fettspiegel nachwiesen, weisen auf einen höheren Anteil an Insekten in der Nahrung hin. Nach eigenen Erfahrungen lassen sich Hochlandkolibris in Menschenobhut ohne ausreichende Insekten nicht halten, obwohl ihnen ein besserer Kunstnektar mit höherer Zuckerkonzentration zur Verfügung steht. Die Unterschiede des morgendlichen und abendlichen Fettspiegels in der Leber beweisen einen höheren Fettstoffwechsel mit einem höheren kalorischen Nutzwert. Es sei daran erinnert, daß die physiologische Verbrennungswärme für Kohlenhydrate 4,1 kcal/g, bei Fett aber 9,3 kcal/g beträgt. Der notwendige Ausweg müßte also nicht unbedingt Torpidität heißen.

Der Stoffwechsel der Kolibris liegt sowohl tagsüber als auch nachts wesentlich höher, als es der gewichtsspezifisch sowieso schon hohe errechenbare Erwartungswert vermuten ließ. Das Energieniveau in der Ruhephase wäre noch höher, wenn die Kolibris nicht die Fähigkeit zu nächtlichem Torpor hätten, der zu einer wesentlichen Energieersparnis führt. Torpor ist ein Lethargiezustand, der in der Ruhephase auftritt. Stoffwechsel und Körpertemperatur werden dabei auf ein Minimalniveau reduziert. Eintritt, Aufrechterhaltung und Verlassen dieser Starre sind aktive (endogen gesteuerte) Prozesse.

Der energieintensive Schwirrflug erfordert hohe Stoffwechselspitzenwerte und ein hohes Grundniveau, da bei allen Homoiothermen der Energiestoffwechsel offensichtlich nicht beliebig vielfach erhöht werden kann.

Kolibris zeigen einen unterschiedlichen Tagesgang des Umsatzes. Nachts sind im allgemeinen zwei Ebenen zu erkennen: nach dem Niveau der ersten Ruheabsenkung erfolgt eine zweite, die Torporabsenkung, in der das Tier in Lethargie fällt. Länge und Tiefe der Torporphase sind dabei von der Umgebungstemperatur abhängig.

Der Torporstoffwechsel der Kolibris zeigt eine grundsätzlich andere Abhängigkeit von der Umgebungstemperatur. Er sinkt zunächst mit fallender Umgebungstemperatur, was in gewissem Sinne einer exothermen Reaktion entspricht. Unterhalb + 15 °C steigt der Energieumsatz allerdings wieder an. Dies zeigt, daß der Kolibri endotherm reagiert. Er ist in der Lage, seine Körpertemperatur im Torpor bis zu einem Grenzwert von rund + 18 °C absinken zu lassen, was zu einer enormen Energieersparnis führt. Die Aufrechterhaltung der minimalen Körpertemperatur erfordert dann eine Stoffwechselsteigerung, wenn die Umgebungstemperatur unter etwa + 15 °C sinkt.

Biologisch aussagekräftiger ist aber die Gesamtheit der zwei nächtlichen Energieumsätze, also dem Torpor- und dem normalen Ruhestoffwechsel. Hier zeigt sich deutlich die Einsparung, die der Torpor den Kolibris insgesamt einbringt. Nach PRINZINGER, LÜBBEN und JACKEL (1986) liegt sie bei +5 °C bei etwa 47 %, bei +25 °C noch bei 14 % gegenüber einem Ruheumsatz ohne Torpor. Der Gesamt-umsatz sinkt also mit fallender Umgebungstemperatur auch dort, wo der Torporstoffwechsel wieder ansteigt. Dies läßt sich durch die unterschiedliche Dauer der Torporphasen erklären, die bei tiefen Umgebungstemperaturen länger werden.

Für Kolibris sind tiefe nächtliche Umgebungstemperaturen unter 15–20 °C stoffwechselphysiologisch günstig, weil sie einen tiefen energiesparenden Torpor erlauben. Diesem Vorteil stehen allerdings die Gefahren gegenüber, die der Starrezustand im Torpor für den Vogel mit sich bringt.

Im Normalfall dürfen wir in freier Wildbahn mit einem durchschnittlich gut genährten Kolibri rechnen, dem als Ausweg bei schlechter Ernährungsgrundlage, die ja immer durch niedrige Temperaturen hervorgerufen wird, eine Stoffwechselreduzierung bis zur Torpidität zur Verfügung steht. Ist eine Ernährungsgrundlage nicht mehr gegeben, ziehen die Tiere aus solchen Gebieten weg, was die Wanderbewegungen der Kolibris hinlänglich beweisen. Die Torpidität, ausgelöst durch die Faktoren „niedrige Temperaturen“ oder „mangelndes Futter“, gesteuert von den vorhandenen Energiereserven und einem endogenen tageszeitlichen Rhythmus, ist nicht die Regel bei Kolibris, sondern ist die dem Organismus gegebene Möglichkeit, Extremsituationen zu überwinden.

13. Fortpflanzung

Dieser interessanteste und anziehendste Teil aus dem Leben der Kolibris zerfällt in mehrere eindeutig klimatisch abhängige Phasen, die durch die Kopulationsehe, die nur wenige Stunden dauert, geprägt sind. Während die Männchen balzen, bauen die Weibchen ein Nest. Anschließend werden sie durch die balzenden Männchen angelockt, es findet sich ein Paar zusammen, das im gemeinschaftlichen Hochzeitsflug oder einer ähnlichen Zeremonie sich gegenseitig zur Kopula stimuliert. Nach der Vereinigung der Geschlechter trennen sich diese, und das Weibchen legt zwei kleine weiße Eier. Die gesamte Brutfürsorge, also Bebrütung der Eier, Fütterung und Hudern des Nachwuchses, ist einzig und allein Sache des Weibchens.

Abb. 19. Nest des Kolibris *Lampornis clemenciae*. Der aus Moosen und pflanzlichen Fasern erstellte Bau ist mit Hilfe von Spinnweben regengeschützt auf einem Farnwedel aufgesetzt.
Aufn. POLEY

13.1 Nest

Der Nestbau leitet die einzige stationäre Phase im Leben der Kolibris ein, gefolgt von der Eiablage, der Brut und der Aufzucht der Jungen. Es erscheint uns selbstverständlich, daß die Vorbereitungen des Vogels für den wichtigen Lebensabschnitt besonders sorgfältig sein müssen. Denn der problemlose Ablauf dieses komplizierten Geschehens hängt in erster Linie vom richtigen Zeitpunkt, von der Wahl des Ortes und des Nistmaterials in ganz entscheidender Weise ab. Aus diesem Grunde sind alle diese Vorgänge im Erbgut der Kolibris angelegt.

Je nach Klima bauen die Kolibris dick- oder dünnwandige, meist tief napfförmige Nester. Das Baumaterial besteht aus Pflanzenfasern, Flechten, Moosen, Tierhaaren, die mit Hilfe von Spinnweben elastisch zusammengefügt und auf der Nestunterlage befestigt werden. Großer Wert wird auf einen sonnengeschützten Neststandort gelegt. Wird während des Bauens festgestellt, daß während einer Tageszeit doch Sonne ins Nest fällt und die zarten Nestlinge vertrocknen könnten, wird der Nestbau abgebrochen. Andere Arten, wie die mexikanische Art *Lampornis clemenciae* (Abb. 19), bauen regensicher unter überhängenden Steilhängen. Auch von einigen Hochgebirgskolibris der Kordilleren ist dies bekannt. Auf einer waagerechten Astgabel, einem Farnwedel oder einer Wurzelschlinge, meist ziemlich tief, erbauen die meisten

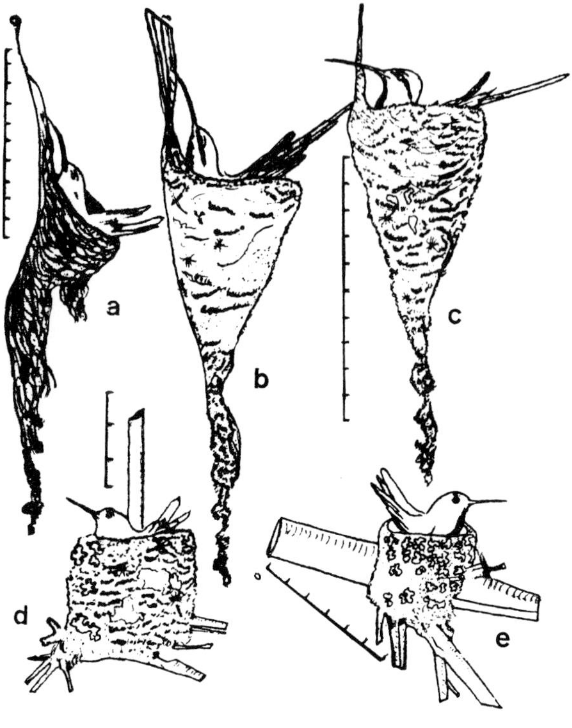

Abb. 20. Verschiedene Nesttypen bei Kolibris: a *Glaucis hirsuta,* b und c *Phaethornis eurynome,* d *Anthracothorax nigricollis,* e *Thalurania glaucopis.* Maßstabangaben in cm. Nach RUSCHI

Kolibriarten ihr Nest. Die *Phaethornis-* Arten (Abb. 20) heften ihr Nest mit Spinnweben an die Spitze eines nach unten hängenden Blattes, sicher eine Schutzfunktion. Von *Oreotrochilus estellae* ist bekannt, daß er oft in Höhlen, Bergwerksstollen oder ähnlichen Örtlichkeiten brütet. Die bei manchen Nestern unordentlich nach unten hängenden Nistmaterialfäden haben die Funktion, daß sie das Regenwasser nach unten abtropfen lassen.

Die Dauer des Nestbaus wird von BAILEY (1974) und WELTER (1935) mit ein oder zwei Tagen angegeben. Die Nestbaudauer von einer Woche, bisweilen auch von zwei Wochen, scheint jedoch wahrscheinlicher zu sein.

Als kurios empfinden wir die Mitteilung von R. HILL, Esqu. (1841) an die Zoological Society of London über die ungenügende Beachtung des Schutzes, das ein aus organischen Fasern hergestelltes Kolibrinest gegen die in tropischen und subtropischen Breiten häufig festzustellende Luftelektrizität bietet. Gerade durch die Verwendung organischer Fasern, ähnlich den Seidenkokons vieler Insekten, sind Eier und Jungtiere gegen Stromschlag geschützt.

13.1.1 Nestbau in menschlicher Obhut

Die entscheidenden Verhaltensweisen des Nestbaus sind im Erbgut verankert. So „sinnvoll“ und geschlossen diese Verhaltensweisen im Freiland ablaufen, so schwierig ist es, den Tieren in menschlicher Obhut die wichtigsten und ausschlaggebenden Faktoren anzubieten, damit solche komplizierten Vorgänge ablaufen können. Die moderne Tiergärtnerei hat es sich zur Aufgabe gemacht, den Ablauf solcher Vorgänge zu erforschen – wenn möglich im Freiland – und bei der Haltung der verschiedenen Tiere im Zoo zu berücksichtigen.

In der Forschungsstation unseres Zoos konnte der Nestbau von folgenden Arten beobachtet werden:

Colibri delphinae (LESS., 1839)
Colibri coruscans (GOULD, 1846)
Thalurania furcata (GMEL., 1788)
Amazilia viridigaster (BOURC., 1843)
Amazalia tzacatl (DE LA LLAVE, 1833)
Adelomyia melanogenys (FRAS., 1840)
Sappho sparganura (SHAW, 1812)
Meallura thyriantina (LODDIGES, 1832)
Aglaiocercus kingi (LESS., 1832).
Patagona gigas (VIEILL., 1824).

Bei den Tieren handelte es sich um teilweise mehrjährig akklimatisierte Vögel, die ohne Ausnahme ohne juvenile Kennzeichen importiert wurden. Lediglich von *Colibri coruscans* haben hier geschlüpfte Exemplare auch gebaut. Die Tiere leben in der etwa 200 qm großen Forschungsstation, die üppig bepflanzt ist. Sie werden ausschließlich in einem 32 qm großen Gewächshaus gefüttert.

Außerdem haben die Tiere immer Gelegenheit, Insekten aufzunehmen. Die Vögel haben ganzjährig die Möglichkeit, das Gewächshaus zu verlassen. Davon machen sie selbst bei Frostgraden im Winter regen Gebrauch. Auch Nistmaterial steht während des ganzen Jahres zur Verfügung. Es wurden folgende Materialien angeboten:

Tierische Herkunft	Pflanzliche Herkunft
Haare und Wolle von	Distelsamen
– Lamas	Pappelsamen
– Kamelen	Baumwolle
– Wasserbüffeln	*Sphagnum*
– Hochlandrindern	Gänsedistelsamen
– Wisenten	Huflattichsamen
– Kaninchen	Waldrebensamen
– Irish Setter	aufgefaserte Hanfschnur
Menschenhaare	Kokosfasern

Weiterhin wurden Teppichflusen und der Inhalt des Siebes unserer Waschmaschine angeboten. Das Material wurde auf Drahthaken oder Zweigspitzen gut sichtbar aufgesteckt. Fingen die Kolibris an zu bauen, fielen Veränderungen an diesen Büscheln alsbald auf. Weiterhin fanden die Tiere im gesamten Bereich der Station viele Spinnweben.

In anderen Zoologischen Gärten und bei privaten Liebhabern erhalten die Tiere auch synthetische Fasern wie beispielsweise Aquarienfilterwatte.

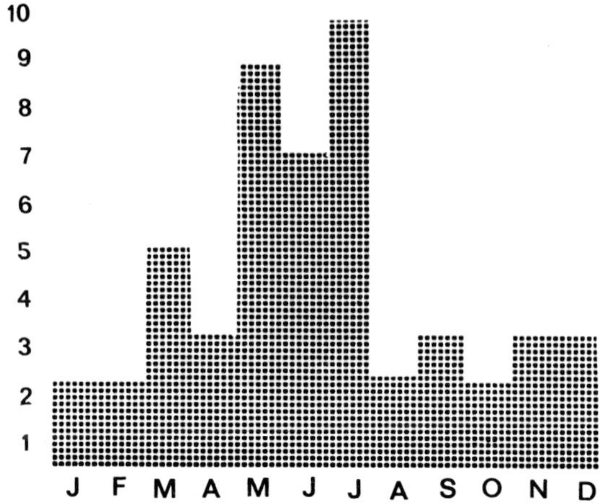

Abb. 21. Anzahl der gebauten Nester in den einzelnen Monaten

In dem Zeitraum von 1978–1982 wurden mehr als 50 Nester gebaut, deren Zustandekommen teilweise von Anfang an beobachtet und protokolliert werden konnte.

Jahreszeitliche Verteilung der Nester. Die jahreszeitliche Verteilung der Nestbauaktivität und der fertiggestellten Nester aller Kolibriarten geht aus dem Diagramm (Abb. 21) hervor. Das Maximum liegt in den Sommermonaten Mai, Juni und Juli, in dieser Zeit wurden 60 % aller festgestellten Nester gebaut.

Im Freileben sind Kolibris Jahresbrüter, d. h. ihre Fortpflanzungszeit ist nicht an einen genotypisch verankerten, jahreszeitlichen Rhythmus gebunden. Diese Voraussetzungen treffen im übrigen auf fast alle Tropenvögel zu. Dies besagt jedoch nur, daß sich theoretisch eine Brut an die andere reihen kann. Tatsächlich sind aber für die Auslösung des Fortpflanzungstriebes gewisse ökologische und klimatische Konstellationen Bedingung. Auch diese Voraussetzungen herrschen in den Tropen nur im Ausnahmefall während des ganzen Jahres.

Aus vielen Untersuchungen über die den Nestbau auslösenden Reize wissen wir, daß die Geschmeidigkeit des Nistmaterials ein auslösender Faktor ist. Erst wenn die tropischen Regen Halme und Moose elastisch machen, können sie verbaut werden.

Da in der Forschungsstation jedoch das ganze Jahr über unter annähernd gleichen Feuchtigkeitsbedingungen Nistmaterial zur Verfügung steht, wären damit die Bruten in den anderen Monaten erklärbar, nicht jedoch das Maximum während des Sommers. Eine mögliche Erklärung wäre die Zunahme der Insektennahrung. Andere Reize wie zunehmende Tageslänge, zunehmende Erwärmung und genotypisch verankerter jahreszeitlicher Rhythmus sind für Vögel aus den Kerntropen wenig wahrscheinlich.

Es ist folgerichtig, daß die Anzahl der abgelegten Eier mit der Anzahl der Nester korreliert und denselben jahreszeitlichen Schwankungen unterworfen ist. Ähnliche Verhältnisse gelten auch für den Nestbau innerhalb einer Art. So werden von *Colibri coruscans* während des ganzen Jahres Nester gebaut, allerding mit einem Maximum in den drei Monaten Mai, Juni und Juli. *Thalurania furcata, Aglaiocercus kingi* und *Colibri delphinae* haben ausschließlich in den Monaten des Maximums gebaut.

Unter den Umweltreizen sind nur wenige bekannt, die eine Fortpflanzungsstimmung herbeiführen und ihre einzelnen Phasen auslösen. Für eine weitverbreitete Synchronisation mit dem Umweltfaktor Sonnenumlauf sprechen auch andere Beispiele von Verpflanzungen aus einer Hemisphäre in eine andere. Viele Vögel brüten in der jeweils günstigen Jahreszeit ihres Verbringungslandes, zu einer Zeit also, wo in ihrer Heimat Winter herrscht oder sie Zugvögel in einem Winterquartier waren. Die Zahl der orts- und nicht herkunftsgemäß Brütenden ließe sich beliebig vermehren, es gibt jedoch Ausnahmen. Sehr bekannt sind Bruten von Schwarzen Schwänen und Schwarzhalsschwänen – die Heimat beiden Arten liegt südlich des Äquators – im hiesigen Winter. Nicht selten jedoch folgt eine zweite Brut in der Fortpflanzungszeit der neuen Heimat.

Zwar sind unsere Kenntnisse über die Reizgeber gering, die eine Fortpflanzungsstimmung auslösen. Umweltreize sind von entscheidender Bedeutung. Doch zeigt das Zusammenspiel zwischen Organismus und Zeitgeber oft eine weite Variabilität, die immer wieder zu Deutungen und Erklärungsschwierigkeiten führt.

Dauer des Nestbaues. In einigen Fällen konnte die Zeit von der ersten beobachteten Nestbauaktivität bis zur Ablage des ersten Eies protokolliert werden. Diese Zeiten sind oft erstaunlich kurz, was aber durch ständiges Vorhandensein von Nistmaterial erklärbar ist. Die beobachteten Zeiten sind in der folgenden Tabelle zusammengestellt:

Art	Tage
Adelomyia melanogenys	14
Colibri delphinae	7, 10, 12
Aglaiocercus kingi	13
Sappho sparganura	10, 11, 14
Colibri coruscans	4, 5, 10, 24

Die von anderen Autoren beobachteten Nestbauzeiten von Kolibris in menschlicher Obhut bewegen sich innerhalb der oben angegebenen Zeiten:

Art	Tage	Autor
Colibri delphinae	9	Peikert (1977)
Colibri coruscans	10	Böhl (1979)
Trochilus polytmus	6	Kunze (1981)

Die einzigen sicheren Protokolle über die Nestbauzeit bei Kolibris im Freiland stammen von Wagner:

Art	Tage	Autor
Lampornis clemenciae	17	Wagner (1952)
Hylocharis leucotis	15–20	Wagner (1959)

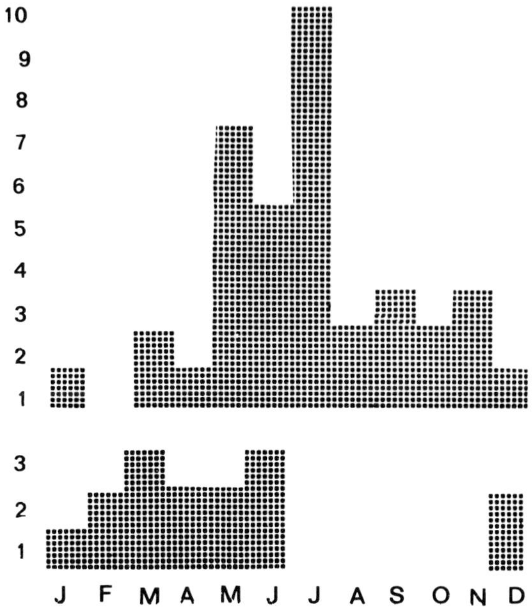

Abb. 22. Anzahl der im Freiland (oben) und im Gewächshaus (unten) in den einzelnen Monaten gebauten Nester

Generell kann beim Vergleich des dürftigen Zahlenmaterials festgestellt werden, daß die Nestbauzeiten im Freiland länger sind als die in menschlicher Obhut. Dies hängt sicher damit zusammen, daß im Freiland die Suchflüge nach Nistmaterial mehr Zeit beanspruchen als in kleinen Volieren. Weiterhin ist jeder Züchter bemüht, die Nestbauaktivität durch das Anbieten von viel und verschiedenartigen Nestbaumaterialien zu unterstützen.

Wahl des Neststandortes. Grundsätzlich konnten die Kolibris ganzjährig zwischen Neststandorten im Freiland oder im Gewächshaus wählen. Wie Abb. 22 zu entnehmen ist, wurden nur etwa 30 % der Nester im Gewächshaus errichtet, 70 % hingegen im Freiland. Von neun Arten wurden Nestbauaktivitäten beobachtet, davon bauten vier Arten ausschließlich im Freiland. Die anderen fünf Arten bauten sowohl im Freiland als auch im Gewächshaus. Die Nestbauaktivitäten im Gewächshaus beschränken sich auf die Monate Januar bis Juni und Dezember.

Kolibris leben streng territorial, sie bevorzugen beispielsweise innerhalb ihres Reviers einen bis mehrere Sitzplätze. Das Auftauchen eines Tieres an einem anderen Ort fällt als ungewöhnlich sofort auf. Werden nun zusätzlich Orte mit viel Spinnweben oder die Haken mit Nistmaterial aufgesucht und das Tier zupft daran, ist der Anfang der Brutaktivität erreicht. Vorher hat das Kolibriweibchen die in Frage kommenden Örtlichkeiten genauestens untersucht. Häufige Sitzproben, bei denen das Tier immer wieder auffliegt, um sich gleich darauf niederzulassen, sind die Regel. Erst dann wird versucht, in der Hauptsache im Schwirrflug, die Nestplattform mit Spinnweben und Haaren oder Fasern zu bauen.

Stellt der Kolibri nach einigen Tagen Bauzeit fest, daß der Standort nicht seinen Wünschen entspricht, also beispielsweise nicht genügend gegen Sonneneinstrahlung oder Regen geschützt ist, wird er aufgegeben. Kolibris bauen im Freiland ihre Nester immer regengeschützt, dies tun sie auch in menschlicher Obhut. Dabei bevorzugen sie mitunter recht sonderbare Plätze; so bauten *Sappho sparganura* und *Metallura tyrianthina* je ein Nest auf die Plastikabdeckung eines Elektrokabels im Hundezwinger, der auf einem Meter überdacht ist.

Je nach dem ins Auge gefaßten Standort bauen Kolibris unterschiedliche Nester. Diese verschiedenartigen Bauformen variieren nicht nur innerhalb einer Art, sondern auch bei einem Individuum.

Besteht die Möglichkeit, daß man beim Suchflug des Weibchens an untersuchten und schon mit Sitzproben in die engere Auswahl genommenen Neststandort ein Büschel Nistmaterial anbringen kann, so wird an diesem Standort bald ein Nest gebaut.

Recht interessant war die Wahl des Neststandortes bei *Colibri delphinae*. Diese Art fing erst dann an ein Nest zu bauen, wenn die auf Rebhölzern aufgebundenen Tillandsien und Orchideen ins Freie gehängt wurden. Diese Pflazen hängen den Winter über im Gewächshaus, ohne daß sie in den Monaten von November bis Mai von dieser Kolibriart benützt wurden.

Auswahl des Nistmaterials. Das Nistmaterial hängt büschelweise an Drahthaken, an diesen hängen auch Orchideen, Tillandsien und andere Ampelpflanzen. Auch alte Nester werden hier mit aufgehängt. Das Angebot des Nistmaterials ist mit einem Blick zu erfassen, daher sind nestbauaktive Weibchen schnell zu ermitteln. Lediglich mehrere pflanzliche und tierische Nistmaterialien wie Moos, Federn, Spinnweben usw. sind in der gesamten Anlage zu finden. Als Regel darf wohl gelten, daß ein Nest durchgehend aus einem Material gefertigt wird, also entweder aus Hundewolle, Schafwolle, Hanf usw., nur dann, wenn das Material zu Ende geht, wird mit einem anderen weitergebaut.

Viele Arten bauen ein Nest aus relativ groben Baustoffen, so bevorzugt beispielsweise *Adelomyia melanogenys* vertrocknetes Laub eines fiederblättrigen Ahorns. *Sappho sparganura* verbaut vorzugsweise die Samenstände des Pampasgrases, die Fruchtstände diese Grases wirken regelrecht nestbauauslösend. *Adelomyia melano-genys* bevorzugte außerdem Tierwolle und Hundehaare, an denen bereits andere, beispielsweise pflanzliche Partikel festgeheftet waren. Bei der Suche nach geeignetem Material verschwand ein Weibchen dieser Art einmal unter einem 0,80 cm breiten Lattenrost, um nach einiger Zeit auf der anderen Seite wieder zu erscheinen. Es ist dies ein schönes Beispiel dafür, wie selektiv die Kolibris bei der Suche nach Nist-material arbeiten.

Auch aufgenommene Spinnweben werden nicht in jedem Fall akzeptiert, und es ist erstaunlich, mit wie viel Mühe sie oft an einem Ast abgestreift werden. Beim nächsten Flug holt das Tier neue Spinnweben und verbaut sie am Nest. In die Nestwand werden häufig Moosstückchen, Blattreste, Grashalme u. ä. von außen eingefügt. Dies dient sicher in erster Linie der Tarnung, d. h. dem Unauffälligmachen des Nestes. Ich habe mir oft den Spaß erlaubt, selbst scharfäugige Tiergärtner in die Nähe eines Nestes zu führen und sie nach diesem suchen lassen. Die Zeit bis zum „ah-dort-Erlebnis" war meist ein Beweis für die wunderbare Tarnung des Nestes.

In einem einzigen Fall wurde auch Diebstahl von Nistmaterial beobachtet. Ein *Colibri coruscans*- Weibchen zupfte unter einem brütenden Weibchen derselben Art das Nistmaterial ab. Die Eier fielen alsbald heraus, und das Nest wurde verlassen. Brütende Kolibriweibchen sind gegen andere Vögel nicht aggressiv.

Der Nestbau. Bei freistehenden Nestern werden die ersten Fasern des Nistmaterials im Schwirrflug befestigt. Wird das Nest auf eine breitere Unterlage oder zwischen Tillandsien gebaut, sitzt das Weibchen auf dieser Unterlage und befestigt so das Material. Kolibris bündeln ihr Nistmaterial und stopfen mit ihrem langen Schnabel abstehende Materialien in den Nestrand hinein. Hat der Nestrand eine geringe Höhe erreicht, wird ausschließlich im Sitzen gebaut. Dabei dreht sich das Weibchen im Nest, macht hudernde Bewegungen und strampelt mit den Füßen. Beim Sitzen werden Materialfasern mit langgestrecktem Hals von außen nach innen ins Nest gezogen und unter dem Körper festgestochert. Immer und immer wieder wird das Nistmaterial des Randes auch mit der Zunge geglättet. Sicher werden dabei, wenn auch in einem bescheidenen Rahmen, die einzelnen Fasern durch Sekret und Futterreste miteinander verklebt.

Das Nest ist noch nicht beendet, da findet schon die Kopula und daraufhin die Eiablage statt. Kurz vor der Eiablage erlischt der Bautrieb, und die Weibchen sitzen träge umher. Häufig wird die Nacht vor der ersten Eiablage im Nest verbracht. Erst mit Beginn der Brut wird der Nestbau wieder aktiviert, und er erlischt erst vollends nach dem Schlupf der Jungen.

In einigen Fällen konnte beobachtet werden, daß die Nester anderer oder der eigenen Arten ausgebessert oder überbaut wurden. In einem Fall wurden von *Colibri coruscans* vier Nester in zwei aufeinanderfolgenden Jahren immer wieder übereinander gebaut, ehe sich das betreffende Weibchen für einen anderen Standort 0,70 m entfernt entschied.

Schlafnester. Bei Kolibriarten wurden der Bau und die Benutzung eines Schlafnestes protokolliert, bei *Aglaiocercus kingi* und *Adelomyia melanogenys*.

Aglaiocercus kingi übernachtete wochenlang in einem Nest, das nur fünf Tage nach dem Ankauf des Vogels gebaut wurde. Dieses Schlafnest ist eine für diese Art typische, überdachte Konstruktion, die in einem Büschel Greisenhaar errichtet wurde. Von Zeit zu Zeit besserte das Tier das Nest aus. Erst nach Monaten begann dieser Vogel mit dem Bau eines Brutnestes an anderer Stelle, jedoch in ähnlicher Konstruktion. Der Bau des Napfes ist ausgeprägter, und die ganze Konstruktion ist sorgfältiger. Interessant ist, daß Schlaf- und Brutstellung unterschiedlich sind. Vom schlafenden Vogel sieht nur das Schwänzchen heraus, der Kopf ist im Nest verborgen. Der brütende Kolibri jedoch schaut mit dem Kopf aus dem Nest. In einem anderen Fall wurde nach vielen Wochen ein Schlafnest zum Brutnest umgebaut. Jedoch wurde auch beobachtet, daß ein verlassenes Brutnest als Schlafnest benutzt wurde. Schlaf- und Brutnester von *Aglaiocercus kingi* wurden im Freien und im Gewächshaus gefunden. Peikert (1983) berichtet über den Bau eines Schlafnestes bei *Aglaiocercus coelestis*.

Auch von *Adelomyia melanogenys* ist mehrfach der Bau eines Schlafnestes beobachtet worden. Schlafstellung und Brutstellung entsprechen der von *Aglaiocercus kingi*. Bei dieser Art wurde auch beobachtet, daß ein altes Schlafnest innerhalb von 10 Tagen zum Brutnest umgebaut wurde.

Im Vogelreich werden Nester ausschließlich für die Brut gebaut. Erst später werden – wie beispielsweise beim Zaunkönig – diese Locknester als Schlafnester verwendet. Auch vom Feldsperling ist der Bau von Schlafnestern bekannt, diese werden später als Brutnester verwendet. Der Bau von Schlafnestern bzw. Schlafhöhlen ist beispielsweise vom Haussperling, Wald- und Gartenbaumläufer bekannt. Sicherheit vor Feinden und Schutz vor der nächtlichen Kühle sind sicher auslösende Gründe für den Bau eines Schlafnestes. Wahrscheinlich handelt es sich bei diesem Verhalten um eine Fortentwicklung des Nestbaues, dessen Instinkthandlungen durch Hormone ausgelöst werden. Im Gegensatz zu den Schlafnestern anderer Vogelarten, die von beiden Geschlechtern benutzt und auch gebaut werden, sind die Schlafnester der Kolibris geschlechtsspezifisch. Nestbau bei Kolibris ist bislang nur bei Weibchen beobachtet worden. Im Freiland ist der Bau solcher Schlafnester noch nie beobachtet worden.

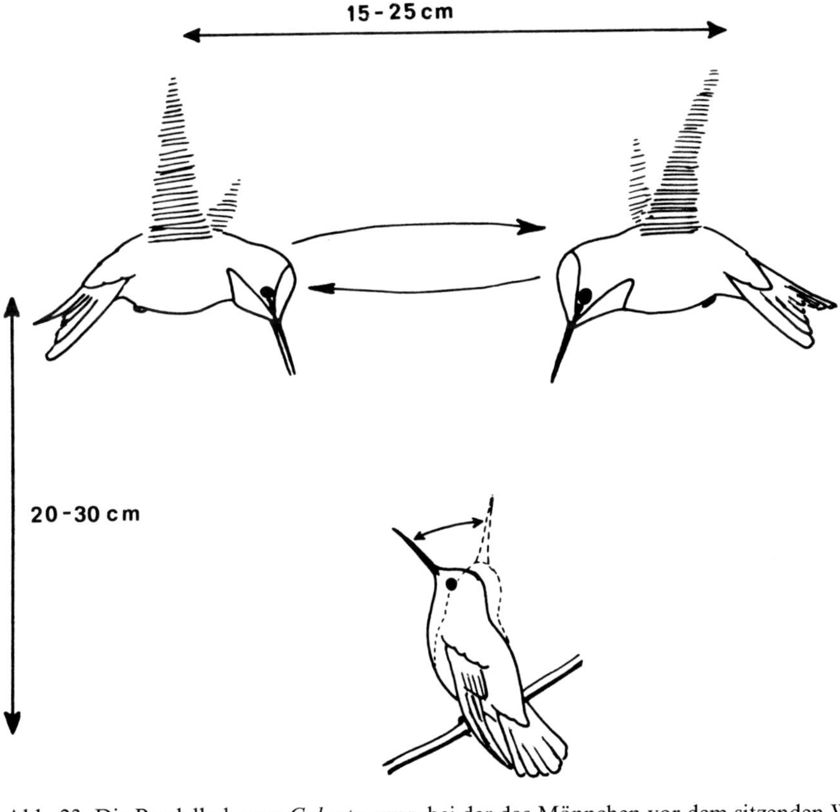

Abb. 23. Die Pendelbalz von *Calypte anna,* bei der das Männchen vor dem sitzenden Weibchen immer hin und her fliegt. Nach STILES

13.2 Balz

Die mit den Geschlechtsbeziehungen verbundenen artverschiedenen Triebhandlungen der Kolibris sind in ihren einzelnen Phasen deshalb so schwer zu deuten, weil sich Kolibris in vieler Hinsicht anders verhalten als die übrigen Vögel. Das Paar bleibt nur so lange zusammen, bis das Männchen durch seine Flugspiele das Weibchen so stark sexuell erregt hat, daß die Kopula auch zur Konzeption führt. Vorher ist das Männchen nur bemüht, durch die verschiedensten arteigenen Mittel die Aufmerksamkeit der Weibchen auf sich zu lenken. Sowie beide Geschlechter zusammentreffen, wird eine ganze Kette angeborener Handlungen ausgelöst, die nach H. O. WAGNER deutlich in zwei Abschnitte zu trennen sind:

1. Das Locken der Männchen, die versuchen, auf vielerlei Weise die Weibchen auf sich aufmerksam zu machen;
2. die eigentliche Balz oder der Hochzeitsflug der Geschlechter.

Bleiben wir zunächst bei den zahlreichen Lockhandlungen der Männchen, die sich noch am ehesten ordnen lassen. Die Mehrzahl der Arten, über deren Balzverhalten wir orientiert sind, lassen einen mehr oder weniger anspruchsvollen Gesang hören.

13.3 Gesang und Schlag

Wir kennen bei fortpflanzungsfähigen Kolibrimännchen alle Übergänge vom melodischen, sehr wohlklingenden Gesang der Art *Pampa pampa* über ein nur aus wenigen Tönen bestehendes Lied von *Amazilia yucatanensis* bis zum Schlag, der eine bis vier Silben umschließt und endlos wiederholt wird. Einige Arten können sich aus dem Gesang über den Einzelschlag bis hin zum Gruppenschlag steigern. Singt der Vogel auch im Flug, tritt noch ein optisches Moment hinzu. Neben der bereits erwähnten *Amazilia yucatanensis* hat *Doricha eliza* einen ausgesprochen lauten und schmetternden Gesang.

Bei weiteren Arten kommt zum Gesang der Schlag, bei dem eine bis vier Silben ständig wiederholt werden. Dies ist von *Campylopterus hemileucurus* und *Amazilia cyanocephala* bekannt. Bei *Lampornis clemenciae* finden sich bei besonders günstigen Lebensbedingungen mehrere Männchen zum gemeinsamen Schlagen zusammen. Neben dem von vielen Kolibriarten beobachteten Einzelgesang und Einzelschlag gibt es eine nicht unerhebliche Zahl von Arten, die sich zu Schlaggesellschaften zusammenfinden.

13.4 Gruppenschlag

Wie *Lampornis clemenciae* unter besonders günstigen Bedingungen Schlaggesellschaften bildet, ist dies von einer Reihe weiterer Arten bekannt. So berichten dies NICHOLSON u. DAVIS von *Phaethornis superciliosus* und *Phaethornis ruber,* SKUTCH von *Klais guimeti,* CHAPMAN von *Phaethornis longemareus* und *Ph. guyi.* H. O. WAGNER beschreibt ein ähnliches Verhalten von *Amazilia tzacatl* und *Hylocheris leucotis:* „Nun ist es nicht so, daß wir die unterschiedlichen Vortragsweisen gleichzeitig hören. Die Jahreszeit, genauer gesagt die Lebensbedingungen, bestimmen die Vortragsart. Den Einzelgesang der ersten Stufe hört man in der Umgebung der Hauptstadt im Winter bei unfreundlicher Witterung oder an Tagen mit Frost und Schnee, sowie bei stärkster Dürre kurz vor Beginn der Sommerregen. Im Hochtal von Mexiko kam es zum Gruppenschlag nur zwischen Juli und September, wenn alles in voller Blüte stand und überreiche Nahrung bot."

Über die größte bisher beobachtete Schlaggesellschaft berichtet DAVIS bei *Phaethornis ruber,* hier kamen nicht weniger als sechzig Männchen zusammen.

13.5 Singflüge

Bei einigen Gattungen sind zu den akustischen Lockmitteln noch die visuell wirksamen Schauflüge hinzugekommen. Geringe Ansätze dazu zeigen *Lampornis clemenciae, Atthis heloisa* und *Colibri thalassinus.* PITELKA berichtet ähnliches von *Calypte anna,* WETMORE u. SWALES von *Mellisuga minima.*

13.6 Mechanische Tonerzeugung beim Schauflug

Die jetzt zu besprechenden Arten bringen mit Hilfe der umgestalteten Hand- und Steuerfedern Fluggeräusche hervor. Dabei werden Auge und Ohr der Weibchen gleichzeitig angesprochen. Die Männchen dieser Arten singen nur im Jugendkleid oder später bei geringer geschlechtlicher Erregung. Nur bei den ausgefärbten Männchen finden sich tonerzeugende Federn. Die Art *Pampa pampa,* der „singing hummingbird" der Amerikaner, hat neben seinem ausgesprochen melodischen Gesang ein lautes Schnurrgeräusch beim Schauflug, das wie bei *Campylopterus hemileucurus* von den stark verbreiterten Schäften der Handschwingen herrührt. Bei *Selasphorus platycercus* und *S. rufus* ist die erste Handschwinge zur Schallschwinge umgestaltet. Das laute Fluggeräusch soll dem Zirpen einer Laubheuschrecke ähneln, und es ist zu hören, wenn der Kolibri sich auf dem Höhepunkt der wellenförmigen Flugbahn nach unten bewegt. Sehr wahrscheinlich vibriert die Schallschwinge während einer Segelstrecke am steif gehaltenen Flügel. Einen metallischen Ton erzeugt *Selasphorus rufus* wahrscheinlich mit den Schwungfedern, die anders gebaut sind als die der Weibchen. Der männliche *Calypte costa* schießt in weiten großen Bögen pfeilschnell dahin, wobei ein lauter Pfeifton entsteht, indem die Luft durch die gespreizten Schwanzfedern hindurchstreicht. Auch von *Stellula calliope* und *Calothorax licifer* (Abb. 24) ist dies bekannt. Bei den zahlreichen südamerikanischen Arten scheint dieses Verhalten seltener zu sein als in den gemäßigten Breiten. STOLZMANN berichtet vom Werbeflug des *Chaetocercus bombus,* daß dabei ein lautes Schnurren entsteht. Die ebenfalls peruanische Art *Myrtis fanny* erzeugt beim Liebesflug einen Ton, den der Autor mit dem Meckern einer Bekassine vergleicht. *Trochilus polytmus* erzeugt nach BOND mittels zweier Steuerfedern, die den Schwanz um mehr als Körperlänge überragen, ein eigenartiges Schwirren. Nach den Beobachtungen von STOLZMANN und SCHEITHAUER (1966) klatscht das Männchen von *Rhamphomicron microrhynchum* drei- bis viermal laut mit den Flügeln.

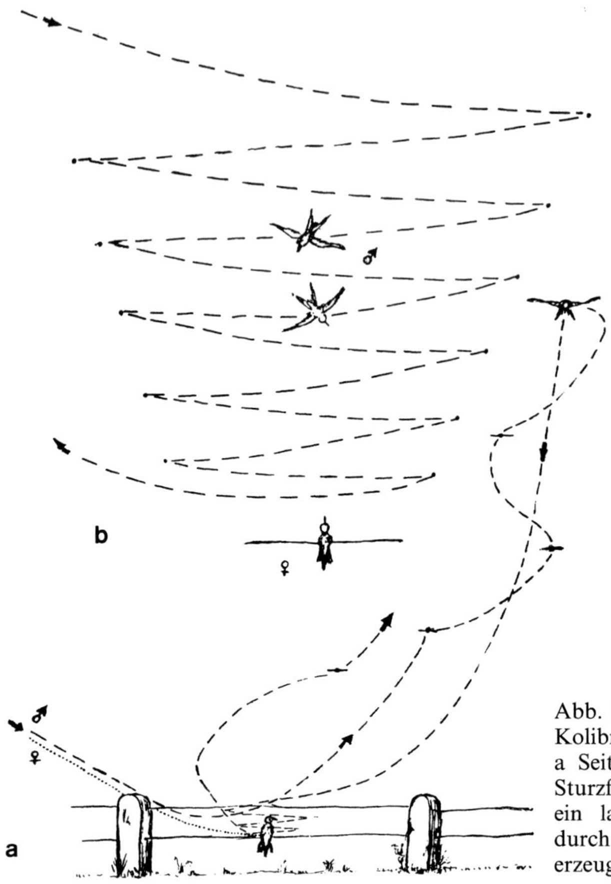

Abb. 24. Balzflug des mexikanischen Kolibris *Calothorax lucifer*. 1. Phase, a Seitenansicht, b Aufsicht. Bei den Sturzflügen des Männchens entsteht ein lautes tiefes Fluggeräusch, das durch die steifen Schwanzaußenfedern erzeugt wird. Nach H. O. WAGNER

13.7 Hochzeitsflug

Der Hochzeitsflug ist der Lebensabschnitt, in dem die Geschlechter den Anstieg ihrer Triebstärken derart synchronisieren, daß es zu einer erfolgreichen Begattung kommt. Diese Triebsteigerung drückt sich im Ineinandergreifen der beiden Reaktionsketten sichtbar aus. Die Männchen von Arten, die die Aufmerksamkeit von Weibchen durch Gesang und Schlag auf sich lenken, verstummen bei deren Erscheinen, und die Anwesenheit der Partnerin löst eine andere Triebhandlung des Männchens aus, den Hochzeitsflug. Die Verhaltensweisen lassen sich leicht in zwei Abschnitte unterteilen. Im ersten scheint das Weibchen die Werbung nicht zu beachten, im zweiten beteiligt es sich immer stärker und ist kurz vor der Kopulation ebenso aktiv wie das Männchen. Es bestimmt Ort und Verhalten, hat also ständig die Führung. Die Hochzeit findet im Lebensraum der Weibchen statt. Sind mehrere Männchen auf den Schlagplätzen

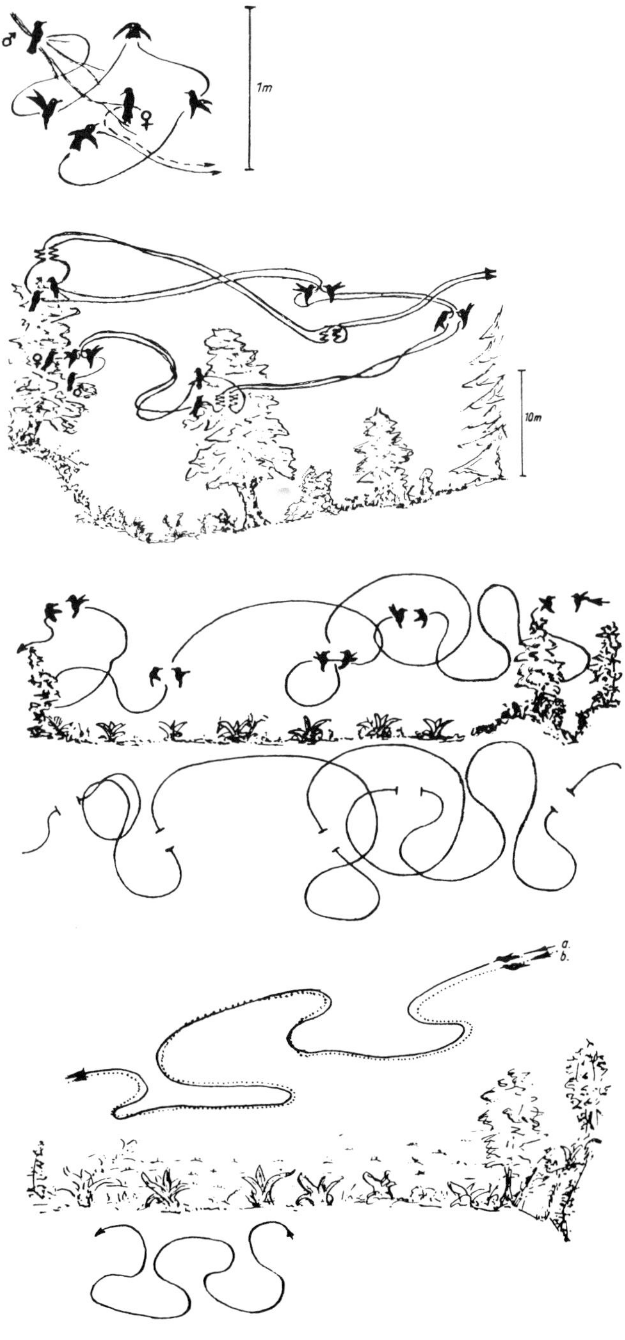

Abb. 25. Hochzeitsflug der mexikanischen Kolibriart *Hylocharis leucotis*. Von oben nach unten: Hochzeitsflug erste Phase: das Weibchen wird von dem Männchen umworben; Hochzeitsflug zweite Phase: nach wiederholtem gemeinsamen Zusammensitzen und schwirrendem Gegenüberstehen ruhen beide Partner immer seltener, um es dann in der dritten Phase ganz aufzugeben; Hochzeitsflug dritte Phase: das Paar fliegt in weiten Bogenflügen umher, wobei es sich häufig schwirrend gegenübersteht; Hochzeitsflug vierte Phase: das Paar fliegt nur in weiten Bogen umher, anschließend erfolgt die Kopulation. Nach H. O. Wagner

Abb. 26. Balzfüttern der Art *Amazilia franciae*. Nach voraufgegangenen Anträgen des Weibchens an das Männchen würgt das Weibchen Futtersaft hoch, den das Männchen mit der deutlich sichtbaren Zunge aufleckt. Es ist dies der seltene, wenn nicht einmalige Fall im Vogelreich, daß das Weibchen beim Balzfüttern der aktive und gebende Teil ist. Aufn. POLEY

zusammen, so muß sich ein eben vereintes Paar schleunigst absondern, und das Weibchen führt den Partner in ihr Revier. Das Paar bleibt wenige Tage, wie bei *Lampornis clemenciae,* oder auch nur wenige Stunden zusammen. Die Beobachtung einer Kopulation ist nur ganz wenigen Autoren geglückt.

13.8 Balzfüttern

Im Gegensatz zu der bisher beschriebenen dynamischen Balz steht das statische Balzverhalten von *Amazilia franciae,* das von mir in menschlicher Obhut beobachtet wurde. Die Aktivität geht meist vom Weibchen aus, das in einem eigenartig weichen, fast fledermausartig anmutenden Flug sich vor das Männchen setzt. Nach einem gegenseitigen Sichansehen pickt das Weibchen nach der Schnabelspitze des Männchens und öffnet darauf weit seinen Schnabel (s. Abb. 26). Nicht selten zittert es dabei mit erhobenen Flügeln. Das Männchen steckt nun seinen Schnabel in den des Weibchens und beginnt mit der Zunge Schnabel- und Rachenraum des Weibchens abzulecken. Hierauf umfaßt das Weibchen den Schnabel des Männchens und zieht ihn mit kurzen Rucken zu sich herüber. Bei diesem Schnabelziehen ist eine ständige Vibration der Kehle zu beobachten, wahrscheinlich würgt das Weibchen Futtersaft aus dem Kropf in die Mundhöhle und füttert damit das Männchen. Daß es sich um eine echte Fütterung handelt, geht aus den Zungenbewegungen des Männchens hervor. Nach der Fütterung fliegt das Männchen unter das sitzende Weibchen und beleckt die Kloakenregion, wobei das Weibchen seinen Schwanz zur Kopulationsaufforderung hebt und spreizt. Lediglich die Andeutung eines Tretaktes konnte beobachtet werden.

SCHEITHAUER (1976) beobachtete das Kloakenpicken bei *Hylocharis grayi* kurz vor der Kopulation.

LACK (1941) berichtet vom wiederholten Füttern eines brütenden Weibchens von *Stellula calliope* durch ein Männchen, das die Nahrung hochwürgte. Leider wird nicht erwähnt, welcher Partner den Schnabel öffnete und fütterte.

13.9 Eiablage und Brutdauer

Wenn die Hochzeit mit dem Männchen vorüber ist, legt das Weibchen das erste Ei, dem nach zwei Tagen das zweite folgt. In der Regel werden nur zwei Eier gelegt, meist in den frühen Morgenstunden. Zwischen der Ablage des ersten und zweiten Eies erscheinen die Weibchen nur gelegentlich am Nest. Die Brutzeit der Kolibris schwankt erheblich, sie liegt zwischen 12 und 18 Tagen. Die durchschnittlichen Bebrütungszeiten sind am längsten im Hochgebirge und in den alpinen Regionen, mittellang in den warmen tropischen Landstrichen mit starken Temperaturschwankungen bei Tage und am kürzesten im hohen Norden, wo die Sommernächte am kürzesten sind. Ganz unverkennbar macht sich der Einfluß der verschieden starken nächtlichen Auskühlung und unterschiedlicher Tageslänge auf die Brutdauer bemerkbar. BURNS nennt für die nordamerikanische Art *Selasphorus rufus* eine Brutdauer von 12–13 Tagen, dasselbe gilt nach FÄSSLER für die in Südamerika beheimatete größte Kolibriart, *Patagona gigas.*

Abb. 27. Brütender *Patagona gigas*. Aufn. POLEY

Die längste Brutzeit wurde von CARPENTER (1976) und DOST (1962) für *Oreotrochilus estella* mit 20–23 Tagen angegeben.

Die Weibchen von *Archilochus alexandri* und*Calypte anna* verlassen das Nest sechsbis neunmal täglich. Mehrjährige Beobachtungen über das Fortpflanzungsverhalten bei *Colibri coruscans* in der Forschungsstation des Heidelberger Zoos zeigten, daß die brütenden Weibchen ziemlich genau alle 2 Std. für wenige Minuten das Nest zur Futtersuche verließen. Dabei kühlen die Eier normalerweise um 3–6 °C ab, eine Abkühlung auf 20 °C wurde gemessen. Ein *Calypte anna*-Weibchen fiel für 4,5 Stunden in Torpor, dabei kühlten die Eier auf 11 °C ab. Die Jungen schlüpften zwei Tage später. Ganz generell ist eine Abkühlung schlupfbereiter Eier für den Schlupferfolg von geringer Bedeutung.

13.10 Brutpflege

Kolibris sind Nesthocker und schlüpfen nacheinander im Abstand von zwei Tagen. Sie sind nahezu vollständig nackt und machen einen sehr unterentwickelten Eindruck. Der Schnabel ist sehr kurz und fast so lang wie breit (s. Abb. 28). Die Eireste entfernt die Mutter mit dem Schnabel, indem sie diese abfliegend oder auf dem Nest sitzend über den Rand fallen läßt. Es kommt aber vor, daß kleine Stücke nicht entfernt werden; von *Lampornis clemenciae* ist bekannt, daß diese die Eischalenreste gelegentlich

Abb. 28. Nest mit den Jungen der mexikanischen Kolibriart *Lampornis clemenciae*. Es handelt sich um das gleiche Nest wie in Abb. 19. Aufn. POLEY

auffressen. Die Nestlinge werden mit Insekten und wahrscheinlich mit Nektar gefüttert. Dabei sitzt die Mutter auf dem Nestrand und steckt ihren Schnabel schnell und sicher bis zum Kropf in den Hals der Kleinen (Abb. 29), zieht ihn unter einigen Schluckbewegungen wieder heraus und würgt anschließend wieder eine neue Portion

Abb. 29. Beim Füttern steckt die Kolibrimutter ihren langen Schnabel tief in den Kropf der Jungen. Nach H. O. WAGNER

aus dem Kropf hoch. Der Kropf der Jungen kann bedeutende Nahrungsmengen aufnehmen und wölbt sich seitlich am Hals hervor.

Nach den Untersuchungen von CARPENTER an *Calypte anna* werden die Jungen am Vormittag vorzugsweise mit Nektar gefüttert. Am Nachmittag werden viel Insekten verfüttert; den Nestlingen stehen damit für die Nacht mehr Kalorien zur Verfügung.

H. O. WAGNER stellte über Abwesenheitsdauer und Wärmezeit Vergleiche an, die ergaben, daß diese Funktionen in jeder Altersklasse in einem festen Verhältnis zueinander stehen. Je länger die Mutter fort ist, desto ausgedehnter ist das anschließende Wärmen. Wahrscheinlich bestimmen die Kleinen, sobald sie richtig durchgewärmt sind und sich lebhaft bewegen, das Ende der Wärmezeit und Abfliegen der Mutter. Die in der ersten Lebenswoche abnehmende Wärmezeit mag mit dem Größerwerden der Nestlinge und dem damit weniger schnellen Auskühlen zusammenhängen. Der Wärmetrieb der Mutter erlischt etwa 8–9 Tage nach dem Schlüpfen ungeachtet der Entwicklungsstufe der Jungen. Bis zu diesem Zeitpunkt bestimmen die Nestlinge durch ihr von der Körpertemperatur abhängiges Verhalten den Zeitpunkt des Abfluges und damit die Länge der Zeit, die die Mutter auf dem Nest verweilt. Bei kalter Witterung ist der Nachwuchs bei Rückkehr der Mutter oft stark ausgekühlt, sie sperren nicht. Die Mutter setzt sich dann auf das Nest, um sie zu wärmen. Später holt sie die Fütterung nicht etwa nach, sondern fliegt erneut auf Futtersuche. Bleibt das Wetter weiterhin kühl und sperren die Jungen wegen Auskühlung nicht, werden sie von der Mutter zwangsgestopft.

In den ersten Lebenstagen trägt die Mutter die Kotballen der Jungen fort, vom 4.–5. Tag an spritzen die Jungen den von einem Schleimballen eingehüllten Kot bis 40 cm weit über den Nestrand. Nach einiger Zeit bedecken die ausgetrockneten Kotballen die benachbarten Blätter.

Obwohl die Brutpflege die alleinige Aufgabe des Weibchens ist, findet man in der Literatur hin und wieder Hinweise auf eine Mithilfe der Männchen. So beschreiben MOORE (1947) und SCHÄFER (1954) Brut und Jungenaufzucht bei *Colibri coruscans* durch Männchen. Hierbei bleibt noch zu erwähnen, daß WAGNER die Darstellung MOORES zeit seines Lebens aufgrund seiner Kenntnisse der Umstände angezweifelt hat. Nach Angaben von SCHÄFER fotografierte dieser ein Männchen auf dem Nest und beim Füttern der Jungen. Auch hier sind bei dieser nicht geschlechtsdimorphen Art Zweifel an der Aussage angebracht. Neuere Beobachtungen im Freiland und auch die eigenen im Zoo konnten die Beobachtungen von MOORE und SCHÄFER nicht bestätigen.

Wenig beachtete Beobachtungen vom Brüten des Männchens von *Archilochus colubris* (WALTER 1935) und von *Selasphorus rufus* (BAILEY 1927) sind ebenfalls nie bestätigt worden. Auch die Beteiligung von Männchen der Arten *Glaucis* und *Phaethornis* erscheint wegen der äußerst geringen Geschlechtsunterschiede fragwürdig. Es ist in diesem Zusammenhang noch interessant, daß DAVIS (1955) bei den Männchen der Art *Eupetomena macruora* Brutflecken fand, WAGNER (1955) stellt hingegen fest, daß Kolibris keine Brutflecken haben.

Interessant erscheinen auch die Beobachtungen von WAGNER (1959) an einem *Hylocharis leucotis*-Weibchen, das neben einem Nestling einen bereits flüggen Vogel führte. Einige Beobachtungen in Menschenobhut deuten darauf hin, daß die Adoption von fremden Jungtieren bei Kolibris vorkommt.

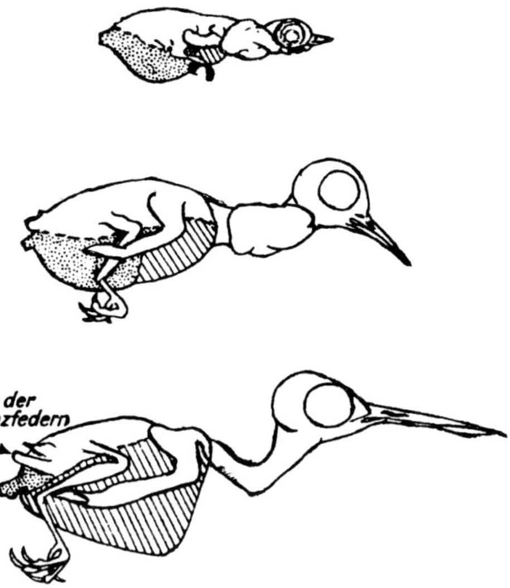

Abb. 30. Wachstum des Brustbeines bei jungen *Hylocharis leucotis*. Oben drei Tage alt, mitte 17 Tage alt, unten ausgewachsenes Männchen. Nach H. O. WAGNER

Nach SKUTCH (1972) und SNOW (1973) übernehmen die Männchen von *Glaucis hirsuta* und *aenea* zumindest eine Wächterfunktion im Nestbereich. Dieses Verhalten steht im Gegensatz zu allen anderen Kolibriarten. Aus den gelegentlichen Nestkontrollen der Männchen wird eine stärkere Brutbeteiligung vermutet.

13.11 Wachstum der Nestlinge

Wie die Brutzeit, so ist auch die Nestlingszeit variabel. Die Entwicklungsdauer bis zum Ausfliegen hängt von der Jahreszeit und somit von der Tagesdauer sowie von der Witterung und damit dem Nahrungsangebot ab. Die Nestlingszeit dauert in der Regel drei Wochen. Der in Alaska während der sonnigen langen Sommertage brütende *Selasphorus rufus* fliegt bereits nach 14 Tagen aus, während schlechtes Wetter bei den in den amerikanischen Hochgebirgen brütenden Kolibris die Nestlingszeit bis zu 28 Tagen verlängert.

Bei den eben geschlüpften Kolibris ist das Verhältnis Kopf–Rumpf stark zugunsten des ersten verschoben. Die Augen nehmen den größten Teil des Kopfes ein. Der meist helle Schnabel ist kurz und breit und hat die Form eines gleichschenkligen Dreiecks (H. O. WAGNER). Die Flügel sind sehr klein und die dunkleren Beine mit hellen Füßen gut entwickelt. Zwei Reihen von je 7–9 Fadendunen laufen längs über den Rücken. Bereits nach drei Tagen haben sich die Verhältnisse der einzelnen Körperteile verschoben. Während die Augen nicht wachsen, treten sie am Kopf weniger stark hervor. Am Bürzel sind die Ansatzstellen der Steuerfedern zu erkennen. Zwischen dem 4. und 5. Tag beginnen die Flügel zuerst langsam, dann schneller an Größe zuzunehmen. Die ersten Blutkiele zeigen sich am 7. Tag. Vom 9. bis 12. Tag erfährt der Schädel eine bedeutende Umwandlung. Die Augen sind in das Innere der

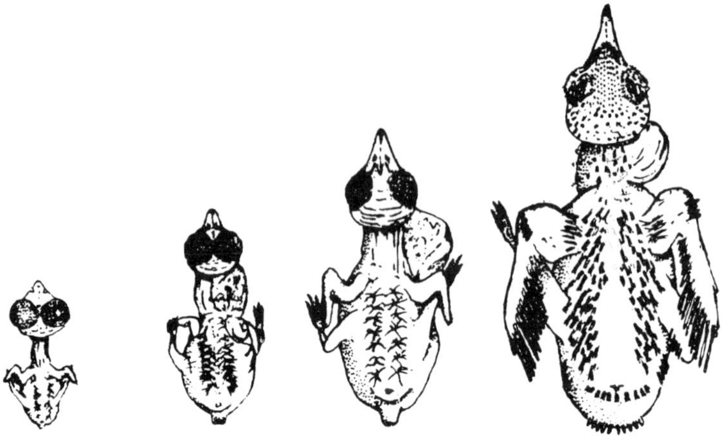

Abb. 31. Junge *Lampornis clemenciae,* 1, 3, 6 und 12 Tage alt, nat. Größe. Nach H. O. WAGNER

Schädelkapsel verlagert, der Schnabel beginnt sich zu strecken, die Augenlider sind schwach geöffnet. Die Befiederung des Körpers ist nahezu abgeschlossen.

Vier bis fünf Tage vor dem Ausfliegen, beginnen die Jungen ihre Flugmuskulatur zu üben. Sich auf der Nestunterlage festkrallend, schwirren sie von Tag zu Tag eifriger auf der Stelle. Die elastische Nestwandung, die sich entsprechend dem Wachstum der Jungen weitet, reißt, und sie sitzen auf den formlosen Resten. H. O. WAGNER beobachtete, daß die Mutter nach dem Abfliegen des ersten Jungen das zweite im Nest nicht mehr füttert, wohl um sein Ausfliegen zu beschleunigen. Jedes Junge geht nach dem Ausfliegen seinen eigenen Weg. Mutter und Junge, die während der Nestzeit so gut wie stumm waren, finden sich nun stimmlich. Noch einige Zeit werden die Jungen von der Mutter gefüttert, dabei streifen beide nach der vollendeten Fütterung ihre Schnäbel am Sitzast ab, um sie zu reinigen.

H. O. WAGNER beschreibt, daß junge Weißohrkolibris, die vor sechs Stunden ausflogen, bereits zielstrebig Nahrung in den Blüten suchten. Nach Beendigung dieser stationären Phase im Leben der Kolibris trennen sich Geschwister und Mutter, die diese wohl nicht länger als 2–4 Tage füttert. Der allergrößte Teil der Kolibri-Literatur wurde über diese Phase geschrieben, und es sei zum Schluß erwähnt, daß bislang nur zwei Autoren eine gemeinsame Brutpflege gesehen und beobachtet haben, eine Fülle anderer Beobachtungen an den gleichen Arten sprechen allerdings dagegen. So kann sicher die alleinige Aufzucht der Jungen durch das Weibchen zur allgemeinen Regel bei Kolibris erhoben werden.

14. Mauser

Allgemein findet die Mauser bei Vögeln im Anschluß an die Fortpflanzungszeit statt. Auch bei Kolibris schließen mittels hormonaler Regulierung Brut und Federwechsel einander aus, wobei die Mauser der Brut untergeordnet ist. Die Brutzeit wiederum ist bei Kolibris von einem exogenen Faktor, dem Klima, abhängig. Kolibris sind mit ihrer Fortpflanzung an keine Jahreszeit gebunden. Sobald die Verhältnisse es erlauben, brüten sie. In Jahren mit besonders günstigen Umweltbedingungen brüten sie pausenlos, so daß die Mauser unterdrückt wird (H. O. WAGNER). Im extrem schlechten Sommer 1971 konnte ich in den die Hauptstadt Mexiko D. F. umgebenden Gebirgen die Feststellung machen, daß die Brut wegen zu schlechter Witterung ausfiel und die hier brütenden Kolibris mauserten.

Zu dieser allgemeinen Einführung muß allerdings gesagt werden, daß wir über die Mauserzeiten der Kolibris bislang nur bei wenigen Arten genauer informiert sind. Zur Mauser der adulten Tiere sagen E. u. V. STRESEMANN: „Vermutlich erneuern alle adulten Kolibris ihr Gefieder erst, wenn sie etwa ein Jahr lang getragen haben.“ Die beiden Autoren, die im übrigen die von H. O: WAGNER gesammelten Unterlagen unberücksichtigt ließen, haben nur von 10 Kolibriarten Material beschrieben. H. O. WAGNER berücksichtigt in seiner Zuammenstellung 20 Arten. Angesichts von 327 Arten erkennt man unser ganz geringes Wissen.

Bei den Kolibris fallen die Hand- und Armschwingen in einer charakteristischen Reihenfolge aus, die mit der einzigartigen Technik des Schwirrfluges und der Konstruktion des Flügels zusammenhängen. Die Handschwingen werden von innen nach außen (descendent) erneuert, dabei fallen die Federn 1–8 sehr rasch hintereinander aus. Wenn 8 halblang herangewachsen ist, fällt 10 heraus. Erst wenn 10 fertig ist, fällt 9 aus. Über die Mauser der Armschwingen schreiben E. und V. STRESEMANN, daß diese mit 6 beginnt, der 1 bald folgt. Der Vorgang beginnt frühestens bei wachsender Handschwinge 3, meist aber erst viel später, und rückt von Armschwinge 6 und 1 zur Mitte zu der Reihe nach vor. Die Armschwinge 4 wird zuletzt erneuert und pflegt erst bei wachsender Handschwinge 9 fertig zu sein. Die Steuerfedern werden zentrifugal gemausert, jedoch fällt 5 vor 4 aus. Die Kleingefiedermauser beginnt auf Brust und Rücken etwa gleichzeitig mit dem Ausfall der Steuerfedern, wobei sie sich kopf- und schwanzwärts ausdehnt. Die Dauer der Mauser beträgt 60–80 Tage, einige Autoren geben aber auch noch längere Zeiten an. Bei gekäfigten Tieren dauert die Mauser nach meinen Aufzeichnungen 2,5 Monate.

Die ziehenden Arten *Archilochus colubris* und *Selasphorus rufus*, deren Winterquartier in Mittelamerika liegt, mausern erst hier, und zwar sowohl junge wie auch adulte Tiere (DICKEY u. VAN ROSSEM, BENT). Die ebenfalls nordamerikanische Art *Calypte anna* ist z. T. Zugvogel, die Tiere Kaliforniens verbleiben aber das ganze Jahr hier. Für diese Tiere gibt WILLIAMSON eine Mauserzeit von 3–3,5 Monaten für das Männchen und von 3 Monaten für das Weibchen an. Die Jugendmauser beginnt, wenn der Kolibri mindestens zwei bis drei Monate flügge ist.

Bei *Hylocharis leucotis* hat H. O. WAGNER verschiedene Mauserzeiten in verschiedenen Verbreitungsgebieten festgestellt. Von *Eugenes fulgens* stellte er fest, daß sie trotz der durch die Mauser herabgesetzten Flugtüchtigkeit wandern. Mausernde Kolibris verweilen länger als sonst auf ihren Warten oder im dichten Gestrüpp.

Überraschend war, daß die von mir im Sommer 1971 (s. o.) gefangenen Kolibris, die nicht gebrütet haben, nach dieser nicht stattgefundenen Brut trotzdem mauserten. Es ist anzunehmen, daß hier zweimal im Jahr gemausert wurde, und zwar nur im Abstand von einigen Monaten.

Von *Heliomaster squamosus, Thaumastura cora* und *Calliphlox amethystin* wird berichtet, daß diese vor der Fortpflanzungsperiode in ein Prachtkleid mausern.

Es sei hier noch erwähnt, daß Kolibris durch eine Schreckmauser ihre gesamten Steuerfedern verlieren können. Solche Exemplare sind nur etwa eine halbe Stunde bei ihren Flugmanövern etwas behindert, dann haben sie sich an diesen Zustand gewöhnt. Diese Beobachtungen machte ich sowohl an gekäfigten als auch freilebenden Tieren.

Beobachtungen bei in Menschenobhut gehaltenen Kolibris haben gezeigt, daß selbst völlig abgeflogene Stücke ausgiebig baden. Dabei verlieren sie völlig ihre Flugeigenschaft und sitzen bis zur endgültigen Trocknung ihres Gefieders auf dem Boden. Von H. O. Wagner sind wir über das oft völlig verschlissene Gefieder speziell von Kolibriweibchen informiert.

15. Schlaf

Mit Ausnahme der beschriebenen Sonderfälle des Bauens von Schlafnestern und des Kontaktschlafens ruhen Kolibris meist einzeln. Für diese Nachtruhe suchen sie einen bestimmten geschützten Platz auf, den sie während der dauernden Anwesenheit im Revier auch allnächtlich benutzen. Brütende Weibchen schlafen während der Bebrütung der Eier bis zur Beendigung der Huderphase auf dem Nest. Danach ruhen die Weibchen des Nachts dicht neben dem Nest. Bei den ausgeflogenen Jungen, die nicht wieder ins Nest zurückkehren, ist über einen langen Zeitraum Kontaktschlafen zu beobachten.

Beim Schlafen nehmen die Kolibris eine Schlafstellung ein. Dabei sitzen sie auf einem Ästchen, das Gefieder gesträubt, den Schnabel etwas nach oben gerichtet. Die immer wieder auftauchende Bemerkung, einzelne Kolibriarten würden sich zum Schlafen mit dem Kopf nach unten aufhängen, entbehrt jeder Grundlage. Einige Hochgebirgsarten suchen für die Nachtruhe geschützte Höhlen auf. Auch am Boden, im Schutz von Baumwurzeln, sind schlafende Kolibris gefunden worden.

16. Wanderungen

Es mag erstaunlich klingen, daß selbst so fragile Geschöpfe wie Kolibris Langstreckenzieher sind. Der kleinste Vogel im Osten der USA, *Archilochus colubris,* brütet östlich der Rocky Mountains bis nach Kanada, von Saskatchewan bis zum Golf von St. Lawrence. Seine Überwinterungsgebiete liegen vorwiegend in Mexiko. Zwischen Brut- und Wintergebiet erstrecken sich rund 4000 Kilometer. Je nach Zugroute müssen die Vögel hundert Kilometer im Non-stop-Flug ziehen. So zum Beispiel über den Golf von Mexiko zur Halbinsel Yucatan mit einer Minimaldistanz von rund 800 Kilometern oder bis zu knapp 1000 Kilometern zur weiter westlich gelegenen Küste von Mexiko.

Abb. 32. Auf dem Weg von ihren Brutgebieten (punktiert) zu den in Mittelamerika liegenden Überwinterungsgebieten (schraffiert) überqueren die *Archilochus colubris* den Golf von Mexiko nonstop.

Noch drei weitere Arten haben ein Verbreitungsgebiet, das bis nach Kanada reicht, und eine Art lebt sogar in Alaska. *Stellula calliope* und *Archilochus alexandri,* die beide nordwärts bis British Columbia brüten, ziehen nach Mexiko, überwintern aber teilweise in Kalifornien. *Selasphorus rufus,* der bis Alaska hinauf brütet, zieht nach Mexiko, während *Selasphorus platycercus,* ein Brutvogel der westlichen USA, noch weiter südlich in das Winterquartier zieht. Auch alle übrigen kleinen Kolibriarten der USA ziehen sich beim Verwelken der Blumen nach Süden zurück, und ziehen im Frühling beim Öffnen der Blütenkelche wieder nach Norden in die Brutgebiete.

WAGNER (1945) stellte fest, daß von der Art *Colibri thalassinus* einige Männchen den Winter über im Hochtal von Mexiko bleiben, während die Weibchen, die Jungvögel und der Rest der Männchen nach Süden, nach Mittelamerika ziehen. Die in USA brütenden Populationen von *Lampornis clemenciae* sind Zugvögel, während die mexikanischen Vögel zum Teil im Brutgebiet verbleiben. Dies trifft auch für *Eugenes fulgens* zu.

Während die Wanderungen der Kolibris des nordamerikanischen Subkontinents relativ gut untersucht sind, fehlen derartige Aufzeichnungen für den Rest des Verbreitungsgebietes

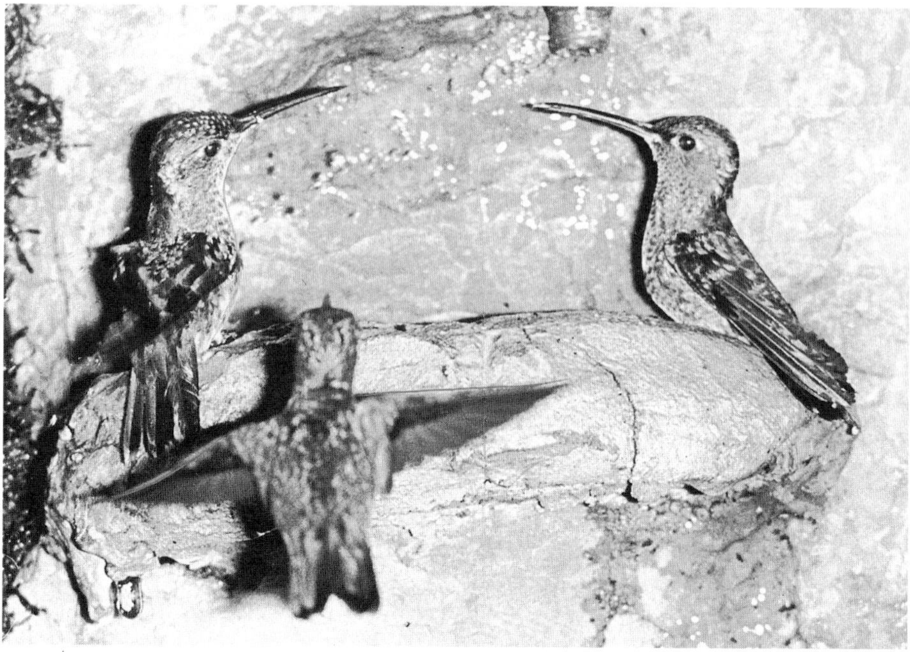

Abb. 33. Beim Baden an Wasserstellen wird die sonst sehr streng respektierte Individualdistanz verringert. Aufn. POLEY

Abb. 34. *Aglaeactis cupripennis* badet in einer Wasserpfütze, wobei gleichzeitig Wasser getrunken wird. Aufn. POLEY

Abb. 35. Im Spritzwasser badende *Amazilia franciae,* die dabei eine an den balzenden Auerhahn erinnernde Haltung einnimmt, diese ist häufig bei alten Stopfpräparaten zu sehen. Aufn. POLEY

Abb. 36. Kolibri badet in einem Springbrunnen. Aufn. POLEY

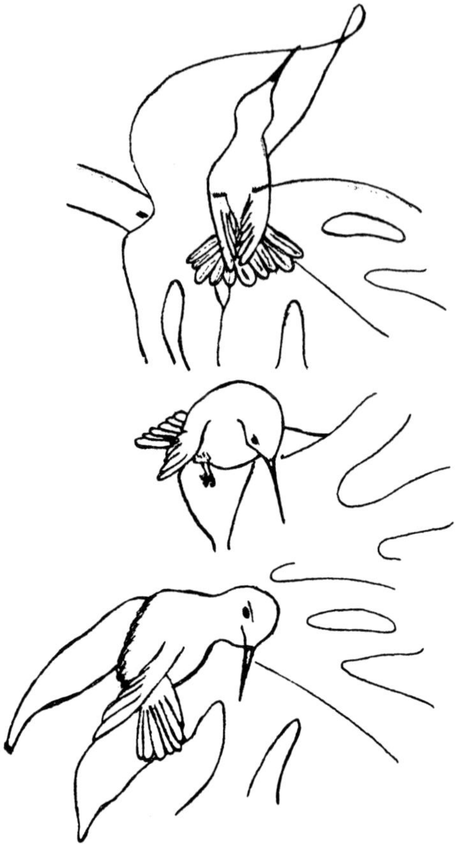

Abb. 37. Beim Baden auf nassen Blättern dient den Kolibris der Schwanz als Stütze, der Vogel rutscht auf dem Blatt hin und her, wobei beide Körperseiten nacheinander abgerieben werden.

fast völlig. Lediglich *Sephanoides sephanoides,* der in Chile bis Tierra del Fuega brütet, zieht während der kalten Monate nach Norden.

Im Gegensatz zu vielen anderen Vögeln ziehen Kolibris einzeln und nicht in Scharen. Außerdem scheint es so, als ob die Geschlechter im Gebirge in unterschiedlichen Höhen ziehen.

17. Körperpflege

Die Körperbedeckung eines Vogels mit seinen hochentwickelten Federn muß täglich intensiv gepflegt werden, soll sie ihren Zweck erfüllen. Das Gefieder, insbesondere Schwung- und Steuerfedern müssen ständig in tadelloser Verfassung sein. Das trifft in besonderem Maße für die Kolibris zu, die täglich „auf den Flügeln“ sein müssen, da ihre schwachen Füßchen nicht zum Laufen taugen.

Abb. 38. Baden von Kolibris im Regen

17.1 Baden

Kolibris sind sehr badefreudige Vögel, die im nassen Laub, auf feuchten Steinen, in Wasserfällen und sogar auf größeren Wasserflächen baden. Auch bei beginnendem Regen beobachtete ich sehr häufig badende Vögel. Im Gegensatz zu anderen Vögeln schlüpfen oder schwirren Kolibris nicht durch das nasse Laub, sondern wälzen sich geradezu auf einigen nassen Blättern. Dabei halten sie sich mit den kleinen, aber scharfen Krallen fest, wobei der gespreizte Schwanz und die ausgebreiteten Flügel eine Stützfunktion haben. Bei Regen (Abb. 38) nehmen Kolibris eine charakteristische Regenbadehaltung ein. Dabei wird der Schwanz gespreizt hochgehalten, die Flügel entweder zur Seite oder nach oben abgestellt und der Rücken wie bei alten Stopfpräparaten (Auerhahnstellung) durchgedrückt und eingesenkt (s. Abb. 35). Beim Baden trinken Kolibris ziemlich regelmäßig Wasser von der jeweiligen Unterlage ab (s. Abb. 34).

17.2 Trocknen und Einfetten des Gefieders

Nach dem Bad trocknen Kolibris ihr Gefieder auf einem sonnigen Ast, wobei sie den Sonnenstrahlen die gesträubten Federpartien hinhalten (s. Abb. 40). Kolibris

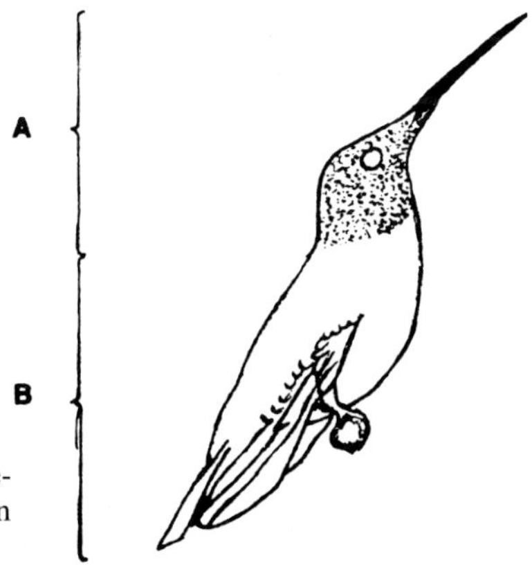

Abb. 39. Putzregionen: A Bereich des Fußputzens, B Bereich des Schnabelputzens, Schnabel und Kehle werden zusätzlich an nassen Ästen oder dgl. abgestreift

Abb. 40. Nach dem Baden und Putzen trocknen die Kolibris ihre Gefieder in der Sonne bzw. in menschlicher Obhut unter einer Wärmelampe. Aufn. POLEY

haben eine relativ große und funktionsfähige Bürzeldrüse. Sofort nach dem Baden wird speziell das Großgefieder sorgfältig eingefettet. Nach der Pflege von 2–3 Schwung- oder Steuerfedern wird mit dem Schnabel erneut Fett aus der Bürzeldrüse gedrückt. Ist das Großgefieder mit Sekret versorgt, kommt das Kleingefieder an die Reihe. Die sorgfältige Pflege und Einfettung des Gefieders wird nach jedem Bad durchgeführt.

17.3 Putzen

Gefieder, Schnabel und Füße werden unterschiedlich häufig und oft nur im Anschluß an bestimmte Verhaltensweisen wie Baden, Trinken usw. geputzt. Das Gefieder wird mit Schnabel und Krallen gepflegt (Abb. 39). Dabei werden Kopfgefieder, Nacken- und Kehlfedern mit den Füßen, das übrige Federkleid mit dem Schnabel gepflegt. Die Kehle wird oft zusätzlich noch an nassen Ästen oder Blättern abgerieben.

Kolibris kratzen sich überwiegend „hinten herum", dabei neigen sie den Kopf den sehr kurzen Beinen entgegen (Abb. 41 b und c). Die drei nach vorn gerichteten Krallen werden dabei eng zusammengelegt, so daß sie wie die Zinken eines Kammes wirken. Die Hinterkralle steht dabei funktionslos ab. Bei einigen Individuen beobachtete ich auch ein „Vornherumkratzen" (Abb. 41 d und e), sogar im Flug. Sehr

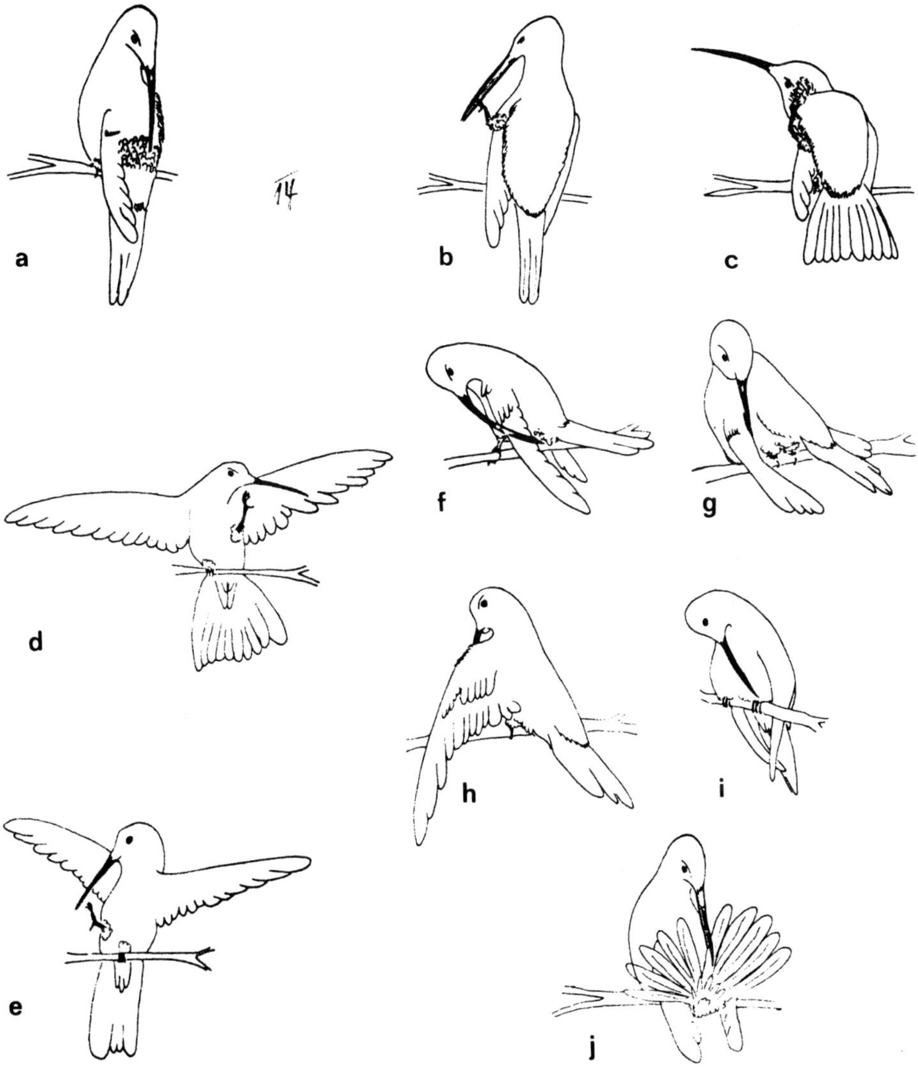

Abb. 41a. Der Beginn der Putzhandlung wird immer durch Stochern im Bürzelgefieder eingeleitet, Kolibris haben eine wohlausgebildete Bürzeldrüse; „Hintenherumkratzen" von Schnabel (b) und Kopf (c); d und e „Vornherumkratzen"; f bis g Putzen der einzelnen Gefiederregionen mit dem Schnabel

oft putzten sich diese Exemplare auch in der arttypischen Weise, sie beherrschten also beide Verhaltensweisen.

Schwung- und Steuerfedern werden mit dem Schnabel geputzt, wobei jede einzelne Feder durch den Schnabel gezogen wird (Abb. 41 f bis j). Die Steuerfedern langschwänziger Arten *(Aglaiocercus, Ocreatus)* sind besonders elastisch und können vom Vogel fast einmal um sich selbst herum gezogen werden.

Den Schnabel putzt der Kolibri je nach vorangegangener Verhaltensweise verschieden. Beim Putzen und Ordnen des Gefieders bleiben kleine Partikel wie Hautschuppen o. ä. am Schnabel hängen und werden durch Kratzen mit den Füßchen entfernt. Die Gefiederpflege wird deshalb immer durch Schnabelkratzen unterbrochen. Die am häufigsten zu beobachtende Putzhandlung ist das Abstreifen des Schnabels nach der Futteraufnahme am Sitzast. Beobachtungen in menschlicher Obhut haben ergeben, daß das Abstreifen des Schnabels nach dem Trinken ein gutes Kriterium für die Sättigung des Vogels ist. Auffallend ist, wie stark betont und langsam diese Verhaltensweise abläuft, wo doch sonst jede Lebensäußerung der flinken Tiere sehr rasch vonstatten geht.

17.4 Komfortbewegungen

Die Komfortbewegungen i. e. S. bleiben bei Kolibris ausschließlich auf das Strecken der Flügel, das Sichflügeln beschränkt. Die Streckbewegungen der Flügel laufen in

Abb. 42. Einseitiges Flügeldehnen. Aufn. POLEY

Abb. 43. Beidseitiges Flügeldehnen. Aufn. POLEY

einer bestimmten Reihenfolge ab: zuerst werden die Flügel einzeln zur Seite gedehnt (s. Abb. 42). Eine Unterstützung durch das jeweilige Bein wie bei anderen Vögeln, die Flügel und Bein einer Körperseite gleichzeitig strecken, konnte nie beobachtet werden. Anschließend werden beide Flügel gleichzeitig und unter Vorbeugen des Kopfes nach oben gestreckt (s. Abb. 43). Als einen Ersatz für das fehlende Strecken der Beine, das aus Gleichgewichtsgründen mit den schwachen Beinchen nicht ausgeführt werden kann, beobachtete ich ein schnelles krampfhaftes Einziehen des Fußes in das Bauchgefieder. Nur bei *Boissonneaua* und *Aglaeactis* habe ich das Sitzen auf einem Bein beobachtet.

18. Agressives und kommunales Verhalten

18.1 Aggressionsverhalten

Als roter Faden ziehen sich durch nahezu alle Kolibri-Literatur die Berichte über die große Streitlust und Aggressivität dieser Vögel, als Ausnahme dürfen die Veröffentlichungen von SKUTCH und H. O. WAGNER angesehen werden. Unterstützt wird dieses Bild hemmungsloser Rauflust noch durch Volierenbeobachtungen, die auch nicht anders zu deuten waren als aggressives Verhalten. Doch ist diese Streitsucht, die man vielleicht vorerst besser als Unverträglichkeit bezeichnen sollte, biologisch

Abb. 44. Ein miteinander kämpfendes Paar *Aglaeactis cupripennis*. Aufn. POLEY

sinnvoll. Ein blühender Baum, ein Garten voller Blumen oder ein Wegrain mit Blüten produzieren nur eine gewisse Menge Nektar, die eben auch nur für eine gewisse Anzahl von Tieren ausreicht. Deshalb ist es für das Einzeltier wichtig, ein gutes Nahrungsrevier gegen andere Kolibris zu verteidigen. Und wenn man weiß, daß 7500 Fuchsienblüten gerade genügend Nektar produzieren, um einen Kolibri zu sättigen, erhält man einen Eindruck davon, wie groß diese Nahrungsreviere sein müssen. Einzig und allein die Nahrung bzw. das Nahrungsrevier wird von Kolibris gegen Artgenossen verteidigt. Selbst am Brutplatz, am Nest, werden keine aggressiven Handlungen gegenüber anderen Kolibris beobachtet (H. O. WAGNER).

Langjährige Beobachtungen an gekäfigten Tieren haben aggressive Verhaltensweisen erkennen lassen, deren lückenlose Protokollierung im Freiland bei diesen flinken Vögeln, die sich im Nu dem Blick entziehen, unmöglich ist oder aber zu Fehldeutungen führt (POLEY über RISING).

Im Freileben der Kolibris signalisiert das Fluggeräusch das Nahen eines Tieres. Sowohl der Revierinhaber als auch der Reviereindringling antworten mit einer situationstypischen Verhaltensweise auf dieses Flugeräusch. Der Eindringling flüchtet beim Nahen des Verteidigers entweder in ein nahes Gebüsch, um sich hier zu verbergen, oder beim Fehlen von solchen Versteckmöglichkeiten in nächster Nähe zuerst hoch in die Luft und dann im raschen Flug zum Waldrand, zu Gebüschen, Bäumen o. ä.

Abb. 45. Anflug eines *Colibri coruscans* auf einen besetzten Ast (oben) mit anschließendem Schnabelfechten zwischen den beiden Kontrahenten

Auch in menschlicher Obhut sind beide Verhaltensweisen bei einem Angriff zu beobachten. Wird das Fluggeräusch vom Eindringling ignoriert, ruft der Inhaber rauh und schrill. Wird auch dies nicht verstanden und akzeptiert, greift der Revierinhaber an und beide Vögel wirbeln unter schrillem Zetern ineinander verhakt zu Boden. Allerdings werden solche Kämpfe im Freiland äußerst selten beobachtet. Über die Möglichkeiten, einem anderen die eigene Aggressivität zu zeigen, gaben erst eingehende Volierenbeobachtungen Aufschluß.

Das Hauptausdrucksmittel bei Kolibris ist der Schwanz. Als Regel kann dabei gelten: zusammengelegter Schwanz drückt Friedfertigkeit, gespreizter Aggression aus. Flüchtet ein Kolibri mit zusammengelegtem Schwanz, wird er in der Regel vom Verfolger in Ruhe gelassen. Versuche mit zwei ungleich starken Tieren in einer dekkungslosen Voliere mit nur einer Futterstelle haben gezeigt, daß das Zusammenfalten des Schwanzes als Zeichen der Friedfertigkeit respektiert wird.

Eine im Anschluß an die Flucht gezeigte Versteck- oder Verbergereaktion des Verfolgten hat den Sinn, sich den Blicken des Verfolgers zu entziehen. Der Kolibri setzt sich dabei in den Schatten der Blätter und präsentiert dem Verfolger seinen Rücken, wobei er sich gleichzeitig ganz schlank und steif hinsetzt. Da die Mehrzahl

Abb. 46. Luftkampf zwischen zwei *Colibri coruscans*

Abb. 47. Kampfverhalten bei *Damophila juliae*

Abb. 48. Rolle rückwärts bei der Gattung *Amazilia*

der Kolibris im Rückengefieder grüne Farben zeigt, erhöhen diese den Tarneffekt inmitten des Laubes ungemein, sie sind dann von einem Blatt kaum zu unterscheiden. Braunrückige Arten wie z. B. *Selasphorus rufus* wirken in dieser Haltung wie ein welkes Blatt.

Wird ein solcher Kolibri trotzdem von seinem Verfolger entdeckt, bietet die Demutshaltung einen weiteren Schutz vor einer aggressiven Handlung. Dabei duckt sich der Angegriffene auf den Ast, läßt den Kopf und Schwanz hängen und rührt sich dabei nicht (Abb. 49). Der Angreifer läßt dann in jedem Fall von ihm ab.

Abb. 49. Demutshaltung bei *Colibri coruscans*

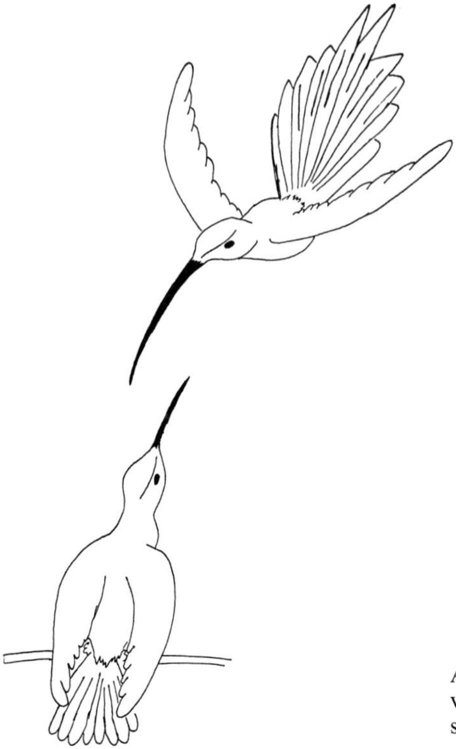

Abb. 50. Anflug von *Phaethornis yaruqui* (Drohverhalten) an einen von *Amazilia franciae* besetzten Ast

Neben Schwanz und Flügeln (Sitzdrohen) sind abspreizbare Federpartien als Ausdrucksmittel der Aggression ausgebildet. So weisen die Arten der Gattungen *Colibri* und *Heliothryx* abspreizbare blaue Federohren auf, die beim Drohen seitlich abgestellt werden (Abb. 51). Von der Art *Colibri coruscans* sind bislang auch die einzigen Kommentkämpfe bekannt. Viele andere Arten haben vornehmlich an Kopf und Hals solche „flexible Abzeichen", die bei der Balz abgespreizt werden. Leider sind von diesen Arten Kämpfe noch nicht beschrieben worden. Nur bei in menschlicher Obhut gehaltenen Männchen der Arten *Calypte anna* und *Selasphorus rufus* habe ich ein Abspreizen des Halsschildes bei aggressiver Haltung beobachtet.

Besonders prächtig und leuchtend gefärbte Weibchen sind grundsätzlich aggressiver als schlichter gefärbte. Als Sonderform darf die bei der Haltung mehrfach beobachtete elegante und äußerst wirksame Angriffsform gelten, die zwei Weibchen von *Damophila juliae* zeigten. Das eine Weibchen stürzte auf das ruhig auf einem Ast sitzende andere und setzte sich sofort auf den ihm entgegengereckten Schnabel (Abb. 47). In dieser Stellung umfaßten seine Krallen den Schnabel des angegriffenen Weibchens, das in dieser Situation völlig hilflos war. Durch das Gewicht des Angreifers auf den Schnabel wurde der Kopf nach unten gedrückt, dem

Abb. 51. Miteinander kämpfende *Colibri coruscans,* ein Tier hat die Federohren abgestellt. Aufn. POLEY

Absinken wirkte das angreifende Weibchen durch Schwirren entgegen. Dabei stach es mit seinem Schnabel immer in den Rücken des wehrlosen Weibchens. Dieses brachte es schließlich fertig, eine halbe Rolle rückwärts um den Ast zu machen. Dadurch trennten sich die beiden, und ein Luftkampf begann. Das Männchen zeigte dieses Verhalten nie, wurde aber auch nie in dieser Form angegriffen.

Eine eng mit *Damophila juliae* verwandte Art, *Thalurania glaucopis,* zeigte größeren Kolibris gegenüber ebenfalls dieses Angriffsverhalten. Eigenartigerweise handelte es sich wieder um Weibchen. Allerdings waren die Angegriffenen stärker als der Angreifer und beendeten diesen Zustand durch Auffliegen. Doch ist nicht jedes „sich auf den Schnabel des anderen setzen“ eine aggressive Handlung, häufig wird der hochgereckte Schnabel größerer Kolibris von kleineren Arten als Sitzast angesehen. Dösen nun gerade die größeren Arten, so können sich die kleineren Kolibris bis zu mehreren Sekunden auf dem Schnabel halten.

Sowohl in Freiheit als auch bei der Haltung in menschlicher Obhut ist eine „Rangordnung“ der einzelnen Arten meist nach Größe festzustellen. Auf die „Rangordnung“ unter Volierenbedingungen wird im Kapitel über die Pflege und Haltung der Kolibris noch eingegangen. Es sei hier nur die interessante Ordnung der Stärke einzelner Arten aus einem eng begrenzten Biotop des mexikanischen Nationalparks „Desierto de los Leones“ angeführt, die ich über mehrere Wochen nahezu lückenlos protokollieren konnte.

Bei fast allen aggressiven Verhaltensweisen, die ich bei Kolibris im Zoo und in Volieren beobachtet habe, konnte ich das eigentlich Auslösende des Kampfes erkennen. Es handelte sich stets um eine Vertreibung eines Tieres aus dem Revier, vom Futterröhrchen oder von der Badestelle. Die quantitative Häufigkeit der Luftgefechte gegenüber den Sitzgefechten ist einmal bedingt durch die extreme Anpassung des Kolibris an den Luftraum und zum anderen durch die große Individualdistanz. Die am häufigsten beobachtete Verhaltensweise in Freiheit ist die Luftaggression. Ob es

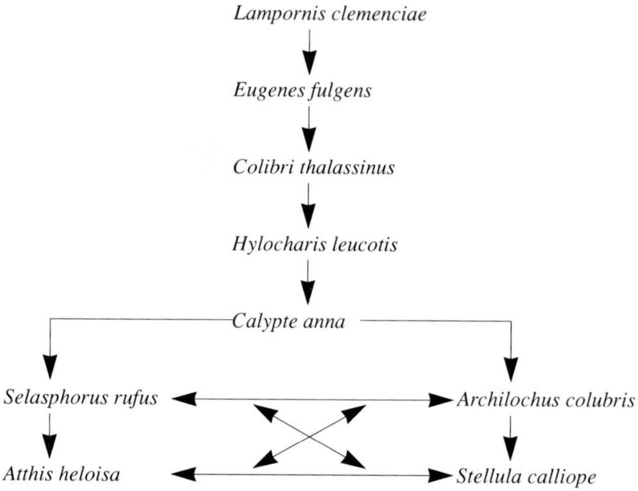

sich bei den Sitzgefechten nur um ein haltungsbedingtes Verhalten handelt, kann nicht eindeutig ausgesagt werden. Bislang hat noch niemand dieses Verhalten in Freiheit beobachtet.

Allgemeingültige Aussagen über das Territorialverhalten der Kolibris sind nicht zu machen. So werden Nahrungsterritorien nicht von allen Arten verteidigt. Boyden (1978) beobachtete, wie bei der Revierverteidigung von *Amazilia tzacatl* nicht nur Kolibris, sondern auch große Bienen und Schmetterlinge vertrieben wurden (Nahrungskonkurrenz!). Von *Oreotrochilus estella* ist bekannt, daß die Weibchen Nahrungs- und Nestterritorien verteidigen, die Männchen scheinen nicht territorial zu sein. Calder und Wagner wiesen nach, daß Nestterritorien oft Jahr für Jahr bestehen und verteidigt werden. *Selasphorus rufus* besetzt während des Zuges in das Winterquartier Nahrungsterritorien, bis er das erforderliche Gewicht erreicht hat.

Besonders aufschlußreich war das aggressive Verhalten von *Colibri coruscans,* dessen Fortpflanzungsverhalten über mehrere Jahre in der Forschungsstation des Heidelberger Zoos beobachtet werden konnte. In dieser Zeit wurde nur ein einziges Mal ein langer verbissener Kampf zwischen zwei Weibchen beobachtet – an diesem Tag war ein Junges ausgeflogen. Macht das Junge seine ersten Flugversuche, wird es von der Mutter begleitet; sie umfliegt das Jungtier und singt dabei leise. Bei diesen ersten Ausflügen wird das Jungtier nur begleitet, nicht aber vom Weibchen gelockt. Dabei scheinen sich Jungtier und Mutter persönlich an der Stimme zu erkennen. Bei *Colibri delphinae* drückt das Weibchen die Jungen von oben fliegend in die Vegetation, was wie Kampf aussieht, aber keiner ist.

Recht interessant sind die Relationen des aggressiven Verhaltens zwischen Weibchen und dem Jungtier bei *Colibri coruscans,* die einem gewissen Reifungsprozeß unterworfen sind. Im Alter von 26 Tagen stecken beispielsweise die abstellbaren blauen Federohren noch in den Kielen, das Verhalten des Jungtieres bei Angriffen ist ausgesprochen unterwürfig. Sind dann im Alter von 31 Tagen die Kiele geplatzt, werden die Federohren in aggressiver Stimmung abgestellt, erlischt auch der Futtertrieb des Weibchens. Dabei sieht es so aus, als ob die Mütter von Ästlingen das Verhalten ihrer Jungen studieren, indem sie singend um das Jungtier herumfliegen, was sie am 28. und 29. Tag tun. Am 30 Lebenstag werden die Jungen von der Mutter regelrecht angegriffen. Daraus entstehen Fluggefechte, und die Mutter-Kind-Bindung löst sich auf.

18.2 Soziales Verhalten

Kolibris sind Vögel mit großer Individualdistanz, doch gibt es nicht wenige Gelegenheiten, bei denen diese Distanz ganz oder vollständig verringert wird. Dabei erfolgen agonistische Handlungen nur noch sehr selten oder gar nicht. Während der Abbau der großen Individualdistanz bei Balz, Kopulation und Aufzucht der Jungen biologisch sinnvoll und geradezu selbstverständlich ist, weisen die Gruppenbalz der Männchen verschiedener Arten, Spielflüge und „Koloniebrüten" darauf hin, daß gewisse soziale Relikte bei den Kolibris noch vorhanden sind.

18.2.1 Spielflüge

Spielflüge sind bei Kolibris häufiger als bislang angenommen wurde. Zu dieser Erkenntnis haben zwei ausgezeichnete Kenner der Kolibris entscheidend beigetragen, Skutch und H. O. Wagner, Skutch hat sie wohl als erster richtig gedeutet: „Ich kann nicht sicher entscheiden, ob es die kampfes- oder spielfreudigsten unserer Vögel sind, vermute jedoch das letztere."

An den wilden Jagden beteiligen sich Jungvögel beider Geschlechter, ob der Antrieb zu diesen Spielen frei von geschlechtlichem Antrieb ist, wissen wir nicht. Ebenfalls ist der Anteil der Altvögel ungewiß, da sich die Geschlechter und Altersstufen mancher Art nur schwer unterscheiden. Doch spricht viel für die Annahme, daß an Spielflügen im Brutgebiet einzig und allein die Jungvögel beteiligt sind. H. O. Wagner beschreibt solche Spielflüge (Abb. 52 u. 53) recht anschaulich: „Einzeln, zu zweien und nur ausnahmsweise zu viert sah ich sie Luftkapriolen ausführen. Offensichtlich wirken solche Flugkünste ansteckend auch auf andere Kolibris. Nicht selten sieht man Anghörige verschiedener Arten in überschäumender Lebensfreude ohne böse Absichten gemeinsam durch die Luft eilen. Nichteingeweihte haben daraus bisher stets sehr bestimmt auf große Streitlust der Kolibris geschlossen. Wer länger zusieht

Abb. 52. Spielflug von zwei jungen *Hylocharis leucotis*. Nach H. O. WAGNER

und mehr von ihren Lebensgewohnheiten weiß, wird anderen Sinnes, sobald er sieht, wie die Streitenden sich in einer Ruhepause dicht nebeneinander niederlassen. Auch der meist bald folgende Aufbruch spricht für freundschaftliche Absichten, denn einer schwirrt so lange vor dem anderen, bis dieser ihm folgt. Der Auffordernde ist meist immer wieder der gleiche Vogel, vermutlich der mit dem jeweils stärksten Spieltrieb."

Da die Spielflüge, soweit sie bekannt sind, den Balzflügen gleichen, liegt es natürlich sehr nahe, sie als spielerische Vorstufen der erst später reifenden kompli-

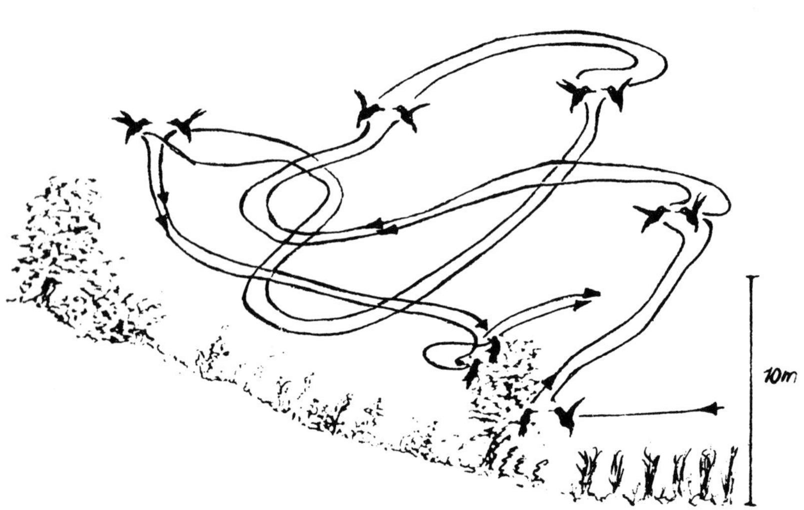

Abb. 53. Ein *Hylocharis leucotis* fordert einen *Atthis heloisa* zu einem Spielflug auf. Nach H. O. WAGNER

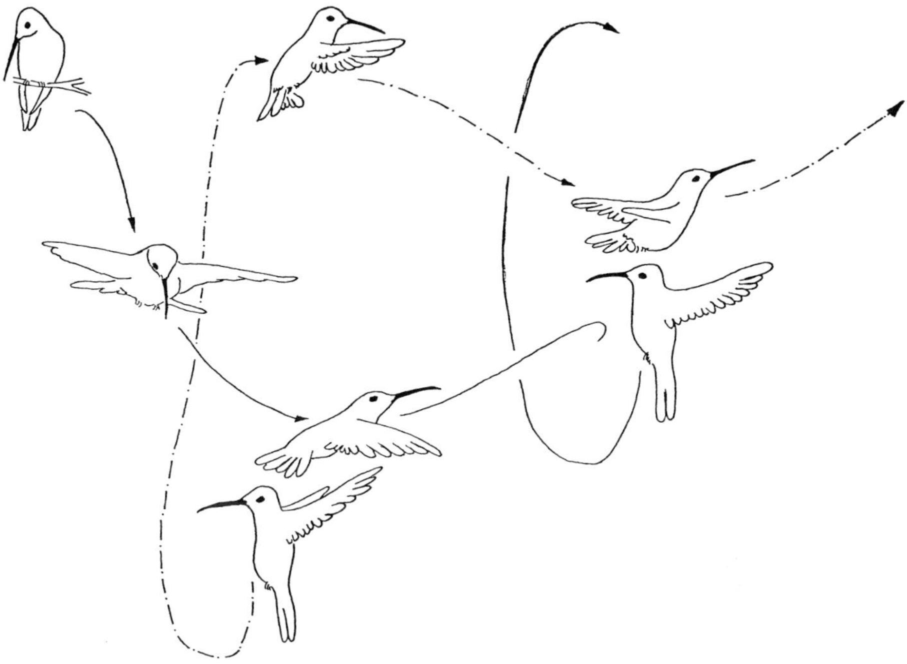

Abb. 54. Alternierender Spielflug zweier *Amazilia franciae*

zierten Balzvorgänge aufzufassen. Die Form der Spielflüge ist für jede Kolibriart arttypisch, ohne jedoch schon die Starrheit des Balzfluges aufzuweisen. Diese Elastizität des Spielverhaltens erlaubt es auch artverschiedenen Vögeln, sich zusammenzufinden. Es ist verschiedentlich die Vermutung geäußert worden, daß die von Kolibris beschriebenen Hybriden ihre Entstehung solchen Spielflügen verdanken.

Eine ebenfalls hier einzuordnende Verhaltensweise sind die alternierenden Spiel-flüge von *Amazilia franciae,* die ich unter Volierenbedingungen beobachtet habe (Abb. 54). Die Ausgangssituation war meist folgende: ein Kolibri schwirrt auf der Stelle, vielleicht auf der Suche nach Fliegen. Plötzlich stürzt von oben ein Artgenosse auf ihn herab und überfliegt ihn ganz dicht. Nach etwa 1 m verharrt er schwirrend in der Luft und dreht sich nach dem anderen um. Der soeben Überflogene hat nach kurzem Absinken seine Position nach oben verbessert und wiederholt nun das Überfliegen in der gleichen Art und Weise. In der relativ engen Voliere kann dieses Spiel bis zu zehnmal wiederholt werden. Zu einem ernsthaften Kampf kam es bei diesem streng interspezifischen Verhalten nie.

Die sozialen Verhaltensweisen „Gruppenbalz“ und „Koloniebrüten“ werden im Kapitel über die Fortpflanzung besprochen. Doch sind von mir eine weitere Reihe von Verhaltensweisen in Volieren beobachtet worden, deren Nachweis im Freiland noch nicht gelungen ist.

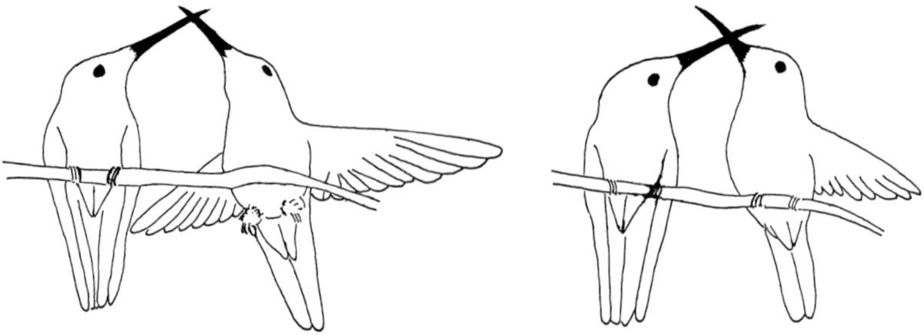

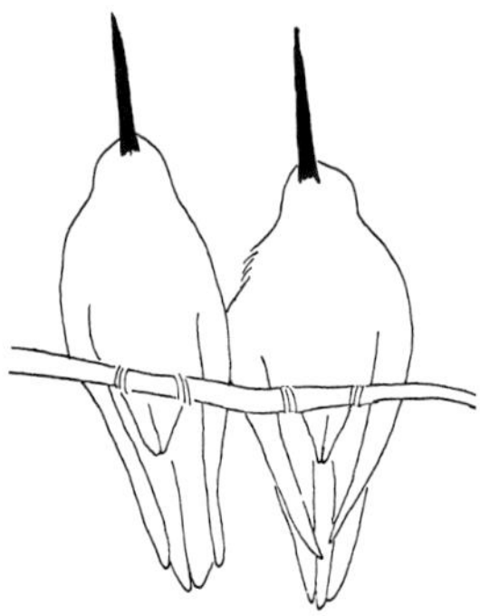

Abb. 55. Schlafgemeinschaft zwischen *Amazilia tzacatl* und *Amazilia franciae*. Links oben Anflug von *tzacatl*; rechts oben Setzen und kurzfristiger Schnabelkontakt; unten Zusammenrücken und Körperkontakt

18.2.2 Kontaktschlafen

Am extemsten wird die Individualdistanz oft während der Nacht verringert. Es bilden sich in großen Volieren regelrechte Schlafzentren, es waren dies sehr hoch angebrachte, weitgehend waagerechte Äste und Stellen mit dichter Vegetation, ebenfalls hochgelegen. Hier saßen dann die Kolibris dicht nebeneinander, in vielen Fällen konnte ein Berühren der einzelnen Vögel beobachtet werden. Am Morgen lösten sich diese Schlafgesellschaften ohne Streit wieder auf. Besonders überraschend war die Tatsache, daß sogar Frischfänge bereits in der ersten Nacht nach dem Fang unter Berührung miteinander schliefen.

Eine Schlafgemeinschaft zwischen *Amazilia tzacatl* und *Amazilia franciae* (Abb. 55) bestand viele Monate. Nacht für Nacht schliefen sie unter Kontakt auf demselben Ast. Erst der Tod der *Amazilia tzacatl* beendete diese Gemeinschaft. Ein Männchen und ein Weibchen der Art *Colibri coruscans* schliefen ebenfalls mit Berührung im Schatten eines Blattes, auch diese Gemeinschaft bestand viele Monate. Am Tag konnte allerdings keine Annäherung dieser beiden Individuen beobachtet werden.

Diese Schlafgesellschaften finden sich abends bei einer bestimmten Helligkeit zusammen, wie ich bei vielen Beobachtungen feststellen konnte. Kolibris sind in der Dämmerung noch sehr lange aktiv – sowohl in Freiheit als auch in menschlicher Obhut und müssen eine ihnen zum Schlafen zusagende Stelle bereits länger kennen, denn zum Suchen einer solchen Schlafstelle ist es dann meist schon zu dunkel. Kolibris, denen keine natürliche Dämmerung geboten wird, wo das Licht ganz plötzlich ausgeht, gehen gewissermaßen etwas eher schlafen. Schon nach einigen Wochen Gewöhnung an eine bestimmte Beleuchtungsdauer mit einer genau festgelegten Zeit des Erlöschens des Lichts haben sich auch Frischfänge an diesen Rhythmus gewöhnt und suchen noch bei voller Beleuchtung ihre Schlafplätze auf.

Bei diesem Reihen- oder Gemeinschaftsschlafen wird eine Gleichsinnigkeit der Richtung bevorzugt. In zwei Drittel aller Schlafgesellschaften sitzen die Kolibris so, daß ihre Schnäbel in eine Richtung weisen.

Beispiele von Schlafgemeinschaften

(Der vom Kreis nach oben bzw. unten zeigende Strich soll den Schnabel darstellen).

1. Eingewöhnte Volierenvögel

tz *Amazilia tzacatl*	c *Colibri coruscans*	ni *Anthracothorax nigricollis*
fr *Amazilia franciae*	am *Amazilia amabilis*	fl *Agyrtria fluviatilis*

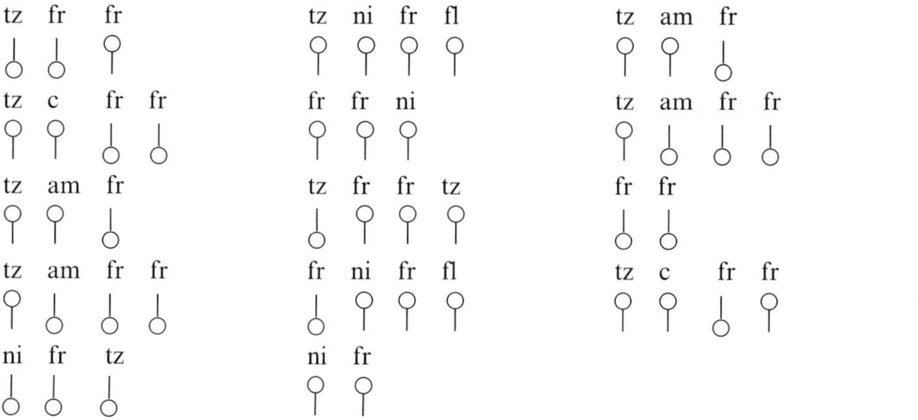

2. Uneingewöhnte Frischfänge

cl *Lampornis clemenciae*	ru *Selasphorus rufus*	th *Colibri thalassinus*
E *Eugenes fulgens*	a *Calypte anna*	hel *Atthis heloisa*
l *Hylocharis leucotis*	col *Archilochus colubris*	

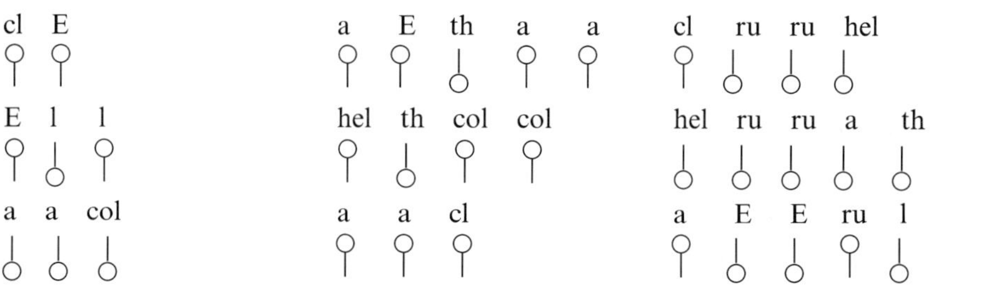

Abb. 56. Zwei Weibchen der Kolibriart *Metallura thyrianthina,* die auch tagsüber Körperkontakt miteinander aufnahmen. Aufn. Poley

18.2.3 Aktives Aufsuchen des Kontaktes am Tag

Eine Steigerung des abendlichen Kontaktsuchens beobachtete ich bei drei Arten auch am Tage. Ein Männchen und zwei Weibchen der Art *Metallura thyrianthina* (Abb. 56) suchten auch tagsüber Berührung mit den Artgenossen. Die Aktivität ging während der Beobachtungszeit nur von den beiden Weibchen aus. So rückten sie beide an das Männchen, nahmen aber bei seinem Verschwinden auch Kontakt miteinander auf.

Beim aktiven Aufsuchen des Kontaktes konnte ich nur zweimal einen Streit registrieren. In der Mehrzahl der Fälle trippelte eines der beiden Weibchen auf das andere zu und schmiegte sich an. Fand dieses Zusammentreffen zufällig unter einem Heizstrahler statt, so sonnten sie sich gemeinsam, ohne sich zu stören, auch bei Putzbewegungen eines Partners wurde die Situation nie kritisch. Es kam mitunter vor, daß sie sich beim Putzen gegenseitig ins Gefieder kamen, doch geschah dies rein zufällig. Eine regelrechte soziale Gefiederpflege habe ich nie beobachtet. Doch könnten solche Handlungen durchaus der Anfang für das gegeseitige Putzen sein.

Auffallend war in einigen Fällen vor dem Zusammenrücken das Entgegenstrecken des weit geöffneten Schnabels sowohl vom Männchen als auch vom Weibchen. Mit dem geöffneten Schnabel wurde häufig der geschlossene des Partners umfaßt wie bei der Balz von *Amazilia franciae.*

Zum größten Teil wurden Berührungen des Männchens mit dem Weibchen registriert, wobei die Aktivität immer vom Weibchen ausgeht. Nur wenn kein Männchen zur Stelle war, trippelten auch die beiden Weibchen zusammen und kuschelten sich aneinander. Sowie das Männchen aber auftauchte, löste sich das aktivere Weibchen und nahm mit dem Männchen Kontakt auf. Beim Berühren erfolgte immer ein gegenseitiges Hin- und Herschieben, bis Ruhe eintrat. Gewöhnlich folgte das einsame Weibchen kurze Zeit später. Bei diesen Dreiergemeinschaften hatte das Männchen ebensooft den Platz zwischen den beiden Weibchen inne wie die Randposition.

Einige wenige Male konnte auch ein intraspezifischer Kontakt gesehen werden, dabei ging die Aktivität von einem *Metallura*-Weibchen aus, das sich an einen wesentlich größeren *Eriocnemis luciani* anschmiegte. Dieses aktive Aufsuchen körperlichen Kontaktes konnte ich noch bei zwei weiteren Arten – *Eriocnemis luciani* und *Heliangelus viola* –, wenngleich auch seltener, so doch deutlich beobachten. Bei der geschlechtsdimorphen Art *Heliangelus* ging die Aktivität dieses Verhaltens vom Weibchen aus, bei *Eriocnemis* sind die Geschlechter nicht zu unterscheiden. In diesem Zusammenhang sei darauf hingewiesen, daß auch bei der Balz die Weibchen aktiver als die Männchen sind.

Eigene Beobachtungen an ausgeflogenen Jungtieren von *Colibri delphinae* ergaben ein aktives Aufsuchen des Körperkontaktes in den ersten Tagen. Vielleicht handelt es sich dabei aber einfach nur um eine Verlängerung des seit dem Schlupf ununterbrochenen bestehenden Körperkontaktes. Bei *Colibri coruscans* konnte dieses Verhalten nicht beobachtet werden.

Aufgrund aller dieser Beobachtungen muß nun die Aussage von Skutch eingeschränkt werden, daß wegen der großen Aggressivität an einem kommunalen und sozialen Beziehungsschema gezweifelt werden muß. Es wird im Felde wohl einzig und allein vom Zufall abhängen, einmal die Beobachtungen in menschlicher Obhut sozialer Natur zu bestätigen, doch kann meiner Meinung nach nicht an einem tatsächlichen Vorhandensein dieser Verhaltensweisen gezweifelt werden, was stark durch das Verhalten von Frischfängen unterstützt wird.

19. Feinde und Verlustursachen

In Brehms Tierleben von 1893 kann man lesen: „Außer den Menschen scheinen die Kolibris wenige oder gar keine Feinde zu haben. Es ist kaum anzunehmen, daß sie dem Angriff der Raubvögel oder der Raubtiere überhaupt ausgesetzt sind, denn es gibt kein Raubtier, das ihnen an Schnelligkeit gleichkäme.“ Mit Einschränkungen ist diese Aussage auch heute noch gültig. Das aktive Fangen von adulten Kolibris durch Säugetiere ist bis heute noch nie beobachtet worden. Hingegen gibt es Hinweise, daß Greifvögel und Eulen Jagd auf Kolibris machen. Wie andere Kleinvögel auch, hassen Kolibris auf Vertreter dieser Arten.

Beim Fangen von Kolibris verwandte Ruschi einen zahmen Strichelkauz *(Glaucidium brasilianum)*. Beim Vorpfeifen des mehrsilbigen Eulenrufes näherten sich die Kolibris, um auf die Eule zu hassen, dabei wurden sie gefangen. Auch Wagner (1952) beschrieb dieses Verhalten von mexikanischen Kolibriarten, die beim Anblick des Gnomenkauzes *(Glaucidium gnoma)* in Aufregung gerieten.

Skutch (1973) beobachtete Kolibris beim Hassen auf einen Brillenkauz *(Strix perspicillata)*. Über die tatsächlichen Möglichkeiten der Erbeutung von Kolibris durch Eulen schreibt Wagner (1952): „Bei mehreren mehr oder weniger weit herabgerissenen Nestern blieb mir lange der Übeltäter unbekannt, da sie, auf den herabhängenden Wurzelfasern unter den Überhängen der Böschungen angebracht, für ein Bodentier unerreichbar waren. Nachdem zweimal Schwanzfedern der Alten auf dem Boden lagen, wurde mein Verdacht auf eine Zwergeule gelenkt. Diese streifen wahrscheinlich in der späten beziehungsweise frühen Dämmerung an den Böschungen auf der Suche nach besetzten Nestern, die sie infolge ihrer Kleinheit anfliegen können, entlang, um die Brütenden oder die Kleinen zu greifen."

Skutch (1973) beschreibt das Hassen von Kolibris auf einen Prachtadler *(Spizaetus ornatus)*. Stile (1978) beschreibt drei Jagdtaktiken des Däumlingssperbers *(Accipiter superciliosus)* bei der Erbeutung von Kolibris. Die Erbeutung eines *Archilochus colubris* durch einen Buntfalken *(Tinnunculus sparverius)* beschreibt Mayr (1966). Peeters (1963) beobachtete einen Eckschwanzsperber *(Accipiter striatus)* beim Fang eines sitzenden *Calypte anna*. Bei der Zerlegung eines Merlins *(Aesalon columbarius)* fand man im Magen die Reste eines *Archilochus colubris*; Sprot (1927) beobachtete einen Merlin beim Fang eines *Selasphorus rufus*.

Aus all dem kann geschlossen werden, daß es sich bei der Erbeutung von Kolibris durch Greifvögel und Eulen wohl doch mehr um eine Zufallsbeute handelte.

Der Vollständigkeit halber seien hier weitere Fälle der Erbeutung von Kolibris durch andere Wirbeltiere aufgeführt. So wurden der Baltimoretrupial (*Icterus galbula)*, Oropendolas und der Cayennetyrann *(Myiarchus tyrannulus)* beim Kolibrifang gesehen. Das Fangen von Kolibris durch große Frösche und Fische (beim Baden) dürfte ebenso selten sein wie das Verunglücken in Spinnennetzen oder an Disteln.

Von größerer Bedeutung ist das Plündern der Nester durch Angehörige der Familie der Rabenvögel, Tukane, kleine Säuger und Reptilien. Auch das Verunglücken von Gelegen und Jungtieren durch Wespen-, Bienen- oder Ameisenbefall ist wohl nicht selten.

20. Lebensdauer

Ganz generell leben Vögel trotz ihres raschen und hohen Stoffwechsels länger als Säugetiere vergleichbarer Größe. Sehr unterschiedlich sind die Lebensspannen von Tieren in natürlicher Umwelt und in menschlicher Obhut. Bei optimalen Bedingungen in Menschenhand werden Tiere oft sehr viel älter als unter den härteren Bedingungen natürlicher Lebensräume. Dies muß man beim Vergleich des hier vorgelegten Zahlenmaterials in Betracht ziehen.

Aus allen Aufzeichnungen von Zoologischen Gärten und Liebhabern ergibt sich oft ein erstaunlich hohes Alter für den Einzelvogel. So beträgt nach den Angaben von Ruschi die durchschnittliche Lebensdauer der von ihm in Santa Teresa

(Brasilien) gehaltenen Kolibris 10 Jahre, ein Einzelvogel soll 17 Jahre alt geworden sein:

Phaethornis pretrei	mehr als 14 Jahre (Ruschi)
Sericotes holosericeus	10 Jahre 6 Monate (Bronx Zoo)
Sappho sparganura	9 Jahre 10 Monate (Bronx Zoo)
Eulampis jugularis	9 Jahre 8 Monate (Bronx Zoo)
Amazilia amazilia	über 8 Jahre
Myrmia micrura	7 Jahre 7 Monate
Campylopterus villaviscensio	7 Jahre
Adelomyia melanogenys	5 Jahre 3 Monate.

Ungleich schwieriger ist die Feststellung des Lebensalters freilebender Kolibris. Von BRANDT (1951) haben wir die Beschreibung eines bemerkenswerten Nestes von *Lampornis clemenciae,* das von dem Weibchen nach der Renovierung 10 Jahre lang benutzt wurde (dafür wurden nach seinen Schätzungen etwa 24000 Kilometer Spinnen- und Insektengespinst verwandt). EDGARTON et al. (1951) protokollierte von einem Männchen derselben Art ein Alter von 12 Jahren.

In den Rocky Mountains wurde ein beringter *Archilochus colubris* gefangen, der nach dem Ring ein Alter von 11 Jahren aufwies. Einige beringte freilebenden Kolibris in Santa Terea lebten neun Jahre nach der Beringung noch. SKUTCH (1974) beschrieb von einem Männchen *Amazilia amabilis,* das er an einer außergewöhnlichen Gesangsstrophe erkannte, ein Alter von sieben Jahren.

Weitere Aufschlüsse geben die Beringungen und Wiederfänge einiger nordamerikanischer Kolibriarten. BAUMGARTNER (1981) berichtet von Wiederfängen der Art *Archilochus colubris*: 384 Vögel sind zwischen 1977 und 1979 gefangen und beringt worden. Im folgenden Jahr wurden 88 Vögel (=23 %) wiedergefangen. Im zweiten Jahr nach der Beringung wurden 31 von 268 (=11,5 %) und im dritten Jahr 10 von 110 (=9,9 %) wiedergefangen. Er folgert daraus eine Überlebensrate von 23–46 %, die aber zweifelsohne höher sein muß, da nicht alle beringten Vögel wiedergefangen werden.

Eine 10 Jahres-Untersuchung von CALDER an *Selasphorus platycercus* ergab ein Alter von acht Jahren für den ältesten wiedergefangenen Vogel. Weiterhin zeigte sich, daß 70 % der Weibchen und 27 % der Männchen in den aufeinanderfolgenden Brutperioden in das alte Territorium zurückkehren. Die jährliche Überlebensrate der Weibchen ist für diese kleinen Vögel unerwartet hoch, aber biologisch sinnvoll. Die erfahrenen Vögel kehren zuerst an die Brutplätze zurück, wobei die Plätze erfolgreicher Bruten wiederholt aufgesucht werden, was WAGNER (1952) schon bei *Lampornis clemenciae* feststellte.

21. Hybriden, Zwitter und Albinos

Der erste Mischling von zwei allerdings bis zum heutigen Tag nicht näher bestimmten Kolibriarten ist von GOULD im Jahr 1861 als *Selasphorus floresti* beschrieben worden. HARTERT vermutet, daß es sich um einen Hybriden zwischen einer *Selasphorus*- und einer *Trochilus*-Art handelt. 1866 beschreiben MULSANT u. VERREAUX nach einem einzigen Balg aus dem Rothschildschen Tringmuseum die Art *Heliantheα traviési.* Einige später bekannt gewordene Stücke, die aber gewisse individuelle Verschiedenheiten zeigten, veranlaßten SIMON, die Vermutung auszusprechen, es handelt sich um Bastarde zwischen *Heliantheα lutetiae* und *Heliantheα torquata.* In der Zwischenzeit sind vor allem aus den Vereinigten Staaten eine Reihe weiterer Hybriden bekannt geworden, hier einige Beispiele:

mehrere Exemplare	*Calypte anna* × *Selasphorus sasin*
ein Exemplar	*Calypte costa* × *Selasphorus platycercus*
zwei Exemplare	*Archilochus alexandri* × *Selasphorus sasin*
ein Exemplar	*Calypte anna* × *Stellula calliope.*

Insgesamt beträgt die bekannt gewordene Zahl der möglichen Hybridisationen zehn. Nach allgemein anerkannten Vorstellungen scheinen für das Zustandekommen solcher Bastarde nicht in erster Linie das gemeinsame Vorkommen im gleichen Gebiet, sondern vor allem gleiche Verhaltensweisen bei der Balz verantwortlich zu sein.

JOHNSGARD (1983) und PRESTEL (1987) haben die bisher bekannt gewordenen Hybridisationen nordamerikanischer Kolibris zusammengestellt:

Calypte anna × *Archilochus alexandri*
Calypte anna × *Stellula calliope*
Calypte anna × *Selasphorus rufus*
Calypte anna × *Selasphorus sasin*
Calypte anna × *Selasphorus platycercus*
Calypte anna × *Calypte costae*
Calypte anna × *Lampornis clemenciae*
Calypte costae × *Archilochus alexandri*
Calypte costae × *Stellula calliope*
Calypte costae × *Selasphorus platycercus*
Archilochus alexandri × *Selasphorus sasin*
Archilochus alexandri × *Selasphorus platycercus*
Stellula calliope × *Selasphorus rufus.*

Im Jahre 1975 berichtet SCHEITHAUER von einer in seiner Voliere erfolgten Kreuzung zwischen *Thalurania nigrofasciata* (Weibchen) und *Amazilia dumerilii* (Männchen).

Nicht mit Hybriden, also Produkten der Kreuzung zweier Arten, zu verwechseln sind Zwitter oder Gynander. Einen solchen Halbseitenzwitter der Art *Calypte anna* fing ich am 31. August 1971 im Nationalpark „Desierto de los Leones" in Mexiko. Das Exemplar, dessen eine Hälfte weiblich, die andere männlich ist, übergab ich zur weiteren Bearbeitung Herrn Dr. KUMMERLOEVE, Museum Alexander Koenig/Bonn.

Eine dritte Besonderheit sind weiße Kolibris. Solche albinistischen Exemplare sind wiederum aus den USA bekannt. So berichten BANKS u. MEDINA von einem weißen *Calypte anna,* OBERHOLSER von einem weißen *Archilochus alexandri.* LINT, der Kurator für Vögel im Zoologischen Garten von San Diego, erhielt ein ebenfalls weißes Exemplar von *Calypte anna*. In der Juninummer der Zoozeitschrift ist nicht nur der Albino abgebildet, sondern auch seine wildfarbene Mutter beim Füttern ihres weißen Nestlings.

Im Jahre 1973 berichtet SCHUCHMANN von einem Totalalbino der Art *Archilochus alexandri,* dessen Verhalten über einige Tage beobachtet werden konnte. Diese Beobachtungen eines nicht der Norm entsprechenden Juvenilverhaltens führen den Autor zu dem Schluß, daß z. B. ernährungsphysiologische Aufgaben (hier die Funktion des Gefieders bei der Vitamin-D-3-Bildung) nur noch mangelhaft erfüllt werden. Wie der bei der Haltung von Kolibris nach der Mauser auftretende partielle Albinisus speziell der Schwung- und Schwanzfedern, der von enigen anderen Beobachtern und mir festgestellt wurde, zu beurteilen ist, wurde bisher noch nicht untersucht.

22. Verschollene und neu entdeckte Arten

Die intensive Beschäftigung mit dieser Vogelgruppe in den letzten Jahrzehnten, verbunden mit einer zunehmenden Freilandarbeit brachten nicht nur zwei verschollen geglaubte Arten wieder, es wurde auch eine Reihe neuer Arten beschrieben.

So wurden von RUSCHI in Brasilien in den Jahren 1958 und 1961 die seit mehr als einem halben Jahrhundert verschollen glaubten Kolibriarten *Augastes scutatus* und Augastes *lumachellus* wiederentdeckt. 1964 und 1965 konnte GRANTSAU diese Wiederentdeckungen bestätigen. Er schreibt: „Nach unseren Beobachtungen sind beide *Augastes*-Arten in ihrem Biotyp reichlich vorhanden, und es besteht auch so leicht keine Gefahr ihrer Ausrottung, denn ihre Lebensstätte ist wirtschaftlich nutzlos, und eine Abholzung der Wälder könnte nur *A. scutatus ilseae* in einen anderen Biotop drängen.“

Im gleichen Zeitraum wurde eine Reihe neuer Kolibriarten beschrieben, so u. a.:

Threnetes loekheni GRANTSAU, 1969
Fünf Männchen und ein Weibchen wurden gesammelt und als neue Art beschrieben, bis auf geringe Unterschiede in der Schwanzzeichnung ist diese Art *Thr. leucurus* sehr ähnlich. Zunächst war eine Unterart vermutet worden, WOLTERS erhebt *Th. loekheni* in den Rang einer eigenen Art mit dem Vorkommen in Nordostbrasilien.

Threnetes cristinae RUSCHI, 1975
Dieses neue Taxon basiert auf einem einzelnen Männchen, das in der gleichen Gegend wie *Thr. loekheni* gesammelt wurde. Die Unterschiede zur vorigen Art sind allerdings äußerst gering, sie beschränken sich auf eine etwas dunklere Körperfärbung und auf eine kräftigere Farbe des allerdings kleineren rosa Kehlflecks. Zur Klärung der Taxonomie ist mehr Material notwendig.

Threnetes grzimeki RUSCHI, 1973
Ein Männchen und drei Weibchen liegen der Beschreibung dieser neuen Art zugrunde.

Die Hinweise RUSCHIS sind sehr dürftig, so daß GRANTSAU annimmt., *Th. grzimeki* sei ein junger *Glaucis hirsuta*.

Phaethornis margarethae RUSCHI, 1972
Wie der vorhergehende Kolibri ist auch diese Art nur auf einen kleinen Bezirk des Waldes von Süd-Bahia (Brasilien) und Nord-Espirito-Santo beschränkt. Die 10 gesammelten Exemplare sind *Phaethornis malaris* sehr ähnlich. WOLTERS erklärt *Ph. margarethae* als Art, doch sind weitere Studien notwendig.

Phaethornis nigrirostris RUSCHI, 1973
Nur ein adultes Männchen war für die Originalbeschreibung dieser Art verfügbar. Während der Untersuchung dieses Taxons lebte das Tier. Die am nächsten ähnliche Art ist *Ph. eurynome*. GRANTSAU glaubt, daß es sich dabei um einen jungen *Ph. eurynome* handelt, doch andere Beobachter dieses einzigen lebenden Vogels meinen, daß es sich doch um eine eigene Art handelt, vor allem wegen des vollkommen schwarzen Schnabels. In Anlehnung an RIDGELY sind *Ph. eurynome* und *Ph. nigrirostris* sympatrisch; WOLTERS erhebt sie in den Rang einer eigenen Art mit dem Vorkommen in Espirito Santo (Brasilien).

Phaethornis koepckeae WESKE u. TERBORGH, 1977
Diese neue Art aus Peru (Provinz Pachitea und Maranõn-Tal in der Provinz Bagua) lebt in den unteren Bergwäldern. Diese Art ist wahrscheinlich allopatrisch mit dem sehr ähnlichen, helleren und größeren *Ph. philippii*. Deutsche Untersucher bestätigen eine große Ähnlichkeit von *Ph. koepckeae* mit *Ph. boureieri* und *Ph. philippii*. DAVIS (1986) berichtet von 24 weiteren von ihm gesammelten Exemplaren. Diese Art ist nun von acht verschiedenen Lokalitäten aus dem Süden Perus bekannt. Es scheint, daß es eine Allospecies von *Ph. philippii* ist, andere Autoren (WOLTERS, FITZPATRICK) erheben *Ph. philippii* zu einer eigenen Art.

Phaethornis maranhoensis GRANTSAU, 1968
Diese Art ist von neun Männchen bekannt, die mit *Ph. idaliae*-Weibchen (Schwanz) und mit *Ph. nattereri* (Farbe und Größe) verglichen wurden. Die Unterschiede zwischen *Ph. nattereri* und *Ph. maranhoensis* sind gering, es ist deshalb nicht ganz sicher, ob *Ph. maranhoensis* sympatrisch mit *Ph. nattereri* oder *Ph. idaliae* ist, die beide ebenfalls im Staat Maranhao vorkommen.

Augasma cyaneo-beryllina BERLIOZ, 1965
Der Artname *Augasma* ist der Sammelbegriff für mehrere dubiose Arten. Eine von ihnen ist 1860 von GOULD als Nominatform *A. smaragdinea* aus Brasilien beschrieben worden. *Augasma* ist weder bei PETERS (1945) noch bei de SCHAUENSEE (1970) als eigener Genus beschrieben worden. *A. cyaneo-beryllina* ist nur von zwei alten Handelbälgen bekannt. BERLIOZ glaubt aufgrund der hellen Färbung an eine Herkunft aus dem trockenen Binnenland. Doch auch die Möglichkeit, daß es sich um Hybriden handelt, ist groß. Es ist aber ratsam, diese Möglichkeit sorgfältig zu prüfen. Nach WOLTERS bedarf dieser Mischling (?) aus Bahia (Brasilien) noch der Bestätigung.

Trochilus scitulus (BREWSTER u. BANGES, 1901)
SCHUCHMANN (1978) zerlegt die Art *Trochilus polytmus* in zwei selbständige Arten mit unterschiedlichen Verbreitungsarealen (*T. trochilus*: große Teile Jamaikas mit subtropischem Charakter, *T. scitulus*: tropisches Ostjamaika).

Amazilia distans WETMORE u. PHELPS, 1956
Von dieser Art ist nur ein einziges Männchen bekannt, es wurde in Burgua (südliches Tachira), Venezuela, gesammelt. Es erscheint überraschend, in den Tiefländern Venezuelas östlich der Anden eine endemische Art zu finden, doch ist sie andererseits sehr gut gegen *A. fimbriata* abgegrenzt. Färbungsunterschiede machen die neue Art wahrscheinlich.

Amazilia handleyi WETMORE, 1963
Diese Inselform von Isla Escudo de Veraguas (Panama) ist der Art *A. tzacatl* sehr ähnlich, doch sehr viel größer. So sind die Flügel im Durchschnitt 10 mm länger. Es ist in einem solchen Fall schwierig zu entscheiden, ob es sich um eine echte Art oder eine Unterart handelt. WOLTERS und andere plädieren für eine Unterart, da bei der artenreichen (25) Gattung *Amazilia* nur dies möglich ist.

Eupherusa cyanophrys ROWLEY u. ORR, 1964
Die Population dieser Art ist gut charakterisiert, vor allem durch die tiefblauviolette Oberkopffärbung. Allerdings sind die Unterschiede zur Nominatform *E. poliocerca* nicht größer als bei anderen bekannten Kolibri-Unterarten; eine Erschwerung tritt noch durch gleiche Verbreitungsareale auf. Es ist jedoch nicht bekannt, ob die beiden in Mexiko vorkommenden Arten sympatrisch sind.

Heliangelus regalis FITZPATRICK, WILLARD, u. TERBORGH, 1979
Im Norden von Peru, südlich der Cordillera del Condor, wurden 10 Männchen und 6 Weibchen zur Beschreibung einer neuen Art herangezogen. DAVIS (1986), berichtet von einem weiteren Verbreitungsgebiet am Oberlauf des Maranon.

Eriocnemis mirabilis MEYER DE SCHAUENSEE, 1967
Die Originalbeschreibung berücksichtigt nur ein einzelnes Männchen, doch sind beim Vergleich mit *E. alinae* Unterschiede gefunden worden. Die Verbreitungsgebiete der beiden Arten in Kolumbien sind teilweise getrennt.

Metallura odomae GRAVES, 1980
Diese neue Art wurde von sechs Vögeln beschrieben, die 1978 gesammelt wurden. Sie wurde allerdings schon 1977 entdeckt, doch die zwei gesammelten Exemplare wurden gestohlen! Die Sammlung weiterer Exemplare im Norden von Peru kann den Artstatus von *M. odomae* innerhalb des Genus *Metallura* klären.

Phasmornis mystica OBERHOLSER, 1974
Hierbei handelt es sich wahrscheinlich um einen Hybriden oder ein aberrantes Stück. Das AOU Checklist Committee: „It is clearly not a good species, but only a careful study of the type specimen can reveal whether it is a hybrid or a freak.“

23. Haltung und Pflege

In seinem Werk „Naturgeschichtliches Cabinet des Thierreiches" schreibt JARDINE: „Der Wunsch, solche schönen Geschöpfe zahm zu besitzen, hat manche Personen veranlaßt, sie in Käfigen zu halten, aber die Versuche sind meistens verunglückt, wenn sie auch die Möglichkeit nicht ausschließen, sie bei ausdauernder Pflege zu uns zu bringen. BULLOCK hatte, wie er erzählt, siebenzig in Käfigen; – seiner Angabe nach fand sich kein Vogel leichter in seiner neuen Lage, und könnte bei etwas Aufmerksamkeit leichter nach Europa gebracht werden. Wir erfahren von AZARA, WILSON und anderen, daß man sie in ihrer Heimat mehrere Monate lang mit Zucker oder Honig und Wasser, so wie mit Insecten hingebracht hat, die in diesen Süßigkeiten ihren Tod fanden, und Charles PEALE, Besitzer des Museums in Philadelphia, zog zwei von dem Nest auf, die so zahm wurden, daß sie sich auf die Achsel seiner Frau setzten".

Abb. 57. *Phaethornis yaruqui,* ein Einsiedlerkolibri, wird relativ häufig eingeführt, aber selten mit Erfolg gehalten. Aufn. POLEY

Abb. 58. *Urochroa bougueri,* eine selten eingeführte und leider auch nicht sonderlich harte Kolibriart. Aufn. POLEY

Zwischen der Kolibrihaltung im alten Aztekenzoo Chapultepec und der heutigen in modernen Zoologischen Gärten liegt eine faszinierende Reihe von Versuchen, diese fliegenden Edelsteine über einen längeren Zeitraum am Leben zu erhalten. Ganz objektiv betrachtet ist auch heute die Kolibrihaltung noch nicht einfach und verlangt vom Vogelpfleger viel Fingerspitzengefühl. Der ständig wechselnde Bestand in Zoologischen Gärten macht deutlich, daß langjährige Haltungserfolge immer noch zu den Seltenheiten zählen. Das stimmt in Anbetracht der großen Kollektionen, die importiert werden, sehr bedenklich.

SLOANE berichtet im Jahre 1725 von der Kolibrihaltung durch einen Pater, daß er diese 5–6 Monate mit einem Gemisch aus Biskuit und Zucker am Leben hielt. BURNABY macht 1775 die Feststellung, daß viele Tiere der Art *Archilochus colubris* in Käfigen bei einer Diät von Honig oder Zucker mit Wasser gemischt selten länger als zwei Monate lebten.

Eine recht unglaubliche, aber trotzdem oft und gern zitierte Geschichte ist die des ersten Kolibritransportes nach Europa (LATHAM). Darüber schreibt JARDINE 1837: „Der Mango-Colibri *(T. mango)* wurde glücklich nach England gebracht: Ein junger Herr fand einige Tage vor seiner Abfahrt von Jamaica nach England

Abb. 59. *Florisuga mellivora,* eine selten eingeführte, apart in blau und weiß gekleidete Art, die sehr haltbar ist. Aufn. POLEY

Abb. 60. *Campylopterus lazulus* wird selten importiert, ist aber sehr gut in menschlicher Obhut zu halten. Aufn. POLEY

einen weiblichen Colibri, der im Neste auf den Eiern saß, schnitt den Zweig ab, und brachte denselben mit dem Neste und Vogel an Bord. Der Vogel wurde so zahm, daß er sich während der Überfahrt mit Honig und Wasser füttern ließ, und brütete zwei Junge aus. Die Alte lebte zwar nicht lange, die Jungen aber wurden nach England gebracht, und waren eine Zeitlang im Besitze der Lady Hammond. Die kleinen Geschöpfe nahmen Honig von den Lippen der Dame; einer der Vögel starb zwar bald, der andere aber lebte wenigstens zwei Monate nach seiner Ankunft in England."

Über die Art der Kolibriernährung schreibt BULLOCK: „Ich hatte in jedem Käfig ein kleines irdenes Näpfchen mit einer Mischung von Zucker und Wasser von dünner Syrupconsistenz gesetzt, worin verschiedene Blumen, besonders die gelbe, glockenförmige Blumenkrone der grossen Aloë steckten." Über die Haltungserfolge einer solchen Fütterung schreibt AUDUBON (zit. aus JARDINE): „Mehrere Colibris, welche im Käfig gehegt, und ausschließlich mit verdünntem Honig oder aufgelöstem Zucker ernährt wurden, die man ihnen in künstlichen Blumen vorsetzte, überlebten selten einige Monate, und waren sehr abgemagert, während andere, welche in einem Gemache gehegt wurden, dessen Fensteröffnungen bloß mit einem Moskitonetz von dünner Gaze verhängt waren, durch welches ganz kleine Insecten hineinkommen konnten, und in welches täglich zwei Mal frische Wald- oder Gartenblumen gesetzt wurden, zwölf Monate lang fortkamen, und dann, da der Eigenthümer derselben eine lange Reise vorhatte, wieder freigelassen wurden. Die Winterszeit hindurch, welche übrigens in Nieder-Louisiana selten so streng ist, daß das Wasser fröre, wurde das Gemach geheizt."

Im Gegensatz zu dieser Beobachtung steht die Feststellung von TSCHUDI über ein von einer Indianerin gehaltenes Exemplar der Gattung *Heliodoxa leadbeateri*, „der nur mit fein gestossenem feuchten Zucker gefüttert wurde, den das Mädchen zwischen die Lippen nahm, von wo ihn der Colibri, immer fliegend, wegnippte."

MEINLAND (1860) schreibt in „Der Zoologische Garten": „Eine wirklich rara avis befindet sich im Augenblicke innerhalb unserer Mauern. Es ist der Bergkolibri (Jacusito de Montanna), *(Arbelorhina caerulea, Cabanis)*, ein prächtig violetblaues Vögelchen mit lasurblauem Kopf. Madame de P. S., die denselben aus seinem Vaterland, Venezuela, mitgebracht hat, hat mit seiner Erhaltung – sie besitzt ihn schon ein Jahr – in Beziehung auf die Behandlung dieser zärtlichsten aller Vögel eine Aufgabe gelöst, die unseres Wissens vor ihr Niemand geglückt ist. Das zierliche Thierchen befindet sich in einem kleinen Käfig, ist sehr zahm, und erhält sich bei Semmel mit Milch und Zucker in bestem Wohlbefinden."

Bei näherem Hinsehen entpuppt sich dieser Vogel allerdings als Purpurnaschvogel, *Cyanerpes caeruleus*.

Milne EDWARDS berichtet von einem Franzosen, der schon zweimal Kolibris nach Europa gebracht hatte, daß dieser im Juli 1876 über 50 Stück nach Paris brachte. Dabei handelte es sich um 5–6 Arten. Sie wurden mit Sirup und einem nicht näher bezeichneten tierischen Eiweiß ernährt. Dann gelangten in den Jahren von 1905–1907 lebende Kolibris nach England und 1913 auch nach Deutschland. Die Tierhandlung August FOCKELMANN importierte 10 Exemplare der Art *Ricordia ricordi*, davon waren schon 5 auf der Reise eingegangen. Der Rest wurde mit Zuckerwasser, Honig und feinen Insekten ernährt. Der Preis betrug 300 Mark für das Paar, zwei kaufte der Tierpark Stellingen und drei wurden nach England verschickt.

Eine Unterbrechung der nun regelmäßiger werdenden Kolibritransporte nach Europa brachten die beiden Weltkriege. Vor dem 2. Krieg konnte z. B. der Berliner Zoo fast ständig eine Kollektion Kolibris zeigen. Einen großen Aufschwung nahm das Kolibrigeschäft mit der Zunahme des modernen Luftverkehrs, und es ist heute möglich, zu jeder Jahreszeit Kolibris zu importieren oder zu kaufen. Leider war die Lebenserwartung dieser Vögel in menschlicher Pflege nicht sonderlich hoch, so daß man sich eigentlich fragt, wie es der New Yorker Zoo schaffte, ein Exemplar 10 Jahre zu halten. Deshalb sollen in den folgenden Absätzen die Erfahrungen von Zoos und Privatliebhabern aus dem weitverstreuten Schrifttum zusammengetragen und mit eigenen verglichen werden.

Es dürfte heutzutage kaum noch jemandem einfallen, sich eine Katze zu kaufen, ohne Rücksicht darauf, ob es dann ein Tiger oder eine Wildkatze ist. In allen Fällen bestehen beim Käufer bestimmte Vorstellungen darüber, wie diese Katze aussehen soll und wo sie herkommt. Nicht so dagegen bei Kolibris, hier werden die Vögel beim Händler nach Größe oder Färbung – die besonders prächtig zu sein hat – erstanden. In den meisten Fällen wissen weder Händler noch Kunde, was für ein Tier da den Besitzer gewechselt hat. Infolgedessen hat niemand eine Ahnung, aus welchem Lebensraum das Tier kommt und welche speziellen Eigenheiten in der Pflege zu beachten sind. Von diesem Idealbild sind wir zugegebenermaßen noch weit entfernt und werden es wohl auch noch eine Weile bleiben. Erschreckend ist diese Ignoranz eigentlich nur, wenn man hin und wieder Berichte liest, in denen mit blumenreichen Nebensätzen die Schönheit dieser Tiere beschrieben wird und über jedes gesträubte Federchen ein Begeisterungssturm ausbricht, andererseits aber Berichte über genaue Krankheitsanzeichen mit dürren Worten als nicht weiterbringend abgetan werden.

Es scheint mir daher zunächst einmal falsch, trotz großer Übereinstimmung in der Nahrung, Blütennektar und Insekten, angesichts des riesigen Verbreitungsgebietes, das sich über mehr als 100 Längengrade über ein Gebiet von mehr als 40 Millionen Quadratkilometer erstreckt, den Terminus „die Kolibris“ in Hinsicht auf die Haltung und Ernährung weiterhin zu benutzen. Wenn es weiter geschieht, auch in diesem Buch, dann nur, um ein kurzes Arbeitswort zu haben, wobei man sich immer darüber klar sein muß, daß daraus Verallgemeinerungen folgen, die den Tieren in Käfig und Voliere nur abträglich sind. Es scheint mir nur zwei Tatsachen zu verdanken sein, daß die Kolibrihaltung in den letzten 30 Jahren Fortschritte gemacht hat: erstens hat ein größerer Kreis von Liebhabern und Zoos Erfahrungen gesammelt, und zweitens kommen nahezu alle Kolibris aus Ländern des tropischen Südamerika, also einem recht einheitlichen Lebensraum. Merkwürdigerweise überleben meist nur die Vertreter aus dem Tiefland die folgenschwere Kette der dauernden Nahrungsumstellungen – Freiland – Händler – Transport – europäischer Händler – Zoo oder Liebhaber – recht gut, ganz selten hingegen Vertreter aus dem Mittel- oder Hochgebirge. Da unsere Kenntnisse über die Biologie der einzelnen Arten aber immer noch mehr als lückenhaft sind, erscheint es sinnvoll, jede Notiz über neue Fütterungen, neue Erkenntnisse aus der Biologie, Haltungserfolge usw. mit den eigenen Erfahrungen zu vergleichen und gelegentlich auch zu übernehmen.

23.1 Unterbringung

Vor dem für jeden Vogelliebhaber spannendsten Moment des Einkaufes der Vögel steht allerdings die nicht minder spannende Frage, wo man sie unterbringt. Vor jeder weiteren Erörterung muß hierzu gesagt werden, daß sich Kolibris nur bedingt als Insassen eines normalen Gitterkäfigs eignen. Als Tiere meist staubfreier Lebensräume infizieren sie sich innerhalb kürzester Zeit an den selbst in der saubersten Wohnung vorkommenden Pilz- und Hefesporen, mehr darüber jedoch im Kapitel über Krankheiten.

Diese Meinung hat sich heute als ziemlich allgemein durchgesetzt, und so kann man Kolibris in Zoos oder beim Liebhaber eigentlich nur noch in Glasvolieren bewundern. Neben einem großen Maß an Bewegungsfreiheit sollte den Tieren die tägliche Möglichkeit zu Baden gegeben werden. Kolibris baden nicht nur in kleinen Wasserfällen oder Springbrunnen, sondern auch auf nassen Blättern. Durch mehrmaliges tägliches Besprühen der Bepflanzung wird auch eine hohe Luftfeuchtigkeit erreicht, die den sonst immer aufgewirbelten Staub bindet. Außerdem sollten Licht und Luft ungehindert Zutritt haben. Die Bepflanzung wird sich meist nach Geschmack und Geldbeutel richten, sie sollte aber so in der Voliere verteilt sein, daß mehrere Nischen entstehen, in denen sich die Vögel voreinander verstecken können.

Kolibris benötigen ungleich mehr Raum als andere Kleinvögel, und hier liegt die Crux der Kolibrihaltung. Man kann in Zoologischen Gärten z. B. nicht nur einen einzigen Kolibri in einem großen Käfig von 8 m^3 ($2 \times 2 \times 2$ m) zeigen, und auch der Liebhaber wird dies nicht tun. Also baut man entweder kleinere Behältnisse oder setzt in das große mehrere Vögel. Das Ergebnis ist in jedem Fall nie sehr schön, in dem kleinen Raum fliegt der Kolibri meist nur vom Sitzast zu Futterröhrchen, und sind in der großen Voliere mehr als fünf Tiere beieinander, befehden sie sich. Setzt man die Kolibris nun in eine der großen Freiflugvolieren, sind sie wohl bestimmt gut untergebracht, zu sehen sind sie dann aber nur für den Eingeweihten. Leider gibt es bis heute noch kein Patentrezept für den Volierenbau, doch scheinen mir lange Flugräume noch das geeigneteste zu sein.

Die Rauflust der Kolibris ist biologisch bedingt, sie besetzen Reviere, und häufig haben die kleinen oder schwachen Tiere das Nachsehen. Als günstig hat sich das Einsetzen von anderen Kleinvögeln wie Brillen-, Schnurr-, Nektarvögeln und Timalien erwiesen. Seltsamerweise erlischt dann die Rauflust weitgehend oder sie wird an den ungleich robusteren Vögeln ausgelassen. Es ist stets günstiger, die Vögel zusammen einzusetzen oder mit den kleinsten zu beginnen. Allerdings kann man eine Voliere auch so dicht besetzen, daß die Kolibris nicht in der Lage sind, Reviere bilden zu können, auch dann unterbleiben die Raufereien weitgehend.

Als Sitzäste sind glattrindige dünne Naturäste gut geeignet. Grundsätzlich werden zur Bepflanzung meist großblättrige tropische oder subtropische Blattpflanzen verwandt und diese so angeordnet, daß dem Beschauer ein optisch ansprechendes Panorama geboten wird. Es sollte hierbei aber nicht vergessen werden, daß bei einer solchen Bepflanzung ein möglicher Nestbau meist am Nichtvorhandensein günstiger Ästchen und Standorte scheitert. Mit großem Erfolg habe ich dichte Gebüsche verwandt, in die sich dann kleinere Arten bei Verfolgungsjagden flüchten können. Auch im Freiland habe ich festgestellt, daß diese Möglichkeit weitgehend genutzt wird.

Ein fast unausrottbarer Irrglaube scheint die Wärmebedürftigkeit der Kolibris zu sein. So werden beispielsweise die Vogelhäuser Zoologischer Gärten vielfach als Tropenhallen bezeichnet und sind dementsprechend, natürlich ganzjährig, beheizt. Oft wird dabei aber vergessen, daß es auch in den Tropen, vor allem nachts, ganz empfindlich kalt werden kann. Es wäre daher bei Kolibris angebracht, die Temperaturen nachts zu senken. Auf jeden Fall scheinen mir Temperaturen von mehr als 22 °C als zu hoch. Besser wäre ein Temperaturgefälle zwischen Tag und Nacht, und zwar um mindestens 10–12 °C. Während der kalten Regenzeit 1971 im Hochtal von Mexiko haben selbst schlecht ernährte Tiere Nachttemperaturen von wenigstens 4 °C mit anschließenden Tagestemperaturen von nur 15 °C ohne Schwierigkeiten überstanden. Hagelschauer von mehr als einer halben Stunde Dauer wurden von ihnen ohne Schaden überstanden, offenbar fallen sie bei solchen kurzfristigen Temperaturstürzen am Tage nicht in Starre. Ein kurzfristiges Wegziehen aus solchen Gebieten scheidet ebenfalls aus, da die Tiere unmittelbar nach Beendigung der Unwetter wieder beobachtet wurden. Selbst tropische Gebirgskolibris, die ich im mexikanischen Bundesstaat Chiapas beobachtete, überstanden Nachttemperaturen von weniger als 10–12 °C glänzend.

Warum sollten also Kolibris nicht auch in unseren Breiten zumindest im Sommer im Freien gehalten werden. Ich habe vor vielen Jahren einmal den Versuch unternommen, Kolibris in einer Freivoliere zu halten. Es handelte sich dabei um die tropische Tieflandart *Amazilia fluviatilis*. Die Tiere hatten in der Voliere, die nach oben und drei Seiten hin offen war, während eines schlechten Sommers keinen Schutz gegen den Wind, wohl aber trockene Sitzplätze. Bei Regen verließen sie diese, um sich unter den fallenden Tropfen und auf den nassen Blättern zu baden. Die Temperaturen lagen nachts häufig unter 10 °C. Die Vögel zeigten während der Sommermonate eine gute Kondition, tranken mehr Futter als die Tiere in der beheizten Voliere, obwohl sie außerdem viel Insekten fingen. Diese Tatsache führe ich auf die durchschnittlich niedrigeren Temperaturen im Freien zurück, zu deren Kompensation die Vögel mehr Energie verbrauchten.

Die ideale Unterbringung ist ein Gewächshaus mit anschließender Außenvoliere, wo sich die Tiere den ihnen genehmen Raum selbst aussuchen könnten. Diese Art der Unterbringung wird im Zoo Heidelberg nicht nur bei Kolibris, sondern auch bei anderen empfindlichen Tropenvögeln praktiziert.

23.2 Fütterung

Wie erwähnt, ernähren sich Kolibris von Blütennektar und Insekten, von zwei Komponenten also, die sie in menschlicher Obhut nur in künstlicher Form vorfinden können. Selbst die reichlichste Fütterung mit Essigfliegen *(Drosophila)* bleibt höchst einseitig. Zumeist können keine Fliegen geboten werden, so daß die Zufuhr von tierischem Eiweiß in flüssiger Form geschehen muß. Aus diesen Überlegungen heraus ist die Fülle von Futterrezepten mit den abenteuerlichsten Ingredienzen zu verstehen oder auch nicht. Grundsätzlich sollte sich jedermann, der

Tiere hält und verpflegt, über die primitivsten Grundregeln der Ernährung im klaren sein. Ganz überwiegend ernähren sich alle Tiere von Eiweißen, Kohlenhydraten, Fetten, Mineralsalzen und Wasser. Dabei sind die Eiweißstoffe unerläßlich, weil die Zellen aller Tierkörper daraus aufgebaut sind. Kohlenhydrate und Fette können Eiweißstoffe nicht ersetzen, weil sie keinen Stickstoff enthalten. Sie dienen daher mehr dem Betriebsstoffwechsel. Zu den Nährstoffen höherer Tiere gehören auch viele Vitamine, die nur in minimalen Mengen aufgenommen werden müssen. Sie sind zum Aufbau verschiedener lebenswichtiger Stoffe, besonders mancher Fermente, unerläßlich. Es handelt sich dabei um chemisch sehr verschiedenartige Stoffe. Fehlt ein Vitamin, so treten jeweils charakteristische Mangelerscheinungen auf. Während niedere Tiere die lebensnotwendigen Vitamine noch selbst synthetisieren, haben die höheren Tiere diese Fähigkeit weitgehend verloren, wahrscheinlich deshalb, weil sich Vitamine bzw. Vorstufen davon bereits in der normalen Nahrung finden.

Ohne auf die Zufütterung von lebenden Insekten einzugehen, muß zunächst festgestellt werden, daß alle oben angegebenen Bestandteile den Kolibris nur in flüssiger gelöster oder emulgierter Form geboten werden können, da diese Tiere unfähig sind, feste Nahrung aus Futternäpfen aufzunehmen. Da diese flüssige Nahrung aber am Magen vorbeiführt (vgl. hierzu das Kapitel Nahrungsaufnahme) und nicht mehr von den Magensäften für die Darmpassage aufgeschlossen wird, müssen die einzelnen Nahrungsbestandteile bereits in aufgeschlossener Form gereicht werden. Leider wissen wir fast nichts über den Fortgang der Verdauung vom Kropf bis in den letzten Darmabschnitt, so daß wir bei der Zusammensetzung der künstlichen Nahrung nur auf Vermutungen, Erfahrungen und Freilandbeobachtungen angewiesen sind. Infolgedessen bleiben alle Futterzusammensetzungen Experimente, die ein Teil der importierten Vögel erstaunlicherweise gut übersteht. Es sind in der Mehrzahl tropische Tieflandformen.

Als Hauptbestandteil des Kolibrifutters wird von den meisten Autoren Honig genannt. Es ist sicher so, daß Honig dem Blütennektar noch am nächsten kommt, doch sollte man wissen, daß der Honig von den Bienen durch Zusatz von Fermenten lagerfähig gemacht worden ist. Eine weitere Form von Kunstnektar besteht aus einer Mischung der im Nektar nachgewiesenen Zucker, es sind dies neben Rohzucker (Saccharose) Fruchtzucker (Fructose) und Traubenzucker (Glucose). Aus den wenigen Analysen des Nektars der von Kolibris besuchten Blüten geht hervor, daß die einzelnen Anteile wechseln und daß auch die Zuckerkonzentrationen stark schwanken. Ein Mittelwert dürfte etwa bei 50 % Glucose, 40 % Fructose und 10 % Saccharose liegen, die in einer Konzentration von 5–30 % in Lösung vorliegen. Beim Kunstnektar sollte eine Konzentration von etwa 10 % auf die Dauer nicht überschritten werden, wobei Schwankungen von $\pm$ 5 % physiologisch auf die Dauer sicher gut vertragen werden. Im Zoo Heidelberg füttern wir ein Zuckergemisch in ständig etwas wechselnden Konzentrationen.

Während die Frage der Kohlenhydrate als gelöst betrachtet werden kann, bestehen immer noch große Unstimmigkeiten über Art und Menge der Eiweißstoffe. Hier werden die großen physiologischen Unterschiede zwischen den einzelnen Arten besonders deutlich, und es sieht so aus, als ob gerade die Kolibriarten des tropischen Tieflandes die härtesten sind, denn sie vertragen Nährflüssigkeiten, an denen Hochlandarten schon nach wenigen Stunden zu kränkeln anfangen. Das Gebiet der Ernährungsphysiologie bei Kolibris ist immer noch ein Kapitel mit vielen Fragezeichen, besonders wenn man bedenkt, daß „Haltungserfolge" mit den phantastischsten Nährlösungen erzielt wurden. Die Frage ist so zu stellen: kann überhaupt von einem Erfolg gesprochen werden, wenn nur etwa 5–10 % der importierten Tiere das zweite Lebensjahr in Menschenhand erreichen? Aus diesem Karussell führt meines Erachtens nur ein Denkmodell: Kolibris sind Vögel und keine Säugetiere, warum aber ernähren wir sie mit Säugetiereiweiß, obwohl wir nicht wissen, ob es überhaupt im Darm resorbiert wird? In der Tat haben eigene Fütterungsversuche ergeben, daß die mit Hühnerei oder Mehlwurmbrei angereicherten Futterlösungen von den Kolibris bevorzugt getrunken und auch vertragen wurden. Die mengenmäßige Zugabe muß nach dem Verhalten der Tiere individuell geregelt werden, bei zu großem Eiweißangebot werden sie schnell träge, nicht hingegen bei reichlicher Fliegenfütterung.

Ein relativ neuer Streitpunkt ist die Menge und Kombination der zu verabreichenden Vitamine. Die Fülle der Beiträge reicht hier von Federausfall bei zu hohen Vitamin A-Dosen bis hin zu abenteuerlichen Dosierungen von doppelter Humandosis. Es sei bemerkt, daß ich vor Jahren bei *Amazilia franciae* durch hohe Vitamin A-Dosen ein Balzverhalten auslösen konnte (nicht Vitamin E!) und daß ich bei bisher nur zwei Tieren äußerlich erkennbare Vitaminmängel feststellte. Ganz sicher liegt auch hier die Dosierung noch im argen, doch bis wir mehr darüber wissen, müssen wir uns auf das Fingerspitzengefühl und die bislang mit Erfolg erprobten Dosen halten.

Die Freilandbeobachtungen von VERBEEK und anderen von sandfressenden Kolibris, speziell vor der Legeperiode, weisen daraufhin, daß Kalk in dem Kunstnektar nicht fehlen sollte.

Wenn nun trotzdem einige Futterrezepte von vielen herausgegriffen werden, so geschieht das deshalb, um die Weite des Spektrums zu zeigen, in dem man sich bewegen kann.

Ganz generell sollte man sich bei der Futterzubereitung an einige Regeln halten, die an sich ganz selbstverständlich sind, doch infolge menschlicher Bequemlichkeit oft vernachlässigt werden:

1. Zur Futterzubereitung nur abgekochtes Wasser verwenden, auf äußerste Sauberkeit aller Futtergefäße achten.
2. Niemals Obst und Milchpräparate zusammen in ein Futter mixen; eine solche Mischung säuert innerhalb kurzer Zeit und müßte dauernd erneuert werden.
3. So wie auch der Mensch in seiner Ernährung die Abwechslung liebt, so lieben das auch die Tiere. Wenn möglich sollten Obst- und Eiweißzugaben dauernd wechseln, die Zuckerkonzentration variieren und viele lebende Insekten verfüttert werden.

Es ist hier nicht der Platz, sämtliche Futtermischungen für Kolibris zu untersuchen, sondern es sollen – Kenntnisse über die Wirkung von Vitaminen und die Rolle von Kohlenhydraten, Fetten und Eiweißen vorausgesetzt – lediglich die grundsätzlichen Dinge Beachtung finden. Bei der Durchsicht der in den letzten 20 Jahren verwandten Futterlösungen und der damit erzielten Erfolge in den einzelnen Vogelhaltungen zeigten sich folgende Ergebnisse:

	1	2	3	4	5	6	7	8	9	10	11	12	13	14	15	16
Kohlenhydrate																
Honig	+	+	+	+	+	+	+	+	+	+	+	+	+	–	–	–
Rohrzucker der Kondensmilch	+	–	–	–	–	–	–	–	–	–	–	–	–	–	–	–
Nutromalt	+	–	–	–	–	–	–	–	–	–	–	–	–	–	–	–
Mellins Food	–	+	–	–	–	–	–	–	–	–	+	+	+	–	–	–
Rohrzucker	–	–	–	–	–	–	+	–	–	–	–	–	+	+	–	–
Alete Nährzucker	–	–	–	–	–	–	–	–	+	–	–	–	–	–	–	–
Stimulite	–	–	–	–	–	–	–	–	+	–	–	–	–	–	–	–
Weizenkeimlinge	–	–	–	–	–	–	–	–	+	–	–	–	–	–	–	–
Traubenzucker	–	–	–	–	–	–	–	–	–	–	–	–	–	+	–	–
Kohlenhydrate von Nektarmil II	–	–	–	–	–	–	–	–	–	–	–	–	–	–	+	–
Fruchtzucker	–	–	–	–	–	–	–	–	–	–	–	–	–	–	–	–
Früchte																
Banane	–	–	–	–	+	–	+	–	+	+	–	–	–	–	+	–
Trauben	–	–	–	–	+	+	–	–	–	–	–	–	–	–	+	–
Möhre	–	–	–	–	–	+	–	–	+	+	–	–	–	–	–	–
Orangensaft	–	–	–	–	–	+	–	–	–	–	–	–	–	–	–	–
Tomatensaft	–	–	–	–	–	+	–	–	–	–	–	–	–	–	–	–
Traubensaft	–	–	–	–	–	+	–	–	–	–	–	–	–	–	–	–
Aprikosensaft	–	–	–	–	–	+	–	–	–	–	–	–	–	–	–	–
Apfel	–	–	–	–	–	–	+	–	+	+	–	–	–	–	+	–
Birne	–	–	–	–	–	–	+	–	–	–	–	–	–	–	+	–
Apfelsine	–	–	–	–	–	–	–	–	+	–	–	–	–	–	–	–
Salat	–	–	–	–	–	–	–	–	+	+	–	–	–	–	+	–
Pfirsich	–	–	–	–	–	–	–	–	–	–	–	–	–	–	+	–
Eiweiß																
Kondensmilch	+	+	+	+	–	+	+	–	+	+	+	+	–	–	–	–
Nutromalt	+	–	–	–	–	–	–	–	–	–	–	–	–	–	–	–
Fleischextrakt	+	–	–	+	–	–	–	–	–	–	+	–	+	–	+	–
Baby Beef	–	+	–	–	–	–	–	–	–	–	–	–	–	–	–	–
Mellins Food	–	–	+	+	–	–	–	–	–	–	–	–	–	–	–	–
Cerelac	–	–	–	–	+	–	–	–	–	–	–	–	–	–	–	–
Trockenmilch	–	–	–	–	+	–	–	–	–	–	–	–	–	–	–	–
Mehlwürmer	–	–	–	–	–	+	+	–	+	+	–	–	–	–	–	+
Pferdeleber	–	–	–	–	–	+	–	–	–	–	–	–	–	–	–	–
Kindernahrungsmehl	–	–	–	–	–	–	+	–	–	–	–	–	–	–	–	–
Ei	–	–	–	–	–	–	+	–	+	+	–	–	–	–	+	+
frische Ameisenpuppen	–	–	–	–	–	–	+	–	+	+	–	–	–	–	–	–
Rinderfett	–	–	–	–	–	–	–	+	–	–	–	–	–	–	–	–
gedörrtes Frischfleisch	–	–	–	–	–	–	–	+	–	–	–	–	–	–	–	–
Heuschrecken	–	–	–	–	–	–	–	–	+	–	–	–	–	–	–	–
Keimgetreide	–	–	–	–	–	–	–	–	+	–	–	–	–	–	–	–
Algenmehl	–	–	–	–	–	–	–	–	+	–	–	–	–	–	–	–
Fleischmehl	–	–	–	–	–	–	–	–	+	–	–	–	–	–	–	–
Pferdeherz	–	–	–	–	–	–	–	–	+	+	–	–	–	–	–	–
Boviserin	–	–	–	–	–	–	–	–	+	–	–	–	–	–	+	+
getrocknete Garnelen	–	–	–	–	–	–	–	–	–	+	–	–	–	–	–	–
Muschelkrebse	–	–	–	–	–	–	–	–	–	+	–	–	–	–	–	–
Seidenraupenpuppen	–	–	–	–	–	–	–	–	–	+	–	–	–	–	–	–
Daphnien	–	–	–	–	–	–	–	–	–	+	–	–	–	–	–	–

	1	2	3	4	5	6	7	8	9	10	11	12	13	14	15	16
Blutmehl	–	–	–	–	–	–	–	–	–	+	–	–	–	–	–	–
Fischmehl	–	–	–	–	–	–	–	–	–	+	–	–	–	–	–	–
Knochenmehl	–	–	–	–	–	–	–	–	–	+	–	–	–	–	–	–
Weizenkeimlinge	–	–	–	–	–	–	–	–	–	+	–	–	–	–	–	–
Trockenlebertran	–	–	–	–	–	–	–	–	–	+	–	–	–	–	–	–
Gevral[1]	–	–	–	–	–	–	–	–	–	–	–	–	–	+	–	–
Eiweiß der Nektarmil II	–	–	–	–	–	–	–	–	–	–	–	–	–	–	+	–
Ritter's Nährhefe	–	–	–	–	–	–	–	–	–	–	–	–	–	–	–	+
Vitamine																
A	–	–	–	+	–	–	–	–	+	+	–	–	–	–	–	–
B	–	–	–	+	–	–	–	–	–	–	–	–	–	–	–	–
B_1	–	–	–	–	–	–	–	–	–	+	–	–	–	–	–	–
B_2	–	–	–	–	–	–	–	–	–	+	–	–	–	–	–	–
B_{12}	–	–	–	–	–	–	–	–	–	+	–	–	–	–	–	–
C	–	–	–	+	–	–	–	–	+	–	–	–	–	–	–	–
D	–	–	–	+	–	–	–	–	+	–	–	–	–	–	–	–
E	–	–	–	–	–	–	–	–	+	+	–	–	–	–	–	+
F	–	–	–	–	–	–	–	–	–	+	–	–	–	–	–	–
Protovita	–	–	–	–	–	–	–	–	–	+	–	–	–	–	–	–
Sanostol	–	–	–	–	–	–	–	–	–	+	–	–	–	–	–	–
Polyvital	–	–	–	–	–	–	–	–	+	–	–	–	–	–	–	–
Multibionta	–	–	–	–	–	–	–	–	–	–	–	–	–	–	+	–
Multi-Mulsin[2]	–	–	–	–	–	–	–	–	–	–	–	–	–	–	–	+
A-Mulsin[2]	–	–	–	–	–	–	–	–	–	–	–	–	–	–	–	+
E-Mulsin[2]	–	–	–	–	–	–	–	–	–	–	–	–	–	–	–	+
B-Komplex	–	–	–	–	–	–	–	–	–	–	–	–	–	–	–	+

1. Zoo Basel, modifiziert nach Reventlow, briefl. (1963)
2. Zoo Basel, Wackernagel, Gef. Welt 78 (1955)
3. England, Quincey, Avicult. Mag. 62,2
4. Zoo Kopenhagen, Reventlow, Avicult, Mag. 59, 1 (1953)
5. Chile, Johow, Gef. Welt 85 (1961)
6. Zoo Cleveland-Ohio, Reuther, Avicult, Mag. 65, 4/5 (1959)
7. Steinbacher, Vogelpflege leicht gemacht, München
8. Argentinien, Neunteufel
9. Zoo Frankfurt, Faust, mündl. (1963)
10. Wien, Koenig, Gef. Welt 83, (1959)
11. New York, Lyerly, Riess u. Ross, Behaviour 2, 4 (1950)
12. Seth-Smith, Avicult. Mag. 11, 7 (1933)
13. Stokes, Avicult. Mag. 11, 7 (1933)
14. Behnke-Pedersen, Kolibrier, Skibby-Bogarne
15. Scheithauer, Kolibris, München (1966)
16. Tiergarten Heidelberg

1) Hersteller: Cyanamid-Lederle, New York
2) Hersteller: Mucos-GmbH, München

1. Die Verabreichung von komplexen Nährlösungen hat sich nicht bewährt. Es ist zwar durchaus gelungen, besonders robuste Einzeltiere lange zu halten, aber Zuchterfolge erzielte man nicht.

2. Alle Kolibrizüchter – Zoos oder Liebhaber – arbeiteten mit relativ leicht zu erstellenden Nährlösungen, die aus nur wenigen Einzelstoffen zusammengesetzt wurden. Der Gesichtspunkt einer einfachen Handhabung und Herstellung ist nicht nur für den Zootierpfleger, sondern auch für den Liebhaber von Bedeutung.

3. Komplex zusammengestellte Nährlösungen säuern leichter, besonders bei der gleichzeitigen Verwendung von Obstsäften und Milcheiweiß.

4. Der Kohlenhydratanteil einer Nährlösung besteht entweder aus Bienenhonig oder einem Gemisch verschiedener Zucker. Bienenhonig ist der eingedickte, durch viele Bienenmägen gegangene und durch Drüsenabsonderungen veränderte Nektar von Millionen Blüten oder der Ausscheidung von Blattläusen. Er besteht aus Traubenzucker, Fruchtzucker und Rohzucker. Für den Kohlenhydratanteil der Nährlösung kann

a) Honig – 100 g auf $^1/_2$ l Wasser –, oder
b) ein Gemisch aus 45 % Fruchtzucker, 50 % Traubenzucker und 5 % Rohzucker in einer Konzentration von 15 %

verwendet werden. Der Nektar der meisten von Kolibris besuchten Blüten hat eine Konzentration von 15 %.

5. Der Anteil an Eiweißen, Aminosäuren und Fetten, die sehr oft in Präparaten vereinigt sind, die für andere Zwecke hergestellt werden – beispielsweise Babynahrung –, wird mit Erfolg für die Nährlösung verwandt. So sind Kindernährmittel, die aus

12–15 % Eiweiß	etwa 2 % Mineralstoffen
22–24 % Fett	etwa 0,25 % Kalk
53–58 % Kohlenhydraten	

bestehen, ohne Bedenken zu benützen, wenn feststeht, daß das schwerverdauliche Kasein durch das leichter verdauliche Laktalbumin ersetzt ist. Laktose soll nach SCHUCHMANN schon in kleinen Dosen zu schweren Entzündungen des Magen-Darm-Traktes führen. Ist der Milchzucker mit einem durch das Aufbrechen der Zellwände und Austritt des Protoplasmas aufgeschlossenen Getreideschleim kombiniert, sind selbst die schwierig zu haltenden Einsiedlerkolibris optimal zu ernähren. Von einer solchen Babynahrung, die meist noch mit Vitaminzusätzen versehen ist, werden nur 20 g/l Wasser für den Kunstnektar verwendet. Ebenso sind Zusammenstellungen von essentiellen und nicht essentiellen Aminosäuren geeignet; meist sind es Humanpräparate, die in der Vor- und Nachbehandlung der Darmchirurgie Verwendung finden. Der Anteil von Aminosäuren an der Gesamtmenge der Bestandteile (ohne Wasser) soll 2,5 % betragen. Keinesfalls sollte das Verhältnis von Zucker zu Aminosäuren 10 : 1 (SCHUCHMANN 1979) betragen. Schon bei dem oben angegebenen Verhältnis von 2,5 % der Bestandteile (ohne Wasser) beträgt die erforderliche Rohproteinmenge das Zehnfache der bekannten Werte, bezogen auf den Kolibri. Eine weitere Eiweißquelle ist fettarmes Sojamehl, das anteilmäßig nicht über den oben genannten Wert steigen soll.

SCHEITHAUER hat mit Erfolg ein Aufzuchtfutter für Zierfische als weitere Eiweißquelle für seinen Kunstnektar verwandt, prozentual beträgt die zugesetzte Menge etwa 7,5 % an der Gesamtmenge (ohne Wasser) der Bestandteile.

6. Zur Versorgung der Kolibris mit Vitaminen eignen sich besonders gut alle emulgierten Vitaminpräparate. Es können aber alle human- oder veterinärmedizinischen Vitaminpräparate verwandt werden. Kolibris können übrigens wie alle anderen Tiere (Ausnahme: Mensch, Affen, Meerschweinchen) Vitamin C im Körper synthetisieren.

7. Das Futter sollte 2- bis 3mal täglich neu zubereitet werden und wird den Vögeln in Glas- oder Kunststoffröhrchen angeboten. Das Trinkröhrchen hat am Boden einen seitlich angebrachten Stutzen, aus dem die Tiere trinken können. Für *Eutoxeres* und *Ensifera* sollte man Spezialröhrchen verwenden, deren Stutzen nach oben *(Eutoxeres)* gebogen oder nach unten *Ensifera)* gerichtet ist. Stets sollten einige Röhrchen so aufgehängt werden, daß die Vögel vor ihnen sitzend trinken können.

23.3 Krankheiten

Eines der schwierigsten Probleme der Kolibrihaltung sind die Krankheiten. Man kann sie bisher deutlich in zwei Erscheinungsformen gliedern:

1. Meist treten Krankheiten in den ersten Wochen nach Erhalt einer neuen Sendung auf. Sie sind als „Streßzustände" durch die Faktoren Transport und Futterumstellung anzusehen, zudem können sie epidemische Formen annehmen.

2. Fast immer auf Einzeltiere beschränkt sind Krankheitsbilder, die plötzlich bei Tieren auftreten, von denen ich glaubte, sie eingewöhnt zu haben.

Es handelt sich immer um gleiche oder ähnliche Krankheiten, deren äußere Erscheinungsbilder nicht zu differenzieren sind. Bei Tieren, die man halbtot auf dem Boden findet oder die mit geschlossenen Augen und ruckartig schüttelndem Körper auf den untersten Ästen sitzen, kann zwar eine Heilung versucht werden, doch ist ihr nach meinen Erfahrungen wenig Erfolg beschieden.

Der sicherste Weg der Frühdiagnostik führt daher über eine genaue Kenntnis der allgemeinsten Verhaltensweisen der Kolibris. Nur wenn die ersten Anzeichen einer stärkeren Beeinträchtigung oder Schwächung des Tieres genau erkannt werden, kann noch helfend eingegriffen werden. Ich schicke deshalb einen sehr kurzen Abriß des Verhaltens gesunder Kolibris voraus.

Die günstigste Zeit für eine Kontrolle sind immer die ersten Minuten nach dem Aufwachen der Vögel. Jeder Kolibri, der sich nicht innerhalb der ersten 10 min putzt oder zum Futter fliegt, sollte im Verlauf des Tages noch mehrmals genau beobachtet werden. Auch der sitzende Kolibri ist in ständiger Bewegung. Der Kopf wird immer, manchmal metronomhaft, ein wenig hin und her gedreht. Schwanz und Flügel zucken häufig, ähnlich wie bei Fliegenschnäppern. Die Ruhepausen auf einem exponierten Ast dauern nur wenige Minuten, dann folgen Flüge, Insektenfang, Luftgefechte oder Trinken aus einem Röhrchen. Nach dem Trinken wird der Schnabel mehrmals, oft ganz bedächtig, rechts und links am Sitzast abgewischt. Werden Fliegen verfüttert, ist jedes Tier in der Luft und versucht möglichst viele zu fangen. Das Badebedürfnis der Kolibris ist sehr groß. Rieselt Wasser herab oder sind die Blätter besprüht worden, baden und putzen sich alle Kolibris. Wird das Wasserbedürfnis nicht befriedigt, „baden" die Vögel im Leerlauf auf trockenen Blättern. Der Flug der Kolibris ist reißend und schnell, die Flugmanöver ruckartig und rasch. Betritt der Pfleger die Voliere, fliegen die Vögel vor ihm weg, nur ganz zahme Tiere fliegen beispielsweise an das mit der Hand hochgehobene Röhrchen.

Diese für gesunde Kolibris typischen Verhaltensweisen fallen fast immer in einer bestimmten Reihenfolge nacheinander weg, wenn sich das Tier nicht wohl fühlt. In folgender Tabelle habe ich diese Aufeinanderfolge zusammengestellt, sie ist von mir für viele Krankheitsbilder protokolliert worden:

Fliegenfangen	–	leichtes Landen	+"
Baden	–	Schnabelabstreifen nach dem Trinken	+
Kopfdrehen	–		
Flügel-Schwanz-Zucken	–	rundes, offenes Auge	+
Aggressivität	– (+)	glattes Gefieder	+
Putzen	–	Fluchtdistanz	+
exponiertes Sitzen	–	Futteraufnahme	+
schneller Flug	+"		

Reihenfolge des Ausfalles der typischen Verhaltensweisen bei Krankheit:

– 1. Gruppe, nicht von ausschlaggebender Bedeutung, wenn nur eine Verhaltensweise fehlt. Ist die 1. Gruppe vollständig ausgefallen, verdient das Tier eine erhöhte Aufmerksamkeit

+ 2. Gruppe, beim Fehlen einer Reihe von Merkmalen dieser Gruppe sollte der Kolibri gefangen und untersucht werden

" ein Ausfall dieser beiden Verhaltensweisen tritt auch bei der Mauser ein

–(+) ist bei sehr aggressiven Tieren ein Nachlassen der Streitlust zu bemerken, ist dies zwar erfreulich, doch in vielen Fällen ein Anzeichen beginnender Krankheit.

Da oft im Verlauf des Tages eine Verschlechterung des Gesamtbefindens eintritt, ist beim Fehlen einer Verhaltensweise der ersten Gruppe (–) das Tier genau zu beobachten. Fallen weitere Merkmale (+) weg, ist eine Untersuchung diese Tieres notwendig. Ich nehme sie nach folgendem Schema vor:

1. Prüfung des Gefiederzustandes: Sind die Schwungfedern stark abgeflogen, kann das Tier in der Flugvoliere verbleiben. Da viele abgeflogene oder mausernde Kolibris weiterhin baden, ist immer zu beobachten, ob sie nach dem Baden, wenn sie ihr Gefieder getrocknet haben, wieder auf die höheren Äste fliegen. Schwanzlose Tiere werden durch das Fehlen der Steuerfedern, auch nach einer Schreckmauser, nicht wesentlich beim Fliegen behindert. Über eine Behandlung von Mauserschäden im Deckgefieder berichte ich im folgenden ausführlich. Ist dem Kolibri schon ein Schwanz in menschlicher Obhut gewachsen, können Futterfehler in der Wuchszeit an „Hungerstreifen" nachträglich festgestellt werden. Viele Kolibris haben an den Bauchseiten unter den Flügeln und an den Läufen weiße oder gefärbte Federbüschel. Diese sollen stets flauschig und sauber sein, dann pflegt das Tier sein Gefieder sorgfältig.

2. Die Brustmuskulatur soll gut entwickelt sein, der Brustbeinkamm darf nur ganz wenig oder nicht vorstehen. Magere Tiere sollten isoliert werden und im Einzelkäfig bis zur Erholung verbleiben.

3. Krallen und Schnabelspitzen der Kolibris neigen in Volieren zu stärkerem Wachstum, sie müssen deshalb in Zeitabständen kontrolliert und wenn nötig geschnitten werden.

4. Atmet der Kolibri mit geöffnetem Schnabel, sind Raschelgeräusche oder Fiepen bei der Exspiration hörbar, liegt meist eine Entzündung der Luftwege vor.

5. Sehr genau ist der Zustand der Schnabelwinkel, des Schnabel- und Rachenraumes zu untersuchen, gelblichweiße, diphtheritisch aussehende Beläge sind fast immer Pilz-

oder Hefemyzelien. Nur wenige Male fand ich im Schnabelwinkel von Kolibris vertrocknete Futterreste, von denen ebenfalls Infektionen ausgehen können.

Auch das Verhalten des gefangenen Kolibris in der Hand ist wichtig. Spreizt er die Flügel und versucht zu entkommen, kann er fast immer mit Erfolg behandelt werden. Fehlt das Flügelabspreizen, hat das Tier kaum die notwendigsten Energien, und eine Behandlung ist in den seltesten Fällen aussichtsreich.

Ein in allen fünf Punkten negatives Untersuchungsergebnis konnte ich bisher nie feststellen, ich würde in einem solchen Fall zur Isolierung des betreffenden Tieres raten. Bei diesen unspezifischen Mangelzuständen und Appetitlosigkeit empfehle ich einen „ungezielten" Vitamin-A-Stoß.

Völlig abgeflogene, stark mausernde oder nicht richtig durchmausernde Vögel füttere ich in Einzelkäfigen mit einem Futter, dem ich Kalk sowie die Vitamine A, H und K zusetze. Gute Erfolge hatte ich mit dem Bayer-Präparat „Murnil", das eigentlich für Pelztiere erarbeitet wurde. „Murnil" enthält neben dem Vitamin H Eiweiß, Fett und organische Salze. Den Federdurchbruch bei schlecht mausernden Kolibris erleichterte ich durch das Auftragen einer milden Fettcreme (Kindercreme). Ektoparasiten habe ich bei meinen Tieren unmittelbar nach dem Transport nie festgestellt.

Magert ein Kolibri ohne andere Anzeichen plötzlich stark ab, schmeckt ihm entweder das Futter nicht oder er leidet unter Darmparasiten. Im Darm einer *Amazilia franciae,* die trotz Abmagerung bis zur letzten Stunde munter war, fand ich vierzehn bis zu 4 cm lange Bandwürmer. REVENTLOW (1941) fand bei seinen Tieren eine *Taenia*-Art, die von FUHRMANN als *Ananchotaenia trochili* beschrieben wurde. Bei vielen Tieren hatte ich mit einer Futterumstellung und einer Erhöhung der Vitamin-A-Dosis guten Erfolg.

Bei Lungenentzündungen konnte ich das Tier nur in den seltensten Fällen heilen. Meist gingen sie in den folgenden vier Tagen ein. Oft besserte sich der Gesamtzustand noch einmal erheblich, doch war dann das Ende um so schneller zu erwarten. Eine Behandlung mit den Antibiotika „Aureomycin", „Streptomycin" und „Hostacyclin solubile", gekoppelt mit „Cardiazol", führte ich öfter durch. Um Kreuzresistenzen zu vermeiden, verwandte ich stets nur ein Antibiotikum bei einem Tier. Eine Verträglichkeit mit „Cardiazol" dürfte durch die Tatsache erwiesen sein, daß es mir gelang, einmal geheilte Tiere noch ein zweites oder drittes Mal, oft nach Monaten erfolgreich mit dieser Kombination zu behandeln.

Bei Antibiotikumfütterung ist eine Erhöhung der Vitamindosis, speziell des Vitamins A, angebracht, da bei anhaltender Fütterung der Vitamin A-Spiegel auf pathologische Werte vermindert wird. Weiterhin soll längere Verabreichung von Penicillin (KAUKER u. MOSER 1954) das Auftreten von Aspergillose begünstigen. Weiterhin wird für „Streptomycin" ein Eingreifen in den Kohlenhydratstoffwechsel vermutet, auch Tetracycline stehen möglicherweise in Beziehungen zur Proteinsynthese und zum Zuckerstoffwechsel. „Cardiazol" ist ein Kreislauftonikum, das über das periphere Nervensystem die Tätigkeit der Kapillaren steuert. Ich verwendete stets folgende Dosierung: 1–2 Tropfen auf ein Trinkröhrchen mit 40 ml Futter. Höhere Dosen wirken meist letal. Handelte es sich um frühzeitig erkannte Lungenentzündung oder nur um Schwächezustände, habe ich mit dieser kombinierten Behandlung von Antibiotikum und „Cardiazol" häufig Erfolg gehabt.

Die weitaus häufigsten Erkrankungen waren Mykosen, und zwar Aspergillose und Soor *(Candida albicans)*. Eine ausgezeichnete zusammenfassende Arbeit über Mykosen bei Vögeln verdanken wir IPPEN u. POLZIN (1964). Ihre Ergebnisse möchte ich für Kolibris teils unterstreichen, teils ergänzen. Mykosen traten meist in folgenden Formen auf:

1. in Form einer Epidemie etwa 6–8 Wochen nach der Ankunft und
2. bei wenigen Einzelfällen, dann aber nur nach Einschalten einer längeren Trockenperiode, während der die Tiere nur an der Wasserstelle baden konnten. Es erkrankten nur die schwächlichen Tiere, die nicht badeten.

Eine Infektion über den Respirationsweg beobachtete ich nicht, die Kolibris kamen mit den Pilz- oder Hefesporen über den Umweg der Gefiederpflege in Kontakt. Dafür sprechen die anfängliche Isolation der sprossenden Herde auf dem Schnabel und das Auftreten von Infektionen bei längeren Trockenzeiten. Das oft mehrmalige tägliche Sprühen mit Wasser scheint eine adsorbierende Wirkung zu haben, die Keime werden wohl aus der Luft herausgewaschen.

Neben der Begünstigung der Aspergillose durch Penicillin und Sulfonamide – über die Wirkung anderer Antibiotika auf Aspergillose und Soor ist nichts bekannt – tritt ein weiterer mykoseunterstützender Faktor auf, die stark glukosehaltige Nahrung. (Aus der Humanmedizin ist bekannt, daß eine „Candida“-Infektion häufig als Superinfektion einer mit Antibiotika behandelten bakteriellen Infektion auftritt.) JEOFFERY u. KENZY (1962) stellten ein vermehrtes Auftreten von *Candida albicans* an Küken fest, die mit glukosereicher Nahrung gefüttert wurden. Auch Pilze stellen an ein Nährmedium keine großen Ansprüche, so züchteten BAKER (1934) und LANGE (1914) *Aspergillum* auf Glukose- und Maltose-Nährböden bei Zimmertemperatur. Eine epidemische Form der Mykosen bei den durch Transport, Nahrungs- und Luftumstellung geschwächten Kolibris und dem Hinzutreten oben genannter Faktoren ist also zu erwarten. BIRK (1961) zitiert GREKIN (1950), daß bei Aspergillose mit Sulfadiazinen, Penicillin, Streptomycin und Aureomycin keinerlei Wirkung erzielt werden konnte. Doch bietet die anfängliche Isolation der Mykosen auf Zunge und Schnabel beim frühzeitigen Erkennen eine Möglichkeit, aus diesem Kreis mykosepositiver Wirkungen zu entkommen.

Die Frühdiagnose einer Mykose ist sehr schwierig, da die typischen Verhaltensweisen (Gruppe 1 –) bei einer haftenden Infektion im Schnabelraum nahezu vollständig zu beobachten sind. Erst wenn die Sproßherde in den Rachenraum wandern, also die lange Brücke des Schnabels und der Zunge hinter sich gebracht haben, sind erste Anzeichen zu bemerken. Im Gegensatz zu Zucker- und Nektarvögeln schütteln Kolibris nur selten bei geöffnetem Schnabel mit dem Kopf. Bei schlecht schmeckendem Futter kann diese „Ekelbewegung“ sehr oft beobachtet werden. Häufiger wird der dünnwandige Schnabel an einer Stelle von den Pilz- und Hefemyzelien zerstört, und ich konnte dann anhand dieses sekundären Merkmals Aspergillose oder Soor im Schnabel feststellen. Das Ausfallen der Verhaltensweisen am äußerlich intakten Tier geht meist sehr rasch, und Erfolge hatte ich nur mit einer Kombinationsbehandlung (s. u.). In Zweifelsfällen habe ich immer Stichproben durchgeführt, indem ich die Kolibris abends an der von außen erhellten Glaswand fing. In solch einer Stichprobe hatte ich dann immer alle Tiere, die sich irgendwie unwohl fühlten.

Zur Behandlung von Aspergillose und Soor ist in den letzten Jahren eine kleine Anzahl von spezifisch wirksamen therapeutischen Medikamenten erarbeitet worden. Ich verwandte im Lauf der Zeit Amphotericin Squibb („Moronal"), „Trichonat" und eine 0,5 proz. Gentianaviolettlösung. In der Anfangszeit der ersten in epidemischer Form auftretenden Mykosen standen mir nur die beiden erstgenannten Präparate zur Verfügung. Außerdem war in fast allen Fällen die Infektion schon so weit fortgeschritten, daß ein Erfolg nicht mehr zu verzeichnen war. Erst mit der Kombinationsbehandlung von „Moronal" und „Trichonat" mit 0,5 proz. Gentianaviolettlösung hatte ich eine Möglichkeit, bei nicht zu schweren Krankheitsbildern helfend einzugreifen. Im Einzelfall verfuhr ich folgendermaßen:

Mit einem Wattebausch (wenig um eine Streichholz- oder Pinzettenspitze wickeln) werden alle Herde im Schnabel- und Rachenraum sowie auf der Zunge abgekratzt. Meist treten dann Blutungen auf, so daß rasch gearbeitet werden muß. Sind die Zungenspitzen verpilzt, kann man sie unbedenklich abschneiden. Ungefähr die Hälfte der beiden Zungenzipfel genügt dem Kolibri für die Nahrungsaufnahme. Die befallenen Stellen werden danach mit Gentianaviolettlösung und anschließend mit einer milden Fettcreme abgedeckt. In den ersten Tagen habe ich im 24–Stunden-Rhythmus eine Kontrolle vorgenommen. Nach etwa 10 negativen Kontrollen können die zeitlichen Abstände verlängert werden. Nach 4 Wochen betrachtete ich die Tiere als geheilt und setzte sie wieder in die Flugvoliere. Antibiotikagaben, auch in Form von Penicillinsalbe auf eventuell vorhandene Verletzungen, habe ich in diesem Zeitraum nicht durchgeführt. Die behandelten Tiere habe ich im Einzelkäfig in einem staubfreien Raum mit einem kräftigen Futter versorgt. Das Futtergläschen habe ich stets neben einer Sitzstange angebracht, damit dem Vogel kein Energieverlust durch Schwirren bei der Nahrungsaufnahme entstand. Über einer Käfigecke brachte ich einen Infrarotstrahler an, damit sich die Kolibris wärmen konnten.

Haben sich Sproßherde schon im Rachenraum oder am Eingang der Speiseröhre gebildet, sind die Heilungschancen geringer, da die Möglichkeit besteht, daß nun Teile des Verdauungskanals oder der Respirationswege befallen sind. In diesem Fall verwandte ich zusätzlich eine „Moronal"-Suspension oder eine „Trichonat"-Lösung, die dem Tier mit viel Traubenzucker versetzt geboten wurde. Der Erfolg von „Moronal" hängt weitgehend davon ab, wie dicht seine Moleküle an die Hefe- oder Pilzmyzelien herangebracht werden können. Deshalb wurde das nach Vorschrift bereitete „Moronal" nicht mehr mit Futter verdünnt. Infolge ihres eigenartigen Geschmacks wird die konzentrierte Suspension von den Kolibris bald abgelehnt, so daß ich zur Zwangsfütterung greifen mußte. Da „Moronal" nicht wasserlöslich ist, läßt es sich nicht verhindern, daß sich die festen Bestandteile absetzen, was ein häufiges Aufschütteln nötig macht; es sei denn, es werden Futterröhrchen verwandt, deren seitlicher Stutzen direkt in den Boden übergeht. Wegen seiner Unlöslichkeit wird „Moronal" so gut wie nicht resorbiert. Deshalb bleibt die Wirkung von oralverabreichtem „Moronal" auf den Intestinaltrankt beschränkt. Da hier aber das Reservoir und die Reinfektionsquelle für Hefepilze ist, kommt einer solchen Behandlung einige Bedeutung zu. Der Nachteil der Wasserunlöslichkeit ist bei „Trichonat" nicht vorhanden, dafür muß es wegen seiner kurzen Haltbarkeit öfter neu bereitet werden. Birk (1961) schloß aus seinen Versuchsreihen, daß infolge der besseren Durchblutung der Lungen und der dadurch besseren Angriffsmöglichkeit des Medikaments seine

Wirksamkeit in diesen Organen rascher und vollständiger ist als in den nur spärlich durchbluteten Luftsäcken.

Mit der Kombinationsbehandlung hatte ich wesentlich mehr therapeutische Erfolge als mit der alleinigen Anwendung von „Moronal“ oder „Trichonat“. Bei früh erkannten Infektionen im Schnabelraum erzielte ich bei der Lokalbehandlung mit Gentianaviolettlösung durchweg positive Resultate.

Über die prophylaktische Wirkung von „Moronal“ und „Trichonat“ kann ich nicht viel aussagen. Hatte ich mykotische Infektionen festgestellt, verabreichte ich den gesunden Tieren oft mehrmals eines der beiden Präparate. Zu diesem Zweck entfernte ich alle übrigen Futterröhrchen und zwang dadurch die Tiere, nur aus dem verbliebenen, mit Antimykotikum gefüllten zu trinken. Ob nun das weitere Ausbleiben der Krankheit auf die prophylaktische Wirkung oder auf hygienische Maßnahmen zurückzuführen ist, bleibt unklar. Sicher ist, daß danach keine weiteren Fälle von Mykosen auftraten. Wahrscheinlich wirken beide Vorkehrungen zusammen immer positiv. Die hygienischen Maßnahmen umfassen einen großen Arbeitsbereich, und ich möchte sie in den folgenden Punkten zusammenfassen:

1. Sorgfalt und peinliche Sauberkeit bei der Futterzubereitung und der Säuberung der Trinkgefäße. Unter bestimmten Voraussetzungen, z. B. Mykoseepidemien, sollten alle Gefäße und Werkzeuge in Kalilauge oder antimykotischen Desinfektionsmitteln (TEGO) gespült werden.

2. Häufiges Besprühen der Äste und Pflanzen in der Voliere sorgt für eine hohe Luftfeuchtigkeit und eine Absorption des in der Luft enthaltenen Staubes. Die dadurch zum Baden angeregten Kolibris reinigen ihr Gefieder von Staub und Keimen, eine Infektionsquelle ist somit ausgeschaltet oder eingeschränkt.

3. Von Zeit zu Zeit wasche ich den klebrigen Kot von den Blättern ab, um Pilzen und Hefen den Nährboden in der Voliere zu entziehen.

4. Frisch importierte Tiere untersuche ich täglich, da die Hefen und Pilze ubiquitär sind und Infektionen bereits im Heimatland stattfinden können. In mehreren Fällen stellte ich schon auf dem Flughafen die charakteristischen Beläge im Schnabelraum fest. Häufig kommen Kolibris an, deren Schnäbel an- oder abgebrochen sind. An solchen Gewebsläsionen fand ich binnen weniger Tage ausnahmslos einen Aspergillose- oder Soorbefall. Weniger gefährlich sind vertrocknete, aus dem Schnabel heraushängende Zungenspitzen. Sie fallen nach einiger Zeit von selbst ab, man kann sie auch beschneiden.

Besonders in kleinen Käfigen kommt es mitunter zu einem Hitzestau, wenn der Kolibri nicht mehr aus dem Bereich der Wärmestrahlen wegfliegt. Der Hitzekrampf äußert sich in einem wilden unkontrollierten Umherschießen, bis der Vogel irgendwo kopfunter hängenbleibt oder zuckend auf dem Boden liegt. Ergreift man ihn, liegt er völlig apathisch mit geschlossenen Augen auf der Hand und achtet auf keinerlei noch so kräftige Umweltreize. In einem kühleren Raum erholt er sich relativ rasch wieder von diesem Schock. Ob diese Erscheinung mit den von REVENTLOW (1941) beschriebenen Krämpfen identisch ist, vermag ich nicht zu sagen.

Nur in zwei Fällen traten deutliche Vitaminmangelkrankheiten auf, bei einer *Amazilia tzacatl* eine Vitamin B_1- und bei einem *Anthracothorax nigricollis*- ♀ eine Vitamin E-Hypovitaminose. Die *Amazilia tzacatl* zeigte den typischen spastischen Krampf der Halsmuskulatur (Opisthotonus) und ging an den Folgen ein. Bei dem

Anthracothorax nigricollis-♀ stellte sich eine hochgradige Kopfverdrehung (Encephalomalacie) ein. Das Tier fühlt sich trotz der Behinderung beim Trinken und beim Landen wohl und scheint sich an diese unbequeme Haltung seit Monaten gewöhnt zu haben.

Die ersten morgendlichen Defäkationen scheinen den Kolibris bisweilen einige Schwierigkeiten zu bereiten. Mit angedrückten Flügeln, durchgebogenem Rücken und etwas gehobenem Schwanz („Auerhahnstellung") drücken sie unter Knicksen die ersten Ballen aus. Diese Erscheinung verliert sich innerhalb der ersten Stunde.

23.4 Bruten in menschlicher Obhut

Es ist sicher der Traum eines jeden Vogelliebhabers, daß sich seine Pfleglinge eines Tages fortpflanzen. Diesem Wunschtraum stehen indessen bei Kolibris einige Schwierigkeiten im Wege, um die man einfach wissen sollte, ehe man sich zum Kauf entschließt.

Der Erhalt von Paaren ist selbst bei großen Transporten ein Glücksspiel. Ich selbst habe nicht nur viele Großtransporte direkt importiert, sondern auch in der Folgezeit viele Großtransporte – d. h. etwa 50 Exemplare – unmittelbar nach Ankunft gesehen und bestimmt. Im unglücklichsten Fall fand ich unter 60 Exemplaren ein Paar heraus, bei besonders gut zusammengestellten Transporten kommen etwa 15 Paare auf 50–60 Stück. Ein nicht geringer Teil der Kolibris ist nicht geschlechtsdimorph, d. h. Männchen und Weibchen unterscheiden sich nicht oder nur wenig. Hier ist jeder Käufer auf das Glück angewiesen. Bei unterschiedlich gefärbten Arten ist die Paarzusammenstellung einfacher, vorausgesetzt man kennt sich in der Kolibrisystematik aus. Doch das ist aus leicht einzusehenden Gründen vom Fänger bis zum Liebhaber nur höchst selten der Fall. Selbst wenn man eine Art nicht genau kennt, kann man sich aber anhand von folgenden Merkmalen ziemlich sicher orientieren, wer zu wem gehört, vorausgesetzt natürlich, beide Partner sind vorhanden. Ziemlich sichere Beweise der gleichen Artzugehörigkeit sind gleiche Schnabelform, gleiche Größe, gleiche Stimme, gleiches Verhalten, gleiche Färbung der Unterschwanzdecken. Mit Ausnahme von Arten, deren Männchen auffällig geformte Schwänze haben, weisen gleich gefärbte Schwänze ebenfalls auf Artzusammengehörigkeit hin.

Weiterhin ist es so, daß Männchen und Weibchen einer Art noch keine Garantie für ein Paar sind, d. h., daß sie auch ein Paar bilden. Da Kolibris nur eine Kopulationsehe eingehen, der eine Flugbalz oder eine Gemeinschaftsbalz der Männchen und ein Nestbau des Weibchens vorangehen müssen, sollte man über dieses Geschehen bei den einzelnen Arten orientiert sein. Doch sind wir leider über Balz und Nestbau nur bei wenigen Arten im Bilde. Häufig dürfte ein Nestbau des Weibchens mangels geeigneten Nistmaterials und Neststandortes scheitern.

Um so erstaunlicher ist es, daß trotzdem bereits einige Arten in menschlicher Obhut zur Brut geschritten sind. In Anwendung der alten Tiergärtnerregel, daß alle Tiere, die sich wohl fühlen, auch züchten, sind hier optimale Bedingungen zumindest zeitweise vorhanden gewesen. Wir wollen die Zuchtergebnisse RUSCHIS in Brasilien mit südamerikanischen Arten einmal ausnehmen, da es sich bei der Größe der Volieren dort um nahezu natürliche Verhältnisse handelt. Aus dem Zoo San Diego sind mir von LINT Berichte über Bruten von *Amazilia tzacatl, Colibri coruscans* und *Colibri delphinae* zugegangen. Im Jahre 1958 brütete in England ein Paar *Trochilus polytmus,* leider starben die Mutter und ein Junges zur Zeit des Ausfliegens, das zweite wenige Tage später. Es soll in den folgenden Jahren speziell in England noch zu Bruten bzw. Brutversuchen gekommen sein, doch fehlen mir darüber Berichte. Das erste Brutergebnis in Ostdeutschland war die Brut von zwei *Colibri coruscans* im Tierpark Berlin-Friedrichsfelde: „Vor einigen Jahren schritt im Berliner Tierpark Friedrichsfelde ein Pärchen *Colibri coruscans* zur Brut. Soweit bekannt, verunglückten die Jungen nach dem Schlupf." Im Jahre 1975 gelang es SCHEITHAUER aus einem Mischpaar von *Thalurania nigrofasciata* und *Amazilia dumerilii* ein gesundes Jungtier aufzuziehen.

Nach diesen Anfangserfolgen wurden in den folgenden 12 Jahren mehr oder minder regelmäßige Bruterfolge bzw. Brutversuche bei folgenden Arten bekannt:

Erfolgreiche Bruten:

Adelomyia melanogenys
Aglaiocercus kingi
Aglaiocercus coelestis
Amazilia amabilis
Amazilia amazilia
Amazilia cyanifrons
Amazilia tzacatl
Anthracothorax nigricollis
Archilochus alexandri
Archilochus colubris
Archilochus costae
Chryolampis mosquitus
Chrysuronia oenone
Colibri coruscans
Colibri delphinae
Colibri thalassinus
Damophila juliae
Eulampis jugularis
Florisuga mellivora
Heliodoxa leadbeateri
Lesbia victariae
Leucippus tazcanowskii
Ocreatus underwoodi
Phaethornis ruber
Rhodopis vesper
Sappho sparganura
Selasphorus anna
Thalurania furcata
Thalurania glaucopis
Trochilus polytmus

Brutversuche

Amazilia fimbriata
Boissonneaua flavescens
Boissonneaua matthewsi
Chlorestes notatus
Chlorostilbon aureoventris
Chlorostilbon ricordii bracei
Chrysuronia oenone
Coeligena coeligena
Coeligena helianthea
Coeligena wilsoni
Lesbia victoriae
Lophornis magnifica
Myrmia micrura
Patagona gigas
Phaethornis longemareus
Polytmus scitulus
Rhamphodon naevius
Taphrophilus hypostictus
Thalurania nigrofasciata.

Um diese großartige Arbeit der Vogelpfleger wenigstens in Zahlen zu dokumentieren, kann man sagen, daß ein Drittel der bisher importierten Kolibriarten mehr oder minder ausgeprägtes und erfolgreiches Brutpflegeverhalten in menschlicher Obhut zeigte.

24. Artenschutz

Ganz unzweifelhaft wird in der Ära ideologischen Naturschutzes jede Versachlichung als unangebracht angesehen und bekämpft. Das war schon zu Beginn unseres Jahrhunderts festzustellen als MENEGAUX angesichts der überkippenden Reaktionen auf dem 5. Internationalen Ornithologenkongreß diese mit dem Hinweis zu relativieren suchte, daß man die Menge der angebotenen Vögel mit Blick auf die riesigen Räume beurteilen müsse. Angesichts der gigantischen Umweltveränderungen in der Neuen Welt sind ganz sicher die Kolibris der Primärurwälder sehr bedroht. Dabei darf nicht übersehen werden, daß mit der Schaffung von Zivilisationsbiotopen eine Reihe anderer Arten bevorzugt wird. Eine große Gefahr geht immer noch durch die großflächige Anwendung von Insektiziden (beispielsweise DDT) in Pflanzungen aus, denen nicht selten ganze Kolibripopulationen zum Opfer fallen. So fehlten Anfang der Sechzigerjahre verschiedene *Amazilia*-Arten in den Plantagen des ecuadorianischen Tieflands völlig. Welche Rolle die Entnahme von Tieren auf die freilebenden Bestände hat, kann nur vermutet werden.

24.1 Schutzbestimmungen in den Heimatländern

Nordamerika. In den beiden großen Staaten des nordamerikanischen Subkontinents – USA und Kanada – stehen Kolibris unter strengem Naturschutz.

Mittelamerika. In sechs mittelamerikanischen Staaten (Belize, Costa Rica, Guatemala, Honduras, Mexiko, Nicaragua) ist der kommerzielle Export verboten. In Panama findet eine Kontrolle dieser Exporte statt. Lediglich El Salvador hat weder Schutzbestimmungen noch Exportkontrollen erlassen.

Südamerika. In Kolumbien, Frz.-Guayana und Uruguay bestehen strenge Schutzgesetze. Sieben weitere Staaten (Argentinien, Bolivien, Brasilien, Ecuador, Guayana, Paraquay, Venezuela) haben den kommerziellen Export verboten. In Peru, Chile und Surinam werden alle Exporte kontrolliert.

Antillen. In 16 Staaten der Inseln (Antigua u. Barbuda, Bahamas, Barbados, Brit. Jungfraueninseln, Kaimaninsel, Dominica, Dominikanische Republik, Guadeloupe, Jamaika, Montserrat, Puerto Rico, St. Kilta/Nevis, St. Lucia, St. Vincent, Trinidad u. Tobago, US-Jungfraueninseln) besteht ein totaler Schutz. Auf Aruba und den niederländischen Antillen sind *Chlotostilbon mellisugus* und *Chrysolampis mosquitos* geschützt. Auf Grenada stehen drei der vier vorkommenden Arten unter Schutz. Der kommerzielle Export ist auf den Bermudas verboten. Unklar ist die Situation auf Kuba, Haiti und Martinique.

24.2 Internationaler Schutzstatus

Auf der 6. Konferenz der Vertragsstaaten des Washingtoner Artenschutzübereinkommens im Juli 1987 in Ottawa wurden alle Kolibriarten in den Anhang II des Abkommens aufgenommen.

24.3 Kolibris im Artenschutzrecht

Die seit 1987 geltenden Gesetze und Verordnungen des Natur- und Artenschutzes sind von ihrer Entstehung her weniger ein Instrument praktischen Naturschutzes als vielmehr das Ergebnis ideologischen Messianismus. Das Ziel dieser aus Naturschutzorganisationen (?) und politisch dem linken Spektrum zuzuordnenden Parteien ist ein völliges Verbot der Tierhaltung. Hierbei wird nicht nur Zoologischen Gärten die Zurschaustellung nachgezüchteter F_1-Tiere, die unter das Washingtoner Artenschutzrecht fallen, verboten, sondern es sollen nach einem vom Europarat 1985 eingesetzten Komitee zur Harmonisierung der europäischen Tierschutzgesetze Zoologische Gärten vollkommen verboten werden („... circuses, bullfights, travelling menageries und zoos to be prohibited".). Dies ist der politische Hintergrund, den man zur Beurteilung heranziehen muß, warum beispielsweise nach der Bundesartenschutzverordnung die Einfuhr aller Kolibriarten verboten ist.

Doch auch im Traffic Bulletin Vol. 9 No 1, das dem bundesdeutschen Importverbot für Kolibris zu Grunde lag, finden sich einige Merkwürdigkeiten. So behauptet Inskipp: „The mortality during capture is unknown but, considering the delicate nature of many species, is likely to be higher than most other groups of birds that are regularly traded." Leider wird diese Behauptung nur mit Nilsson (1985) untermauert, beispielsweise aber nicht mit Wagner (1972). Obwohl im Traffic Bulletin Vol Nr. 1 von Nilsson (1985) die Mortalitätsrate beim Transport und während der Quarantäne (was immer man bei Kolibris darunter verstehen mag) mit 9,5 % und 46,7 % angegeben wird, Inskipp und Thomas (1976) eine Transportmortalität von 10,7 % angeben, wird in einem Bericht über deutsche Zoll- und WWF-Aktivitäten im Oktoberheft 42 einer großen deutschen Programmillustrierten behauptet: „... bis zu 90 % (!) aller Kolibris sterben bereits im Flugzeug." Die Aussage von Schuchmann (1985), daß nach seiner Schätzung jährlich 10000 Kolibris nach Westdeutschland importiert wurden, entbehrt jeglicher wissenschaftlicher Grundlage. Danach müßten von den etwa 100 bundesdeutschen Kolibripflegern jährlich 100 Kolibris gekauft werden. Eine Interpretation bedarf auch die Artenliste; hier ist bei 93 Arten die Bezeichnung „rare" angebracht. Tatsächlich trifft dies aber nur bei 10 Arten zu, die jeweils nur in einem eng umschriebenen Gebiet vorkommen. Bei den anderen 83 Arten sind mit „rare" die Länder an den Verbreitungsgrenzen gekennzeichnet. Daß die Bestandsdichte einer Art an der Grenze ihres Verbreitungsgebietes dünner wird, die Art also seltener vorkommt, ist eine biologische Binsenweisheit und bedarf keiner besonderen Erwähnung.

Auf welch unsicherem Boden das Verbot von Kolibriimporten steht, geht aus den Bemerkungen von Blanke u. Jelden (1987) hervor: „Leider fehlen bei vielen, meist in den Tropen beheimateten Tier- und Pflanzenarten noch immer die Angaben über ihre Bestandssituation oder ihre Verbreitungsgrenzen. Jeder aber, der einmal feldbiologisch gearbeitet hat, weiß, wie schwierig und zeitaufwendig es ist, gerade solche, nicht nur für das WA wertvolle wissenschaftliche Daten zu sammeln. Um eine Lösung dieser Probleme herbeizuführen, bedarf es aber noch vieler Jahre aufwendiger Forschung. Umso mehr ist eine erfolgreiche Arbeit nur dadurch möglich, daß eine enge internationale Zusammenarbeit mit allen Fachkollegen, die anerkannte Spezialisten auf ihrem Gebiet sind, besteht."

25. Zur Kulturgeschichte der Kolibris

Zu allen Zeiten übten Kolibris eine exotische Faszination auf die Menschen aus, sowohl auf die Indios der Neuen Welt als auch auf die nüchternen Wissenschaftler der Alten Welt. Meine intensive Beschäftigung mit der zoologischen Seite dieser Vogelfamilie seit etwa drei Jahrzehnten blieb nicht das einzige Ergebnis. Vielmehr sammele ich seit vielen Jahren auch Material über die Rolle der Kolibris in der Religion, in Mythen, Legenden und Kunst. Auf mehreren Reisen nach Mittel- und Südamerika, bei Besuchen in den bedeutendsten Museen der Welt und beim Studium dickleibiger verstaubter Folianten konnte ich Steinchen für Steinchen zu einem ebenso farbenprächtigen Bild der Kolibris in der Kulturgeschichte unserer Menschheit zusammenfügen.

Selbstverständlich hat die Winzigkeit der Objekte nicht zu ihrer Dauerhaftigkeit gedient, doch wären viele Rätsel der Lösung näher gerückt, wenn nicht die spanischen Eroberer so viele Denkmäler altindianischer Kulturen in Mexiko oder Peru restlos zerstört hätten. Die Habsucht der Männer vernichtete nicht nur unersetzliche Kunstschätze, sondern es ging auch vieles an mündlicher Überlieferung verloren. Trotzdem gestaltete sich die Suche nach den Dingen, die mit Kolibris zu tun haben, zu einem spannenden Unternehmen.

25.1 Der Kolibri in den präkolumbischen Kulturen

Vergleicht man die Fülle der Einzeldarstellungen und Erwähnungen von Kolibris bei den mesoamerikanischen und südamerikanischen Indianerhochkulturen, so stehen dabei die Kulturen des alten Mexiko an der Spitze. Die Gründe für diese Unterschiede können sehr vielseitiger Natur sein; hier Aussagen zu wagen, hieße Spekulationen zu machen.

25.1.1 Mesoamerikanische Indianerkulturen

Von den vor Christi Geburt datierenden Kulturen, der älteren Olmekischen Periode, der formativen Maya-Periode und der Zapotekischen Kultur finden wir keine Kolibridarstellungen. Auch von bis 800 n. Chr. datierten Kulturen wie der Teotihuacan-Kultur, der Klassischen Maya-Periode, der Toltekischen Kultur, der älteren Totonakischen Kultur und der Kultur von La Venta sind bisher keine Darstellungen von

Abb. 61. Schale mit Kolibri aus dem Grab II von Zaachila aus der Nähe von Oaxaca. Aufn. POLEY

Kolibris gefunden worden. Aus der Olmekenzeit sind nur Jadestilette in Form eines Kolibrikopfes bekannt. Viele Jahrhunderte hindurch wurden in Alt-Mexiko mit derartigen Stiletten Selbstverstümmelungen praktiziert, wobei Blut aus Zunge oder Ohren entnommen wurde.

So stammt wohl eine der ältesten Kolibridarstellungen Mittelamerikas aus dem Grab II von Zaachila aus der Nähe von Oaxaca. Auf dem Rand dieser braunen mixtekischen Schale von 10–12 cm Durchmesser sitzt ein blaugrüner Kolibri mit ausgebreiteten Flügeln (Abb. 61). Die Schale steht heute im Saal Oaxaca des Anthropologisch-Historischen Museums von Mexiko-City. Der Direktion des Anthropologisch-Historischen Museums danke ich für die Fotografiermöglichkeit. Ein mixtekisches Ohrgehänge stellt goldene Kolibris dar; ihre Körper, Flügel und Schwänze werden durch dünne Drähte angedeutet, und an ihren schmalen Schnäbeln hängt ein Plättchen in Schmetterlingsform mit drei kleinen Glocken. Im Museum von Oaxaca befindet sich ein weiteres mixtekisches Gefäß mit einer Kolibridarstellung.

In der Folgezeit erhalten wir von der Huaxtekischen Kultur, der Maya-Toltekischen Renaissance, der Chichimekischen Kultur und der jüngeren Totonakischen Kultur keine Hinweise für die Verwendung von Kolibrimotiven. Allerdings gibt es zwei Quellen, deren Datum aber in der Zeit nach der Konquista liegt. Eine Gruppe von Mayas, die auf den Hochebenen Guatemalas lebt, hat in dem Wusch nach Selbsterhaltung ein Buch in Mayasprache, auch in europäischer Schrift verfaßt, das unter dem Namen Popol Vuh bekannt ist und in dem die präkolonialen Mythen über die Schöpfung enthalten sind. Der Wille der Mayas, ihre ethnischen Merkmale zu bewahren, kommt auch in den sogenannten „Büchern von Chilam Balam" am besten zum Ausdruck. Über den Morgen der Menschheit heißt es da, daß die Götter nach mehreren mißlungenen Versuchen der Menschenerschaffung vier Erzväter aus Mais machten; die vier tragen Jaguarnamen. Und es wurden ihnen vier Gattinnen beigegeben, die so dichterische Namen wie Himmelswasser, Brunnenwasser, Kolibriwasser und Papageienwasser trugen. Weiterhin sind im Chilam Balam einige besonders bemerkenswerte Zeremonien der Itza beschrieben: „Die Magier wetteiferten miteinander, die Gestalt des blauen Reihers und des Kolibris anzunehmen. Dann entsteigen dem Ursprung aller Dinge und den Falten der „Großen Hand" neun Blumen. Wenn die Blüten erscheinen, legen die Priester viele Blütenzweige auf den brennenden Altar der Sonne". Die Ähnlichkeiten mit der aztekischen Mythologie sind unverkennbar.

Beim Tanz der jungen Krieger ziehen 8000 Auserwählte aus dem Tempel, den Kopf mit Kolibrifedern geschmückt. Keine darf von ihren Stirnen fallen. In dem Buch vom Wanderer und vom Xtabay (eine begehrenswerte Frau) wird von dieser berichtet, daß sie entwischt wie ein Kolibri. Im selben Buch ist auch die Geschichte der Eule aufgezeichnet: „Sie tötet die goldfarbenen Kolibris, die im Lichte der Sonne geboren wurden, wenn sie sie wach fangen kann, ehe sie mit den weißen Lichtern weggeflogen sind." Bei der Eule handelt es sich ziemlich sicher um den Strichelkauz *(Glaucidium brasilianum)*, denn es heißt: „Wenn du dreimal drei Pfiffe von ihr hörst, dann zähle die Tage, die vergehen ..." – ein guter Hinweis auf die Rufe dieser kleinen Eule.

Eine weitere Quelle, in der Hinweise auf Kolibris zu finden sind, ist das Buch „Birds of Mayas". Der Sammler dieser volkstümlichen Erzählungen und Märchen ist Ramon Castillo PEREZ, ein Autodidakt für Maya-Archäologie. Er ist ein sehr belesener und kundiger Führer für die Maya-Ruinen rund um Merida und Eigentümer des Herrenbekleidungsgeschäftes Lisboa in Merida. Die Basis seiner Sammlungen sind nicht nur die mündlichen Überlieferungen der heute noch lebenden Mayas, sondern seine umfangreiche Bibliothek, zu der auch eine Übersetzung des Werkes von Diego DE LANDA gehört. Das Buch „Relacion de las cosas des Yucatán" ist eine Beschreibung der Maya-Kultur im 16. Jh. Es ist daher sehr wahrscheinlich, daß der Ursprung des Märchens „Das Geschenk für den Kolibri" in den alten Mayakulturen zu finden ist.

„Das Geschenk für den Kolibri

Tzunuum, der Kolibri, wurde vom Großen Geist als zarter, winziger Vogel mit ungewöhnlichen Flugeigenschaften erschaffen. Er war der einzige Vogel im Königreich, der rückwärts fliegen und für längere Zeit an einem Ort schweben konnte. Der Kolibri hatte das Vorrecht, vom Nektar der wunderschönen Blumen zu trinken, sah selbst aber recht unscheinbar aus. Seine Federn waren nicht bunt gefärbt, sein ganzer Stolz war seine Flugkunst. Der Kolibri war aber glücklich mit seinem Dasein, wenn er auch sein Äußeres verachtete.

Als die Zeit für seine Hochzeit herankam, fand Tzunuum, daß ihm ein prächtiges Gewand und eine Halskette fehlten. Er war sehr enttäuscht und traurig darüber. Daher beschlossen seine Freunde, ihm diese Dinge als Hochzeitsgeschenk zu überreichen. Denn nur so konnte Tzunuum festlich gekleidet zu diesem großen Ereignis kommen.

Ya, der Fliegenschnäpper mit der zinnoberroten Krone *[Pyrocaphalus rubinus]*, trug in diesen Tagen einen karmesinroten Ring auf seiner Brust. Er beschloß, ihn als Hochzeitsgeschenk zu vergeben und behielt nur einige wenige rote Federn für seinen Kopfschmuck über und schenkte Tzunuum den ganzen Rest. Uchichil, der

Hüttensänger *[Sialia mexicana]*, verschenkte großzügig viele blaue Federn für das Hochzeitsgewand. Der eitle Motmot *[Eumomota superciliosa?]* kam aus seinem Zufluchtsort im Dschungel mit vielen türkisgrünen und blauen Federn. Ebenso gab der Kardinal *[Richmondena cardinalis]* einige rote Federn dazu. Yuyum, der Trupial [*Icterus* spec.], war ein ebenso guter Schneider wie Mechaniker, und so verarbeitete er alle diese Federn zu einem wundervollen Hochzeitsgewand für den kleinen Kolibri.

Ahleum, die Spinne, kam mit einem dünn und fein gewobenen Gespinst aus Altweibersommerfäden daher. Sie half auch dem Trupial, komplizierte Motive in das Gewand zu weben. Canac, die Honigbiene, hörte von der Arbeit an Tzunuums Hochzeitskleid und erzählte davon all ihren Freunden, die alle den Kolibri gerne mochten. So brachten sie alle viel Honig und Nektar für den Empfang sowie viele Blumen, von denen sie wußten, daß der Kolibri sie liebte. Der Azarbaum ließ einen Teppich von Blüten auf den Hochzeitsplatz regnen und bot Tzunuum an, in seiner Krone die Flitterwochen zu verbringen. Pakal, der Orangenbaum, schmückte sich für Tzunuum mit süßriechenden Blüten, genau wie Niele, der Plumeriabaum. Haaz, die Bananenstaude, Op, der Pawpawbaum, Pichi und Put, der Guava- und Papayabusch, machten bekannt, daß ihre Früchte reif seien und den Hochzeitsgästen als Erfrischung zur Verfügung ständen. Und zum Schluß kam eine große Schar Schmetterlinge, um vor den Gästen zu tanzen.

Als der Hochzeitstag begann, war Tzunuum so überrascht, glücklich und dankbar, daß er vor Rührung kaum piepsen konnte. Der Große Geist bewunderte seine aufrichtige und demütige Seele und sandte mit der Schwalbe dem kleinen Kolibri die Nachricht, daß er das farbenprächtige Hochzeitskleid nun Zeit seines Lebens tragen dürfe. Und dies ist bis auf den heutigen Tag so geblieben."

Erst in jüngster Zeit (1984) sind die bis dahin mündlich überlieferten Mythen und Visionen des Mayastammes der Lakandones gesammelt worden. Dieses Wissen vererbte sich seit altersher vom Vater auf den Sohn, und es besteht kein Zweifel , daß vieles, was wir aus den wenigen Manuskripten und Berichten der frühen Kolonialzeit über die Kulturen der Mayavölker erfahren, bei den Lakandones noch lebendig ist.

Aus dem Märchen „Nuxi, der Maulwurffänger", stammt folgendes Zwiegespräch: „Eh, jetzt sollst du mein Gewand anziehen, mein lieber Sohn. So geh denn hier zu Kisin, dem Herrn des Todes. Mit dem Gewand kannst du zu seinem Haus gehen, denn du wirst sein wie ein Kolibri." „Gut." „So soll es sein, denn Yix Mehen Kisin, die Tochter des Herrn des Todes, hat dich hierher gelockt." Der Urahne zog das Gewand an und flog, als es wieder hell wurde, in der Gestalt eines blauen Kolibris davon. Tlliin ts' ts' ts' kam er bei dem Haus des Kisin, des Herrn des Todes an. Er und seine Frau, beide Greise, lagen vor ihm. Kisin erhob sich: „Oh, mein Kolibri, baken!" „Oh, er wird mein Haustier, der Kolibri", rief die Tochter des Herrrn des Todes. „Wie?", sagte ihr Vater, „ich werde ihn essen. Ich werde ihn mit meinem Vogelpfeil erschießen. Gegrillt werde ich ihn essen." Kisin stand auf und blies den Staub von seinen Pfeilen. Er schoß, k'óhloch äh p'ınn, schoß er den Pfeil vorbei, aber der Kolibri fiel herunter. Er hatte es nur vorgetäuscht. Als sich der Kolibri wieder erhob, rief die Tochter des Herrn des Todes: „Oh, mein Haustier, mein Kolibri, Vater." „Das ist er nicht. Töte ihn! Gleich will ich ihn grillen und essen." „Nein, Vater, das nicht! Jetzt soll er für mich sein, er soll mein Haustier, mein Kolibri sein." „Was soll denn das? Töte ihn, damit ich ihn essen kann." „Nein, Vater, nein. Der Kolibri ist mein Haustier. Ich will mit ihm spielen." Sie hielt den Kolibri in ihren Armen. Sorgfältig hielt sie ihn umarmt. Sie gab ihm zu trinken, sie tränkte ihn. Er trank Honig aus den Blüten des Unterholzes. „Sehr gut ist mein Haustier, der Kolibri." „Töte ihn. Warum hast du ihn nicht getötet?" „Ich töte ihn nicht, Vater." Gut, als die Sonne ging, schlief sie zusammen mit dem Kolibri. Sie schliefen. Er bewegte sich nicht. Aber um Mitternacht verwandelte er sich in einen Menschen. Als sie es spürte, erwachte sie. „Ay, rief sie, die Tochter des Herrn des Todes, als sie da mit ihm zusammenlag, „es läßt sich nicht mehr ändern. Mein Vater wird uns riechen, meine Mutter wird uns riechen. Warte und höre es."

Auch ein weiteres Kolibrimärchen kennen wir von den Lakandones:

„Nachtfalter und Kolibri
Es gibt die „Kolibris der Nacht", sie verwandeln sich. Du siehst sie in der Dunkelheit vorbeifliegen. Zuerst sind sie Raupen; die verwandeln sich. Es sind Raupen, es sind die Manioc-Raupen, die Korkbaum-Raupen und andere. Wenn sie groß geworden sind, kriechen sie in die Erde und vergraben sich. Dort verwandeln sie sich, sie bekommen eine Schale. Später wachsen ihnen Flügel. Sie verwandeln sich und kommen als Schmetterlinge, als „Kolibri der Nacht", wieder aus der Erde hervor. Tilintilin fliegen wie Schmetterlinge. Aber wenn sie groß sind, verwandeln sie sich wieder. Dann wachsen ihnen Beine, zwei Beine wachsen ihnen. Dann wachsen ihnen kleine Federn. Zwar haben sie schon Flügel, aber die sind anders, es sind Schmetterlingsflügel. Die fallen ab, denn es wachsen ihnen neue Flügel mit kleinen Federn. Auch wächst ihnen ein Schwanz, wachsen ihnen Beine. Ihnen wächst ein Schnabel, ein langer Vogelschnabel. Sie bekommen ein Gefieder. Sie verwandeln sich in Kolibris, die Schmetterlinge sind gestorben. Aber nicht alle Kolibris sind verwandelte Schmetterlinge, nur der Rote Kolibri, der kleine Rote Kolibri ist ein verwandelter „Kolibri der Nacht". In den Kolibri, dessen Name Ya'áxpots lautet, der sehr blau und etwas größer ist, verwandeln sie sich nicht. In ihn verwandeln sie sich nicht. Denn sie haben Junge. Die Ya'áxpots-Kolibris haben Junge; sie vermehren sich. Nur in den Roten Kolibri verwandeln sie sich. Meine Mutter sagte: „Ich esse ihn nicht. Mein Vater aß die kleinen Kolibris, ich aber esse sie nicht. Ich esse ihn nicht, denn er hat sich aus einer Raupe, aus einem Wurm verwandelt, er war ein „Kolibri der Nacht"."

Anm., „Kolibri der Nacht" (lakandon: ak'a'ts'únu) ist der allgemeine Name für die dickleibigen Sphinx-Motten, von denen es unzählige Arten in der Selva Lacandona gibt; die Lakandonen essen auch heute noch Kolibris.

Vögel oder ihr Verhalten als Vorzeichen kommender Ereignisse kennen wir bei fast allen Völkern; von den Kolibris berichten die Lakandones: „Genauso der Kolibri, er prophezeit den Menschen. Wenn keine Menschen kommen, prophezeit er die Ankunft der Götter. Wo der Kolibri hinfliegt, ob in ein Haus oder in das Götterhaus, dorthin kommen die Menschen. So prophezeit er den Menschen, so zeigt er es. Der Kolibri zeigt es, wenn er tlliin ts'ts'ts'liin macht. Wer kommt denn da? Deutlich zeigt er es. Wenn du siehst, daß keine Menschen kommen, dann prophezeit er uns, daß

Götter vorbeiziehen. Wenn du siehst, daß Menschen ankommen, sind sie es, die er uns prophezeite. Das ist die Prophetie des Kolibris. Er zeigt, daß jemand kommt. So sagt man, so erzählt man. Dort, wo der Kolibri ankommt, ob im Haus oder im Götterhaus, dort werden dann Menschen ankommen."

Die Lakandones unterschieden zwischen dem Blauen Kolibri *(Campylopterus hemileucurus)*, dem Echten Kolibri *(Thalurania furcata)* und dem Roten Kolibri *(Amazilia rutila)*.

Der Kolibri wird noch in zwei weiteren Märchen erwähnt: In der Geschichte „Warum sehen Eulen nur bei Nacht?" demonstriert Tzunuum, der Kolibri, der zarteste aller Vögel, den Nestbau aus Flechten und Flaum. Die faule Schwalbe will es nicht lernen, doch eine spätere Hilfe lehnt Tzunuum dann ab.

Bei den Mayas gibt es auch einen Gesang vom Kolibri:

„Der Kolibri
Deine Augen folgen den schönen Vögeln,
die im Fluge deinen Weg kreuzen.
Du siehst den Kolibri, der im Sonnenschein blitzt, als wäre er
ein Regentropfen, der alle Farben widerspiegelt.
Er ist wie ein kleiner Pfeil, der zitternd
und leuchtend vorbeischwirrt. Wohin eilt
der prächtige Vogel durch die Luft?
Er stirbt in deiner Hand, wenn du ihn
fängst, und bleibt über den Blumen stehen,
ohne ein Blütenblatt zu bewegen.
Der Kolibri ist ein geheimnisvolles
Vöglein, das die Gedanken der Menschen
dahin und dorthin trägt. Wenn sie dir
etwas Gutes wünschen, bringt er dir den
Wunsch, und wenn sie dir etwas Schlechtes
wünschen, so bringt er es dir auch.
Darum fühlst du, wenn du ihn in deiner
Nähe fliegen siehst, manchmal Ruhe, als
ob man eine Blume an deine Brust steckte,
und ein andermal wieder Unruhe, die
dich sticht, als ob man dir einen scharfen
Dorn ins Herz stieße.
Wenn du einmal zugesehen hast, wie
man Zauberkunst ausübt, dann wirst du
sicher auch den Kolibri, an einem Füßchen
mit dem Faden des Hexenmeisters festge-
bunden, gesehen haben.
Schau, wie er gleich einem Lichte, das
im Lichte glüht, vorbeifliegt, und denke
daran, daß er deinen Wunsch nehmen und
zu den anderen bringen wird, und dann

wird er von den Seelen der anderen
wieder zu dir kommen.
Berühre ihn nicht, wenn er um dein
Haupt fliegt, aber schütze dich, indem du
Gutes denkst und allen nur gute Dinge wünscht.

Der Kolibri ist der Speer, der aus Händen kommt,
die man nicht sieht, und er leuchtet im Lichte
wie die Blicke derer, die im Dunkeln Wünsche hegen.

Aus irgendeinem Grunde kreuzt er deinen Weg;
vielleicht zum Guten, vielleicht zum Bösen.
Dein Herz muß es wissen."

So weit die von den Mayas bekannten Geschichten über Kolibris. Bildliche Darstellungen sind kaum vorhanden oder zerstört worden. Bekannt sind nur zwei flache Stempel mit Kolibrimotiven aus Yucatan, die ursprünglich zum Bedrucken der Haut oder von Stoffen dienten. Weitaus ergiebiger ist die Kultur der Azteken, jenes Volkes, das aus dem Norden in das Hochtal von Mexiko einwanderte und hier innerhalb kurzer Zeit zum beherrrschenden Stamm aufstieg.

Nach den Aufzeichnungen in den „Anales des Cuautilan" und in der „Cronica Mexikoyott" haben die Mexica im Jahre 1111 n. Chr. das Nebelland Aztlan (Azteken), auch weißes Land genannt, verlassen. Unter der Führung ihres Priesters Tenoch (Gründer von Tenochtitlan) wanderten sie in sieben Perioden nach Süden. Am Ende einer jeden Teilwanderung erschien dem Priester Tenoch der Gott Huitzilopochtli in Gestalt eines blutsaugenden Kolibris und forderte ihn zum Weiterziehen auf.

Der einzigartige Kult des Gottes Huitzilopochtli war vermutlich bereits bei seiner Geburt (nach anderen Darstellungen besser der Wiedergeburt) in Coatepec (einer der sieben Rastplätze) begründet worden. Tatsächlich war also dieser Vorgang mehr eine Erhöhung als eine Erschaffung eines neuen Gottes. Der Name Huitzilopochtli entstand aus der Zusammensetzung von „Colibri" (huitzilin) und dem Begriff für „links" und „südlich" (opochtli), und es heißt soviel wie „Kolibri des Südens". Der Süden lag für die Mexikaner deshalb links, weil sie sich nach Westen, also vom Sonnenaufgang zum Sonnenuntergang, orientierten. An sich ist der Kolibri ein Symbol aus der ältesten Zeit Mexikos. Dieser zarte kleine Vogel wurde in enge Verbindung mit dem Kult des Menschenopfers gebracht und gelegentlich sogar dargestellt, wie er mit seinem Schnabel Blut aus dem Opfer saugt. (Bei der nachgewiesenen Rotvorliebe der Kolibris können dieser Aussage sogar Beobachtungen von Kolibris an stark blutenden Wunden zu Grunde liegen.) Da der Kolibri in der Regenzeit erscheint, wurde er auch zum Symbol für den Regen. Opochtli war auch der Name eines älteren Gottes der Fischer, der mit den Haloques oder Regengöttern verwandt war. So haben beide Bestandteile von Huitzilopochtlis Namen einen Zusammenhang mit Regen oder Wasser.

Überdies ist Huitzilopochtlis Geburt in Coatepec in mehr als einer Beziehung eine Wiedergeburt. Sie ist nicht nur das Zeichen für den Beginn der Vorherrschaft seiner Anhänger über den gesamten Stamm der Mexica, sie bedeutet auch eine Wesensänderung des Gottes. Die Macht hinter der Hexengöttin, die Quetzalcoatl mit dem Zauberpilz berauschte, um ihn zu verführen, war der Demiurg Tezcatlipoca (der

Mittler zwischen Gott und dem Bösen), der als Blauer Kolibri Huitzilopochtli der Patron der Azteken werden sollte.

Huitzilopochtlis Anfänge waren schwer gewesen, als er nur der unbekannte Gott eines kleinen Nomadenvolkes war und auf dem Rücken der Männer durch die staubbedeckte Steppe des Nordens geschleppt wurde. Tatsächlich gibt er sein prosaisches Dasein als Idol der Fischer oder als schlichter Erdengott auf und verwandelt sich in den strahlenden Gott der Sonne. Das Kolibri-Element in seinem Namen verkörpert die gefallenen Krieger, von denen man annahm, daß sie in Gestalt dieses Vogels die Sonne auf ihrem täglichen Lauf begleiten. So wurde er auch der Gott des Krieges (zufälligerweise sind auch Kolibris sehr zänkisch und aggressiv).

Für die Indianer dieser alten Kulturen, deren Religion sehr eng mit der Natur und ihren Erscheinungen verbunden war, stellte der Kolibri ein weiteres Symbol dar. Ihr großer Gott Quetzalcoatl (Gefiederte Schlange), der Gott des Windes, des Lebens und der Landwirtschaft, trägt nicht nur einen Mantel aus Kolibrifedern, sondern auch einen Kopfputz mit einer Blume, an der ein saugender Kolibri zu sehen ist. Eine weitere Kolibridarstellung findet sich im Codex Florentino in der Abbildung der rituellen Zeremonie mit dem Abstieg der Götter auf die Erde.

Im Codex Boturini, in dem die Wanderung der Azteken dargestellt ist, ist eine Darstellung Huitzilopochtlis zu finden. In der Höhle eines Berges, von Laub umrahmt, zeigt sich als Kopf im Schnabel eines Kolibris der die Azteken führende „Kolibri des Südens", der Gott Huitzilopochtli. Aus der Höhle erheben sich Sprechwölkchen, die Weisungen für die Wanderung enthalten. Die Sage berichtet weiter, daß Huitzilopochtli sein Volk mit den Worten „tihui tihui" oder „ma tihuan" zum Weiterziehen anspornte. Dabei vermittelt die lautmalerische Darstellung des scharfen Kolibrirufes auch noch einen sinnvollen Gehalt, den „tihui tihui" bedeutet „wir gehen" und „ma tihuan" „laßt uns gehen".

Auf der Wanderung der Nahua-Stämme nach Süden führten diese ihre Götterbilder mit, das tlaquimilolli des Huitzilopochtli war sicher mit dem Federkleid eines Kolibris (uitzilin) geschmückt. Es war dann der blutsaugende Kolibri, dem man später in Tenochtitlan das das erste Heiligtum errichtete, der Sonnen- und Kriegsgott der Azteken, der sich von Menschenblut und -herzen ernährt.

In der ersten Zeit ihres Aufenthaltes in Chapultepec (dem Heuschreckenhügel inmitten des heutigen Mexiko-City) regierten die religiösen Anführer recht erfolgreich. Vermutlich durch äußeren Zwang wurde die Regierung später einem einzigen Anführer übergeben, der den Namen Huitzilihuite („Kolibrifeder") trug – er regierte von 1391 bis 1415. Neben einer weitblickenden Innenpolitik erließ er neue Verordnungen für den Götterkult. Huitzilopochtli, der Kolibrigott, stieg an die höchste Stelle der Verehrung. Die Standbilder Huitzilopochtlis tragen oft eine Kolibri-Helmmaske.

Eines der 78 Gebäude des zeremoniellen Zentrums von Tenochtitlan, der aztekischen Hauptstadt, war dem abgeschnittenen Kolibrikopf geweiht, aus dessen Schnabel Huitzilopochtli die Anweisungen für die lange Wanderung gab. Huitzilopochtli, der Kolibrizauberer, der Gott der Sonne, dem die größten Tempel Tenochtitlans geweiht waren, wurde gewöhnlich in der Gestalt eines Kolibris oder in einem Gewand aus Kolibribälgen dargestellt. GOMARA berichtet in seinem zweibändigen Werk „Historia de la Conquistas de Hernan Cortez" von einem Standbild, an dessen linken (opochtli) Fuß man Kolibrifedern befestigt hatte. Am Gipfel der großen Doppelpyramide hielten

Bannerträgerstatuen die riesigen Büschel aus kostbaren Federn, die man an den Festen des Panquetzalitzli zu Ehren Huitzilopochtlis aufstellte. Auch der Zeremonienmann des Montezuma war mit schillernden Kolibribälgen verziert.

Tief im aztekischen Volk wurzelt eine Neigung zur Selbstverleugnung und die Bereitwilligkeit, den Tod auf sich zu nehmen, außerdem hielt sich ein gewisser Glaube an Belohnungen im Leben nach dem Tode. Es waren die Krieger, die während eines Kampfes getötet oder nach der Gefangennahme geopfert wurden, die im Hause der Sonne wohnen und die Huitzilopochtli, die Morgensonne, auf dem ersten Teil seiner Tagesreise begleiten würden. Diese Darstellung muß sich lange im Volksmund gehalten haben, denn A.v. HUMBOLDT berichtet in seinem Werk „Monumens des peoples de 'Amérique etc.": Der Schmetterling war bei den Griechen das Sinnbild der Seele, man darf sich daher nicht wundern, daß das sylphidenartigste und lieblichste befiederte Wesen dieselbe Vorstellung bei einem brasilianischen Volke hervorgerufen hat. Die mythische und allegorische Bedeutung des Kolibris läßt sich aus der wichtigsten Angabe schließen, daß in der mexicanischen Mythologie die Gattin des Kriegsgottes Huitzilopochtli, Tovamiqui, die Seelen der für die Verteidigung der Götter gefallenen Krieger in den Sonnenpalast geleitete und sie allda in Kolibris verwandelte.

Sogar die bevorzugten Krieger konnten sich nicht auf ewig ihrer Vorrechte erfreuen. Nach vier Jahren des Vergnügens, die Sonne zu begleiten, kehrten sie in Gestalt von Kolibris auf die Erde zurück und lebten von da an, von wildem Honig nippend, so für alle Zeit.

Die Anahuac-Völker glauben, daß auch die im Kindbett verstorbenen Mütter in den Sonnenpalast gelangen. Hier begrüßen sie die Seelen der gefallenen Krieger. Hier feiern die Krieger die Geburt der Sonne und geleiten sie zum Zenit, von wo aus die Frauen die Sonne bis zu ihrem Untergang im Westen geleiten. Nach vierjährigem Dienst durften die Frauen und die Krieger im „Lande der Wolken" wohnen. Sie nahmen die Gestalt von Kolibris an und konnten frei und glücklich zwischen Blumen umherfliegen und deren Nektar trinken.

Abgesehen von der Bindung der Kolibris mit Huitzilopochtli im alten Mexiko ist es vielleicht von Interesse, schon an dieser Stelle zu wissen, daß diesem winzigen Vogel im Volksglauben der Mexikaner auch heute noch eine große Bedeutung zukommt. Lange hielt sich der alte indianische Brauch, die jungen Bräute mit einer verschwenderischen Pracht von Ornamenten zu schmücken, die aus Kolibrifedern hergestellt wurden.

Wie sehr der Kolibri den mexikanischen Götterhimmel bestimmt, geht auch daraus hervor, daß der große Gott Quetzalcoatl nicht nur mit seinem Symboltier, dem geheimnisvollen Quetzal, dargestellt wird, sondern auch mit einem Kolibri, der bei den Nahua die von ihrer irdischen Hülle erlöste menschliche Seele verkörpert. Den am höchsten verehrten aztekischen Stammesmitgliedern wurde von ihren Priestern Unsterblichkeit versprochen, und das Symbol für diese letzte Ehre war der Kolibri. Außerdem gab es noch eine Kolibrigöttin, die von den Tänzerinnen und Ballettmädchen verehrt wurde. Es ist dies die Göttin Xochiquetzal (Blumenvogel), eine jugendliche Erdgöttin der Liebe und der Blumen, die fleischlichen Genuß und Begehren, Feste und Freuden symbolisierte. Sie war aber auch die Göttin der Schwangerschaft und der Geburt, dadurch die junge Kriegerin, denn Geburt und Krieg wurden gleichgesetzt. Darüber hinaus galt sie als Schutzpatronin der Weberinnen, eine wahrhaft

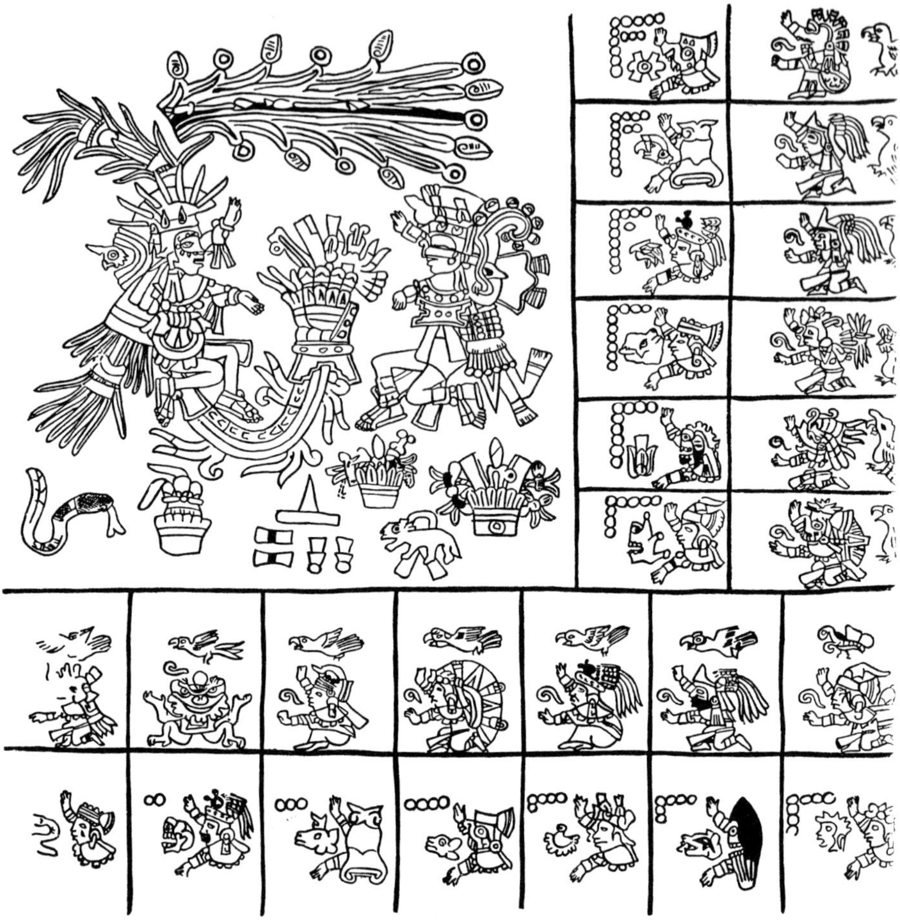

Abb. 62. Eine Seite aus dem Codex Borbonicus mit der Darstellung der Götter der Tagesstunden. Unten links der Gott Xiuhtecutli mit der Darstellung des weißen Kolibri, ihm folgt Tlaltecutli mit dem grünen Kolibri

umfassende Zuständigkeit. Sie muß besonders beim einfachen Volk sehr beliebt gewesen sein.

Den Mittelpunkt der aztekischen Religion bildet das Kalendersystem; alles menschliche Geschehen stand bei den Azteken in enger Verbindung mit den kosmischen Kräften, die sie sich wiederum vom Willen der Götter abhängig machten. Das Kalendersystem bestand aus zwei verschiedenen Teilen: einer Tagesabfolge nach rituellen Gesichtspunkten, dem tonalpohualli, und einem Sonnenkalender, unterteilt nach Monaten. Über jede Periode, Tage und Monate, herrschte eine bestimmte Gottheit. Die ersten beiden der dreizehn Regenten der Tagesstunden (also der Morgenstunden), die sogenannten „Begleiter des Tages", sind Xinhtecutli und Tlatlecutli. Xinhtecutli ist der Feuergott und sein dazugehöriger Vogel ein weißer Kolibri; ihm ist die erste Tagesstunde gewidmet. Weiterhin ist diesem Gott noch die erste Nachtstunde geweiht. Tlatlecutli ist ein Erdungeheuer, ein Gott des Erdreiches, sein Zeichen ist ein grüner Kolibri, und ihm gehört die zweite Tagesstunde (Abb. 62). Dieser Zuordnung von Kolibris liegt eine sehr genaue Beobachtung der Natur durch die Azteken zu Grunde. In der Tat erscheinen die Kolibris der ersten Morgenstunde seltsam weißlich, da die noch nicht aufgegangene Sonne keine Schillerfarben aufblitzen läßt. Erst später, nach Sonnenaufgang, in der zweiten Stunde, erscheinen die grünen Farben. Dieses Phänomen kann abends in umgekehrter Reihenfolge beobachtet werden. Die dem Feuergott Xinhtecutli geweihte erste Stunde ist der Osten, von wo aus die Sonne mit den sie umgebenden Kolibris startet.

Eine altindianische Legende erzählt vom Kolibri, daß er den Winter über verdorrt an den Bäumen hinge und im Frühjahr zu neuem Leben erwache. Die Cora-Indianer im nordwestlichen Mexiko glauben noch heute daran, daß die Kolibris die Sonnenwärme bringen.

Die Tarascen, die auch heute noch in der Umgebung des Patzcuarosees leben, verehrten ebenfalls den Kolibri. Ihre Hauptstadt nannten sie Tzintzuntzán, das bedeutet der „Platz der Kolibris". Außerdem waren sie sehr geschickt in der Technik von Federarbeiten. Bei ganz feinen Arbeiten klebte man Teilchen von zerschnittenen Federn auf Agavepapier. Hierzu eignete sich besonders der feine Flaum der Kolibris, der in ganz besonders schönen metallischen Tönen schillert. Diese aus den schillernden Kolibrifedern hergestellten Bilder wurden von Hernan CORTEZ gebührend erwähnt. Aus der Blütezeit dieser Kunst ist leider nichts mehr vorhanden, was wegen der Fragilität der Objekte und angesichts des Zerstörungswerkes der Konquistadoren verständlich ist. Der Kolibri spielte auch noch in anderen Bereichen eine Rolle. Besonders feine Perlen wurden von den Azteken Kolibriperlen genannt. Viele Ortsnamen in Mexiko sind von dem Nahuatlwort für Kolibri = huitzilin abgeleitet worden, so Huitzilac, Huitzilitapec, Huithilizilapan, Tehuitzingo. In Guatemala im Staate Excuintla gibt es einen Ort namens Huitziltzil.

25.1.2 Südamerikanische Indianerkulturen

Von den südamerikanischen Indianerkulturen ist womöglich noch weniger übriggeblieben als von den mesoamerikanischen. Was nach der Konquista von dem mächtigen Goldreich übrig blieb, waren Reste ohne Seele, Trümmer von Gebäuden und Tempeln in dem riesigen, fünftausend Kilometer langen Küstenstreifen und der Andenkette.
Es wird berichtet, daß die Bewohner des tropischen Südamerika in einer heiter beschwingten Poesie vom ewigen Reich des Nordsterns sprachen, in dem die Toten als bunte Kolibris wiederkehren. Im Reich der ewigen Freude warten auf die Toten die herrlichsten Leckerbissen. Im Gegensatz dazu haben die präkolumbianischen Hochkulturen sowie die nordamerikanischen Jäger und Ackerbauern viel stärker die tragische Seite des Totenglaubens übernommen.

Die wenigen Kolibridarstellungen sind rasch aufgezählt, sie beschränken sich – im Gegensatz zu den mittelamerikanischen Kulturen – nicht auf die zu Beginn der Konquista herrschenden Stämme, sondern sie sind vor allem in der Chorrera-, der

Abb. 63. Vier Kolibris saugen an einer Blüte; Motiv von einem Tonkrug der frühen Nazca-Kultur, 100 v. bis 200 n. Chr. Nach Suchantke

Nazca- und Mochia-Kultur zu finden. So steht im Museum der Zentralbank von Quito ein Chorrera-Gefäß, das mit einem Kolibri verziert ist. In den volkstümlichen Sammlungen der Stadt Mannheim steht eine Tonschale mit der Figur des Regenbringers. Die dargestellten Vögel sind als Kolibris zu erkennen. Die Keramik stammt aus dem Nazca-Tal, 3.–4. Jh. v. Chr.

Eine der rätselhaftesten Kolibridarstellungen findet man in den Anden Perus, wo etwa 800 n. Chr. die Nazca-Indianer seltsame Tierfiguren und geometrische Muster riesigen Ausmaßes in den Felsplateaus hoch über ihren Siedlungen anlegten (Abb. 64). Die Nazca legten die Muster an, indem sie das dunkle verwitterte Gestein der Oberfläche abtrugen und so den helleren Stein, der sich darunter befand, sichtbar machten. Zwischen all den Figuren befinden sich Darstellungen, die ohne jeden Zweifel als fliegende Kolibris zu erkennen sind.

Im Nationalen Kunstmuseum in Lima befinden sich Tongefäße der Ica-Nazca-Kultur (400–1435) mit wunderbar kolorierten Kolibridarstellungen (Abb. 65). Auch unter den Keramiken der Mochia-Kultur finden sich phantastische Darstellungen von Kolibris und Blumen.

Im Völkerkundemuseum Wien befinden sich neben einem wundervoll kolorierten Henkelgefäß der Nazca-Kultur Stoffapplikationen im Bortenstil der Mochia mit Kolibriköpfen (Abb. 66). Vielleicht dienten diese Borten zum Verzieren der Totengewänder; ähnliche Dinge sind aus den Paracaras-Gräbern der Nazca bekannt. Der

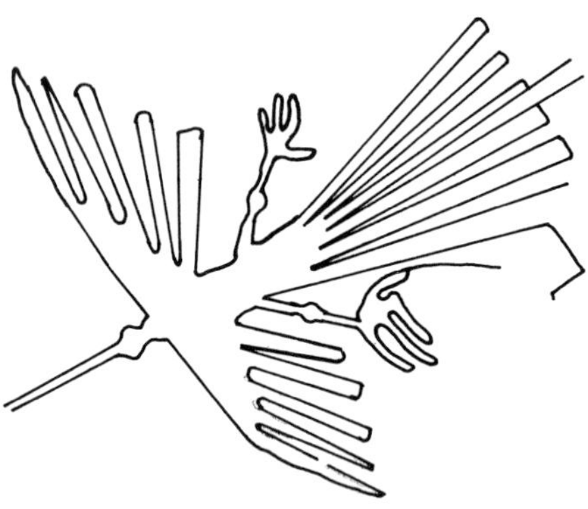

Abb. 64. Scharrfigur der Nazca-Indianer (etwa 800 n. u. Z.), die unzweifelhaft einen fliegenden Kolibri darstellt, die Länge beträgt etwa 150 m. Dieser Vogel fliegt genau auf den Punkt zu, an dem die Sonne am Tage der Sommersonnenwende aufgeht, der Schnabel bildet die Fluchtlinie. Nach Reiche

Abb. 65. Tongefäß der Ica-Nazca-Kultur mit Kolibridarstellungen (Nationales Kunstmuseum Lima). Aufn. LANGNER

Direktion des Museums für Völkerkunde in der Neuen Hofburg/Wien danke ich für die Möglichkeit, diese Dinge zu fotografieren.

Im Museo del Oro (Goldmuseum) der Banco de la República von Bogotá fand ich ein Paar Ohrclips aus Gold, das ganz eindeutig an Blüten saugende Kolibris darstellt. Wahrscheinlich ist es eine Arbeit der Muisca, die zum Stamme der Chibcha gehören.

Im Leben der Inka spielte der Kolibri nicht die große Rolle wie bei den Azteken, dennoch finden sich überraschende Übereinstimmungen. Während der Prüfung der jungen Angehörigen der Oberschicht, den Ayllu und Curaca, fand ein Wettlauf statt. Am Tag dieses Wettlaufs – wurden auf dem Hügel Huanacauri bei Cuzco aus Salz gefertigte Wiedergaben einer Reihe von Tieren aufgestellt: Falke, Adler, Geier, Wildente, Kolibri, Vicuna, Fuchs, Schlange, Kröte. In der Reihenfolge ihrer Ankunft am Ziel ergriffen die Wettläufer diese sinnbildhaften Tiere, zuerst die Vögel und zum Schluß die Kröten. So trug jeder das Zeugnis seiner Stärke oder Schwäche davon.

In der Heilkunde fand das Fleisch der Kolibris gegen Epilepsie Anwendung.

Von den herrlichen Federgeweben existieren nur noch wenige; der Rohstoff bestand aus Federn aller Längen und Farben. Die kleinsten lieferten die Kolibris der Sierra, die größten die Papageien des Urwaldes.

Von den Chiriguano, die am Ostabhang der bolivianischen Anden leben, stammt die „Liebesgeschichte des Kolibris“, ein dezent verschlüsselter erotischer Text:

Abb. 66. Stoffapplikationen im Bortenstil der Mocchia mit Kolibriköpfen aus dem Museum für Völkerkunde Wien. Aufn. POLEY

„Es waren zwei Mädchen die den Kolibri die Flöte spielen hörten. Er spielte so schön, daß eines der Mädchen sagte: „Ihn will ich zum Manne haben!“ Sie suchte den Kolibri auf und schlief bei ihm.

„Wir wollen in mein Haus gehen“, sagte der Kolibri. Als sie dorthin kamen, war es so klein, daß das Mädchen keinen Platz fand. Sie ging deshalb in ihr Dorf zurück. Am Abend kam der Kolibri vor das Dorf und spielte Flöte, um sie zu locken. Das Mädchen lauschte und sagte: „Der Kolibri ist's, der spielt.“ Sie ging aber nicht mehr zu ihm. Jeden Abend kam der Kolibri vor das Dorf und spielte seine schönsten Weisen, das Mädchen aber wollte nicht mit ihm gehen, der eine so kleine Hütte hatte.“

In einem Märchen der Araukaner, indianische Bewohner des südlichen Südamerika, die wohl als einzige die ungünstige Kolonialzeit überdauert haben, werden Kolibris in einem sehr negativen Sinn dargestellt. Vermutlich hängt dies mit der nur kurzen Berührungszeit der Araukaner mit dem Inkareich (unter der Regierungszeit von Tupac Yupanqui 1448–1482) zusammen, das als der bedrohliche Nachbar im Norden galt.

„Die verstoßenen Söhne eines Inkas rächen sich an ihrer verräterischen Tante, sie verbrennen sie. Doch ohne, daß sie es merkten, blieb in der Asche ein kleines Stückchen vom Herzen über. Daraus entstand der Kolibri, der Pinda, der niemals eines natürlichen Todes sterben darf, sondern sich aufhängen muß, weil sein Herz schlecht ist. Und da er sein Ende kennt, ist er immer traurig, unruhig und meidet es, an einen Baum zu stoßen mit den Flügeln oder Füßen, zittert dabei heftig und streckt nur von weitem seinen spitzen Schnabel in die Blumen und Blüten, dabei ängstlich in der Luft schwebend. Die dunkelsten Felsenhöhlen sucht er sich aus zum Schlafen und Überwintern. Hunderte dieser unglückbringenden Vögel hängen festgekrallt an den Wänden einer Grotte, einer Kluft. Den Indianern sagt er die Zeit ihres Todes voraus, auch die Art ihres Todes, wenn er ihre ausgekämmten oder ausgezupften Haare findet. Denn dann müssen sie desselben Todes sterben wie er, müssen sich aufhängen. Deswegen vergraben die Indianer ihre Haare, damit er sie nicht findet, sie nicht erhängt sterben müssen. Aber er ist wohl das am meisten gehaßte und gefürchtete Tier der Cordillere aus den genannten Gründen."

25.1.3 Nordamerikanische Indianerkulturen

Der Kolibri spielt in der Schöpfungsgeschichte vieler nordamerikanischer Indianerkulturen eine spezielle Rolle. In den Geschichten und Überlieferungen der goßen Flut (Sintflut) wird der Kolibri oft als der Vogel dargestellt, der ausgesandt wird, um festzustellen, ob die Wasser sich verlaufen haben. Bei den heutigen Kachinagesängen (Gesängen, die mit dem Maskengeheimnis in engem Zusammenhang stehen) der Hopis ist Ocha, der Kolibri, eine herausragende Gestalt. Die Apachen kennen ihn als Dátilyé, die Karok als Houpu-chec-naish-wen, die Pirna als Na-na-tska und die Wintu als Lutchi Herit.

25.2 Das Zeitalter der Kolonisation

Im Jahre 1525 war das Ende des Aztekenimperiums gekommen, sechs Jahre später ereilte die Maya das gleiche Schicksal, und noch im selben Jahrzehnt wird auch das Inkareich völlig unterworfen. Aus diesen blutigen Jahrhunderten der Kolonisation sind nur wenige kulturelle Reste vorhanden, die einen Bezug zu Kolibris haben.

Aus dem südamerikanischen Raum berichtet Pater Bernabe Cobo von den Indianerfrauen, daß sich diese einen am Morgen gefundenen kältestarren Kolibri an den Busen steckten. Nach dem Erwärmen ließen sie ihn wieder fliegen. Dies diente den Missionaren der Konquistadoren als Beispiel für die „Wiederauferstehung" bei der Christianisierung. Im alten Mexiko benutzten sie dafür eine Fliege, die sie ins Wasser steckten und kurz vor dem Ertrinken fliegen ließen. Auf ein solch heiliges Tier wie den Kolibri haben sie verzichtet.

Schon in der präspanischen Zeit waren die Tarascan, die um den Patzcuara-See im Staate Michoacán siedeln, für ihre Federarbeiten berühmt. Der erste Bischof von Michoaćan, Vasco de Quiroga (1538 bis 1565), erwies sich als wahrer Schutzherr der Indianer. Neben der Gründung von Schulen und Krankenhäusern schaffte er für bestimmte Handwerkszweige Schwerpunkte, so auch für die Federmosaikhersteller. Die Verlagerung der Federkunst nach Patzcuaro ist in den Beschreibungen von Michoaćan immer wieder erwähnt worden.

Im Museum für Völkerkunde in Wien befindet sich eine mit Kolibrifedern verzierte Bischofsinfel aus den Jahren 1533 bis 1546, die aus der Gegend von Patzcuaro stammt. Die Kolibrifedern sind übrigens so geschickt angebracht, daß ihr metallischer Glanz erst dann voll zur Geltung kommt, wenn man die Mitra von vorn unten betrachtet, also aus der Sicht der (knieenden) Betenden. In gleicher Machart sind übrigens noch sechs weitere Mitren bekannt, sie befinden sich im Domschatz von Toledo, im Palazzo Pitti in Florenz, im Escorial und in den Domschätzen zu Lyon und Mailand. Zwei weitere Kolibrifederarbeiten, die ebenfalls aus der Gegend von Patzcuaro stammen und mit Sicherheit vor das Jahr 1596 datiert werden müssen, befinden sich ebenfalls in Wien. Es sind zwei Federbilder mit Kolibrifedern in der erschlossenen Technik von Patzcuaro und stellen einmal den St. Hieronymus und zum andern eine Madonna dar. Aus unbekannter Quelle besitzt Wien noch ein weiteres Bild, den „Christus an der Geißelsäule". Auch in der reinen Naturaliensammlung von Aldrorandi in Bologna finden wir koloniale taraskische Federbilder, welch die Nutzanwendung der Kolibrifedern illustrieren.

Friar Bernardino de Sahagun, einer der ersten spanischen Missionare, berichtet in seinem Werk „Colloquios y Doctrina christiana", daß Kolibris zur Vorbeugung von Tumoren gegessen wurden. Aber schon der Verzehr eines Kolibris mache unfruchtbar. Die Gegensätzlichkeit dieser Erklärung ist allerdings nicht so groß, wenn man bedenkt, daß es Wechselreden indianischer Vornehmer und spanischer Glaubensapostel waren, die 1524 in Mexiko stattfanden. Die eben unterworfenen Indianer werden kaum von der ihnen bekannten Heilkraft erzählt, sondern eher versucht haben, die spanischen Eindringlinge durch solch abschreckende Erzählungen dieser Wunder nicht habhaft werden zu lassen.

Eine außerordentlich anschauliche Schilderung über das Vorhandensein, Verschwinden und Wiederauftauchen der Kolibris in Mexiko können wir Sahagun's Manuskript „General History of the Things of New Spain" entnehmen. „Es gibt sehr kleine Vögel in unserem Land, die mehr einer Pferdefliege als einem Vogel ähneln. Es gibt viele Arten von ihnen, sie haben einen kleinen, schwarzen, gebogenen Schnabel, der wie ein Pfriem aussieht. Die Nester bauen sie in Büschen, und sie legen nicht mehr als zwei Eier. Sie ernähren sich wie die Bienen vom Tau der Blüten, sind sehr leuchtend und fliegen wie ein Pfeil." Wo dann aber Fakten fehlten, begann die schöpferische Einbildung zu spielen, und so wurde die lange Abwesenheit der Kolibris wie folgt erklärt: „Sie werden jedes Jahr neu gebildet. Wenn der Winter kommt, hängen sie sich mit den Schnäbeln an den Bäumen auf, trocknen aus und verlieren die Federn (zweifellos sind damit die Kokons verschiedener Motten gemeint). Doch wenn die Bäume wieder grün werden, regen sie sich wieder, das Gefieder beginnt zu sprießen, und wenn es donnert und regnet erwachen sie und fliegen davon." Die Ähnlichkeit mit dem Volksaberglauben anderer Kulturkreise, beispielsweise des europäischen – Erwachen der Schwalben im Frühjahr aus dem Schlamm –, ist unverkennbar.

Im Museum für Völkerkunde in München wird eine polychrom bemalte Keramik aufbewahrt, die nach den Unterlagen zu einem Grabfund von Acatzingo (Puebla) gehört (Abb. 67). Dieser wahrscheinlich aus der frühkolonialen Zeit (16. Jh.) stammende Kelch ist innen mit zwei Vogelfiguren und Blüten bemalt, die zwei Kolibriarten darstellen können (*Lophornis delattrei* oder *Paphosia helenae*).

Mit dieser Darstellung der Verwendung von Kolibris in der Kolonialzeit scheinen die bekannten Beispiele erschöpft zu sein. Es hat sich jedoch gerade im mesoamerikanischen Volksglauben der Gedanke an die Zauberkraft des Kolibris bis in das 20. Jh. erhalten.

Abb. 67. Blick in das Innere eines Kelches aus Acatzingo (Puebla), wahrscheinlich frühkoloniale Zeit (16. Jh.). Der Kelch ist innen mit Kolibris und Blüten, außen mit großen Blüten und Rankenwerk meisterhaft bemalt, die möglicherweise bereits als Ersatz für religiöse Symbole präkolumbischer Zeit verwendet wurden

Bei den im nördlichen Südamerika lebenden Indianerstämmen der Arawaks und Warraus wird der Kolibri oft als „doctorbird" bezeichnet, weil er oft von den Medizinmännern zur Heilung verschiedener Leiden benutzt wird.

25.3 Das 19. Jahrhundert

Das 19. Jh. beginnt mit der Forschungsreise Alexander v. Humboldt's in die Neue Welt und läutet damit den Beginn der wissenschaftlichen Betrachtung der Kolibris ein. Die Fülle der wunderbar handcolorierten Stahlstiche in den wissenschaftlichen Werken von Gould, Jardine, Buffon u. v. a. m. stellen Kunstwerke im eigentlichen Sinne dar, dienen jedoch der wissenschaftlichen Beschreibung. Sicher ist es eine große kulturelle Leistung des 19. Jh., daß 83 % aller bekannten Kolibriarten in diesem Zeitraum beschrieben wurden (10 % im 18. Jh., 7 % im 20. Jh.).

In der zweiten Hälfte des 19. Jh. blühte in Westeuropa, besonders in Paris und London, die Schmuckfederindustrie auf. Aus Mittel- und Südamerika ergoß sich ein unaufhörlicher Strom von Vogelbälgen nach Europa. Unter den importierten Vogelbälgen nahmen dabei die Kolibris wegen der Pracht ihrer Federn stets den ersten Platz ein. Von Sta. Fe de Bogota allein wurden jährlich viele Tausende von Bälgen nach London und Paris gesandt, um hier zu Ornamenten in den Gesellschaftsräumen der oberen Zehntausend verarbeitet zu werden. Auch aus Rio de Janeiro, Bahia und Pernambuco erreichten jährlich viele Tausend Bälge den westeuropäischen Markt. So wurden auch die Klöster beliefert, deren Nonnen und Mönche aus den farbenprächtigen Bälgen künstliche Blumen herstellten. Es müssen insgesamt Millionen von Kolibribälgen gewesen sein, die damals per Schiff aus Südamerika und von den Antillen nach Europa kamen. Allein 3000 Bälge von *Chrysolampis mosquitos* befanden sich in einer einzigen Sendung. Auf einer öffentlichen Auktion in London am 1. März 1888 wurden mehr als 12000 Kolibribälge versteigert. In einer anderen Woche desselben Jahres wurden ebenfalls auf einer Londoner Auktion nicht weniger als 400000 Kolibribälge verkauft.

Es ist zwar nicht zu beweisen, aber die Wahrscheinlichkeit ist groß, daß durch diese Modetorheit eine Reihe von Arten ausgerottet wurde. Tatsächlich gibt es Arten, deren Erstbeschreibung nur auf ein oder zwei solcher Exemplare begründet ist und die seither niemals wiedergefunden wurden. Von all den Federkunstwerken existiert heute kaum noch etwas oder nichts mehr. Gegen Ende des Jahrhunderts erlosch dieser Modetrend, der Rest der Bälge wanderte in die Museen.

25.4 Das 20. Jahrhundert

Es macht einige Schwierigkeiten, Ordnung in die so sehr unterschiedlichen Aspekte der Verwendung von Kolibris oder ihres Namens während unseres Jahrhunderts zu bringen. Zu unterschiedlich sind die Motivationen, und es erscheint mir daher sinnvoll, das geographische Prinzip beizubehalten.

25.4.1 Meso-Amerika

Wie auch schon in der präkolumbianischen Zeit, ist die Fülle des Materials wesentlich größer als in Südamerika. Besonders eindrucksvoll sind die Reste altindianischen Volksglaubens, die sich vielleicht sogar unverändert aus der präkolumbischen Periode bis in unser Jahrhundert herüber erhalten haben.

Noch heute erhält man auf den Märkten, so z. B. in Toluca und Oaxaca, Amulette mit getrockneten Kolibrimumien oder pulverisierten Kolibris. So sollen ihren Trägern Glück bringen oder ihnen erotische Anziehungskraft verleihen. Der kleine Körper eines Kolibris ist ein besonders starkes Liebesamulett, hält man es in der Hand oder in der Tasche, erscheint unwiderstehlich das Objekt des Verlangens. Abgesehen von der Bindung der Kolibris mit Huitzilopochtli im alten Mexiko ist es vielleicht von Interesse zu wissen, daß diesem winzigen Vogel auch heute noch ein Zusammenhang mit dem Jenseits zugeschrieben wird. Für Kenner des Okkulten ist es daher nicht ungewöhnlich, den Erwerb eines mumifizierten Kolibris zu empfehlen; diese sind dann gewöhnlich mit roten Fäden umwickelt. Damit sich die bösen Geister besänftigen, werden täglich Kerzen von ihnen aufgestellt.

Getrocknete Kolibris werden von Mädchen und Frauen in einer Bouillon gekocht, übrigens mitsamt dem Gefieder. Löffelt der Freund oder der Ehemann dann diese Suppe, ist er ihnen auf ewig treu. Streut ein Mann eine Prise getrocknetes Kolibriherz seiner Angebeteten auf den Kopf, erhört sie alle seine Anträge. Auf den Märkten, die sich auf den Verkauf von magischen Kräutern und Arzneien spezialisierten, kann man auch heute noch Indianer sehen, die wegen des Verlustes ihrer Liebe an gebrochenem Herzen leiden, wie sie vorsichtig ein oder zwei zerzauste Kolibribälge

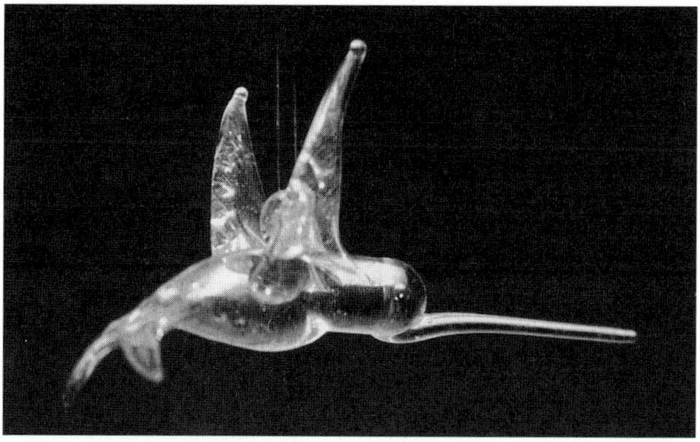

Abb. 68. Kolibri aus Glas (kanadisches Kunstgewerbe). Aufn. POLEY

auswählen. Diese werden zusammen mit geschriebenen Gebeten in einen roten Seidenbeutel getan und sollen helfen, die verlorene Liebe wieder zurückzugewinnen. Es gibt sogar eine geheimnisvolle Kolibriseife, nach deren Gebrauch im Bad man auf den geliebten Menschen unwiderstehlich wirkt und ihn sozusagen im Sturm zurückerobert. Noch heute werden von der Landbevölkerung in Chiapas die Herzen von vier oder fünf Kolibriarten als Heilmittel gegen epileptische Anfälle verwendet.

Abb. 69. Bunter Keramikaschenbecher mit Kolibrimotiv aus der modernen Produktion Mexikos. Aufn. POLEY

Abb. 70. Mexikanisches Schmuckstück aus Gold mit Rubinen in Form eines sich gerade setzenden Kolibris. Aufn. POLEY

Abb. 71. Zwischen den aus der Olmekenperiode stammenden Jadestiletten in Form eines Kolibrikopfes (oben, aus Mexican and Central American Mythology – Fondo Editorial de la Plástica Mexicana) und einem aus der Moderne stammenden Obsidiananhänger – ebenfalls in Form eines Kolibrikopfes (Sammlung POLEY) besteht eine frappierende Ähnlichkeit. Aufn. POLEY

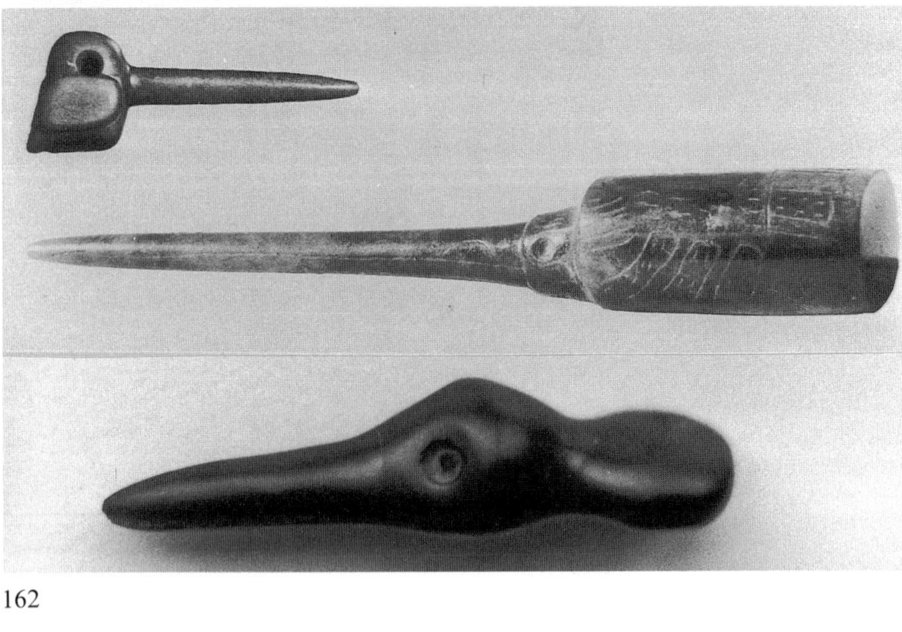

Abb. 72. Bruchstück eines „Lebensbaumes" mit Blüten und Kolibris. Diese Lebensbäume werden in Mexiko zu runden Geburtstagen und Jubiläen verschenkt. Das Stück dürfte etwa 80 Jahre alt sein. Aufn. POLEY

Abb. 73. Kolibridarstellung an einem Omnibus in Cuzco/Peru. Aufn. POLEY

Abb. 74. Kolibris auf Briefmarken. Die Marke aus Peru zeigt eine Kolibridarstellung der Ica-Nazca-Kultur. Auf der kubanischen Briefmarke sind *Chlorostilbon ricordii* (links) und *Archilochus colubris* dargestellt, wobei dem ersten die Bezeichnung zunzun und dem zweiten der Name Colibri zugeordnet wurden. Der Kolibri auf der Marke von Surinam mit der Bezeichnung *Amazilia fimbriata* ist sicher falsch benannt, es handelt sich eindeutig um eine *Threnetes*- oder *Phaethornis*-Art. Ecuador hat eine Marke mit dem als quinde bezeichneten *Aglaiocercus kingi coelestis* herausgegeben. Die auf einer Briefmarke der Antilleninsel St. Thomas dargestellte Art *Chaetocercus mulsanti* kommt allerdings nur in Kolumbien und Bolivien vor. Auf den Marken der Antilleninsel St. Lucia ist *Eulampis jugularis* dargestellt. Aufn. Poley

Die Volksmärchen der nordamerikanischen Indianer behaupten, daß auf den langen Zugwegen der nordamerikanischen Kolibris diese sich auf den Rücken von größeren Vögeln setzen und mitgenommen werden. Bei den Zunis, einem in Neu-Mexiko ansässigen Indianerstamm, gilt der Kolibri als Glücksvogel. Enge verwandtschaftliche Beziehungen zu den Azteken sind nicht auszuschließen, die Sage von einer Wanderung und auch einer Federschlange (Quetzalcoatl) machen diese Beziehungen deutlich. Heute stellen die Zunis Einlegearbeiten her, dabei verarbeiten sie Türkise und Silber in einer Art, wie man sie sowohl aus dem präkolumbischen als auch aus dem modernen Mexiko kennt. Bevorzugte Motive dieser Einlegearbeiten sind wiederum Kolibris.

Abb. 75. In der Edelsteinsammlung von Jürgen und Gudrun ABELER, Wuppertal, befindet sich eine Kolibridarstellung aus Türkis (China) mit Augen aus Rubinen, Füßen aus Silber und einem Schnabel aus Gold (Sockel aus Barit mit Pyrit/Sauerland) und einer Blume aus Lapislazuli (Irak) und vier Jadeblättern (China)

Auch im modernen Mexiko hat die Darstellung von Kolibris ihren festen Platz im Kunsthandwerk behalten, wie die folgenden Beispiele zeigen werden. So sind häufig Kolibris beim Blumenbesuch auf den Amates dargestellt, das sind papierähnliche Blätter aus baumbast. Viele Tonwaren sind mit Kolibrimotiven bemalt, z. B. Aschenbecher. Bei einem Juwelier an der Alameda in Mexiko-City fand ich nicht nur zuniähnliche Türkiseinlegearbeiten in Silber, sondern einen goldenen Kolibri mit Rubinen als Schmuckstück (Abb. 70). Ebenfalls in Mexiko-City auf dem Diebesmarkt an der Plaza Lagunilla erstand ich einen Kolibrikopf aus Obsidian, der stark einem olmekischen Stilett ähnelt (Abb. 71), und zwei fliegende Kolibris aus Stein. In einem kleinen Laden in Oaxaca werden wunderbare Indiowebereien mit den Motiven der altindianischen Stempel verkauft, darunter auch Kolibris.

Zu runden Geburtstagen, Jubiläuen und ähnlichen Ereignissen werden in Mexiko sogenannte Lebensbäume verschenkt (Abb. 72). Dies sind tönerne Kunstwerke mit Kerzenhaltern, die heute vorzugsweise mit sakralen Motiven verziert werden. Während meiner Forschungsreise im Jahre 1971 erhielt ich ein Bruchstück eines solchen Lebensbaumes geschenkt, das Kolibris vor Blüten zeigt. Es dürft Ende des 19., Anfang des 20. Jh. entstanden sein.

Darstellungen von Kolibris auf Briefmarken liegen uns von St. Lucia und St. Thomas, zwei Antilleninseln, vor.

25.4.2 Südamerika

Kolibridarstellungen im modernen Kunsthandwerk Südamerikas sind mir nicht bekannt geworden. Zwar werden in den Andenländern immer wieder Vogelmotive bei den Webearbeiten verwendet, diese haben aber keine Ähnlichkeit mit Kolibris. Als einzige Kolibridarstellung ist mir nur das Kolibriemblem eines peruanischen Omnibusunternehmens bekannt, das an der Wagentür angebracht ist (Abb. 73). Auf Briefmarken von Ecuador, Peru und Surinam sind Kolibris dargestellt (Abb. 74).

25.4.3 Europa

Mit der Verbreitung der Kenntnis, daß es in Amerika Kolibris gibt, deren Inaugenscheinnahme zuerst in Museen, später in Zoologischen Gärten erfolgte, finden sich dann auch die ersten Kolibridarstellungen in Europa. Die großen Porzellanmanufakturen bringen zuweilen Darstellungen von teils Phantasiekolibris, teils von wirklich bestimmbaren Vögeln heraus. Eine außerordentlich beeindruckende Kolibridarstellung aus Edelsteinen befindet sich in der Edelsteinsammlung Jürgen und Gudrun Abeler in Wuppertal. Auf einer Straußenuhr im Wuppertaler Uhrenmuseum ist ein kleiner Vogel zu sehen, der mit Kolibrifedern beklebt ist.

Das Exotische und Fremdländische am Namen Kolibri ist in zwei Fällen nachweisbar: auf einem Poster ist ein später an einer Überdosis Rauschgift gestorbener Popmusiker mit einem Kolibri dargestellt. Die Kolibri- oder auch Colibri-Bar wirbt in manchen Städten mit diesem Namen für eine Atmosphäre exotischen Urwaldcharakters. Selbst ein Mobile in Form eines Kolibris können sich unsere Zeitgenossen ins Zimmer hängen.

Ebenfalls mit der Bezeichnung Colibri existieren eine Spedition und ein Düsenflugzeug, werben damit die Hersteller eines Personensuchgerätes und eines Hörgerätes.

26. Bestimmungsschlüssel

In seiner „Check-list of Birds of the World" unterscheidet Peters (1945) 123 Gattungen, 327 Arten und 688 Unterarten; es ist die letzte und zugleich modernste Klassifikation dieser morphologisch so einheitlichen Familie. Sowohl Tiergärtner als auch Vogelliebhaber scheuen sich mit Recht, bei der Determination die Kolibris zu fangen, um die für die Bestimmung wichtigen Maße, Gewichte usw. zu nehmen. Die Mehrzahl der Gattungen ist deshalb in diesem Schlüssel nach auffälligen äußeren morphologischen Merkmalen geordnet:

A. Schnabel lang und gerade, länger als der Kopf
B. Schnabel lang und mehr oder weniger stark nach unten gebogen
C. Schnabel stark säbelartig gebogen
D. Schnabel ist mit der Spitze aufwärts gebogen
E. Schnabel ganz kurz, höchstens 1 cm lang
F. Äußere Schwanzfedern ganz oder nur am Endteil kahl, mit einer Flagge am Ende
G. Schwanz sehr lang, z. T. tief gegabelt oder einzelne Schwanzfedern extrem verlängert

H. Häubchen, lange Ohrfedern, Federohren oder ähnliche bizarre Kopfanhänge vorhanden
I. Völlig ohne Metallfarben, sehr groß
J. Lebhafte Färbung des Flügels
K. Schwanz kurz, Federn schmal oder auffallend gebildet
L. Tief ausgeschnittene Schwänze, nicht überlang
M. Gattungen ohne auffallende Merkmale, Schwanz deutlich gerundet
N. Schwanz flach ausgeschnitten, wenig ausgebuchtet oder gerade abgeschnitten
O. Schwanz teils gegabelt, teils gerade abgeschnitten.
P. Handschwingen der Männchen mit stark verbreiterten und abgeflachten Schäften.

A. Schnabel lang und gerade, mehr als doppelt so lang wie der Kopf:

I. Schnabel vorn etwas in die Höhe gebogen: *Doryfera,* 2 Arten
1. Blaue Stirn: *D. johannae* ♂,
bläulichgrüne Stirn: *D. johannae* ♀
(Kolumbien, Ecuador, Guayana, oberer Amazonas)
2. Grüne Stirn: *D. ludoviciae,* ♂ = ♀
(Kordilleren von Bolivien und Kolumbien)

II. Schnabel wie bei *Doryfera,* dunkelbraune Flügel: *Androdon,* 1 Art
♂ Nacken dunkelblau,
♀ Nacken ohne blau:
A. aequatorialis (Ecuador und Kolumbien)

III. Mit 8–10 cm längster Kolibrischnabel: *Ensifera,* 1 Art
♂ Unterkörper glitzernd grün,
♀ Unterkörper weiß mit grünen Flecken, Schnabel 5–10 mm länger:
E. ensifera (Gesamter Bereich der Kordilleren)

B. Schnabel lang und mehr oder weniger stark nach unten gebogen:

I. Schnabel kräftig, schwach gebogen, keine spitzen Steuerfedern: *Threnetes,* 3 Arten
1. Unterschnabelbasis rot: *T. ruckeri,* ♂ = ♀
(Kolumbien, Ecuador, Panama, Costa Rica)
2. Unterschnabelbasis hell
a) Kehle schwarz: *T. niger* ♂ (Guayana)
b) Kehle dunkel rostfarben: *T. leucurus,* ♂ = ♀
(Guayana, Brasilien, Kolumbien, Peru)
c) Kehle hellbraun: *T. niger* ♀ (Cayenne)

II. Schwanzfedern braunrot: *Glaucis,* 1 Art
♂ Unterseite dunkel rotbraun, Unterschnabelbasis fleischfarben,
♀ heller Backenstreif: *G. hirsutus*
(Von Costa Rica bis Peru und Brasilien, Trinidad, Grenada)

III: Schwanzfedern rötlich bronzegrün: *Rhamphodon,* 1 Art
Unterseite zimtfarben, Unterschnabelbasis weißlich, ♂ = ♀: *R. dohrni*
(Brasilien)

IV. Außerordentlich stark gekrümmter Schnabel, der fast einen Halbkreis bildet:
Eutoxeres, 2 Arten
1. Äußere Steuerfedern rostfarben: ♂ = ♀
E. condaminei (Ecuador, Peru)
2. Äußere Steuerfedern schwärzlich: ♂ = ♀
E. aquila (Ecuador, Kolumbien, Costa Rica, Panama)

V. Langer stufenförmiger Schwanz und meist stark verlängerte mittlere Steuerfedern: *Phaethornis*; schwierig zu determinieren, Geschlechter weitgehend gleich gefärbt (Abb. 77f)
1. Schnabel fast gerade
   a) Unterseite hellgraubraun:
   P. bourcieri (Guayana, Peru, Ecuador)
   b) Unterseite dunkelrostrot:
   P. philippi (Bolivien)
2. Unterseite dunkelgrau
   a) Wurzeln der Schwanzfedern grün:
   P. guy (Costa Rica, Panama, Kolumbien, Ecuador, Peru, Venezuela)
   b) Wurzeln der Schwanzfedern blau:
   P. yaruqui (Abb. 57) (Ecuador)
3. Unterseite hellgrau:
   P. augusti (Kolumbien, Venezuela, Guayana)
4. Unterseite rostfarben
   a) Äußere Schwanzfedern tragen reinweiße Spitzen:
   P. pretrei (Brasilien)
   b) Äußere Schwanzfedern tragen rostfarbene Spitzen:
   P. nattereri (Brasilien)
5. Unterseite bräunlich
   a) Kehle mit schwärzlichen Flecken:
   P. anthophilus (Venezuela, Kolumbien)
   b) Kehle schwärzlich, rostfarbene Federsäume:
   P. eurynome (Brasilien)
   c) Kinn und Kehlstreif weiß:
   P. hispidus (Kolumbien, Ecuador, Peru, Bolivien)
6. Oberschwanzdecken grün mit rostfarbenen Kanten
   a) Unterschwanzdecken rostbräunlich:
   P. malaris (Guayana)
   b) Unterschwanzdecken weiß:
   P. superciliosus (Guayana, Brasilien, Kolumbien, Ecuador, Peru)
7. Unterseite rostfarben, Kehlmitte weiß, Bürzel und Oberschwanzdecken rostrot:
   P. syrmatophorus (Ecuador, Kolumbien)
8. Unterseite hell rostfarben, Kehle schwärzlich
   a) Weichen und Bauch rostfarben:
   P. squalidus (Brasilien)
   b) Weichen und Bauch weißlich:
   P. gonnelli (Brasilien)
9. Unterseite weißlichgrau, Unterschwanzdecken weiß, Schwanzfedern schwarz mit weißen Säumen:
   P. rupurumii (Guayana)
10. Unterseite rotbraun, Unterschwanzdecken weiß, Unterschnabel zitronengelb:
   P. longemareus (Taf. II) (Guayana, Trinidad)
11. Unterseite rostfarben
   a) Unterschwanzdecken rostfarben, Kehlfedern schwärzlich, Unterschnabel zitronengelb:
   P. griseigularis (Kolumbien, Ecuador, Peru)
   b) Unterschwanzdecken weißlich, Kehle bräunlichweiß, Unterschnabel rötlich:
   P. ruber (Guayana, Brasilien, Peru)

C. Schnabel stark säbelartig gebogen:

I. Schwanz stark abgerundet: *Polytmus*, 1 Art
Oberseite grün, hellgrün glitzernde Unterseite, Schwanzfedern bläulichgrün, Spitzen weiß, Geschlechter ähnlich:
P. thaumantias (Brasilien, Guayana, Venezuela, Kolumbien, Trinidad)

II. Armschwingen rostbraun: *Sternoclyta*, 1 Art
♂ Oberseite dunkelgrün, Schwanzfedern bronzefarben, Kehle grün, schwarz gesäumter violetter Brustfleck, Brust und Bauch grün,
♀ Kehle und Brust grün, Bauch hellrostfarben:
S. cyanopectus (Venezuela)

III. Steuerfedern rostgelb oder weiß: *Lafresnayea*, 1 Art
♂ Oberseite dunkelgrün, Unterseite grün, Bauch schwarz, hinter dem Auge weißer Fleck, Steuerfedern mit dunklen Spitzen,
♀ Unterseite hell rostgelb; Kehle, Brust und Körperseiten mit grünen Flecken:
L. lafresnayei (Kolumbien, Venezuela, Peru)

D. Schnabel mit der Spitze aufwärts gebogen

I. Unterseite schwarz: *Avocettula*, 1Art
♂ Oberseite dunkelgrün, Kehle und Brust glänzend grün, Körperseiten grünlich, Schwanz purpurglänzend, auf der Unterseite feurig kupferrot,
♀ Unterseite weiß mit schwarzem Mittelstreif:
A. recurvirostris (Abb. 18e) (Guayana)

II. Unterseite grün: *Opisthoprora*, 1 Art
Oberseite grün mit Bronzeschimmer, Unterseite grün, Schwanz grün und stahlblau, Flaumbüschel an den Bauchseiten schwarz, Geschlechter ähnlich:
O. euryptera (Kolumbien)

E. Schnabel ganz kurz, höchstens 1cm lang

I. Ohne glitzernde und auffallende Farben, kleinster aller Vögel: *Mellisuga*, 1 Art
♂ Oberseite dunkelgrün, Oberkopf braun, Schwanz blauschwarz, Kehle mit kleinen dunkelgrauen Flecken,
♀ Kehle ungefleckt:
M. minima (Jamaika, Haiti, San Domingo)

II. Oberseite goldiggrün: *Abeilléa*, 1 Art
Schwanz stahlblau, Kinn und Kehle glitzern grün, unterer Teil der Kehle schwarz, Unterseite grün, Geschlechter gleich:
A. abeilléi (Mexiko, Guatemala)

III. Oberkopf reinweiß: *Microchera*, 2 Arten
1. ♂ Oberseite je nach Lichteinfall schwarz oder dunkelrot, Unterseite wie Oberseite, Kehle grünlich, Unterschwanzdecken weiß,
♀ Oberseite grün mit Bronzeschimmer, Unterseite weiß:
M. albocoronata (Panama)
2. Ähnlich wie *M. albocoronata*
♂ mit sehr viel mehr Metallglanz,
♀ dem der vorigen Art ähnlich:
M. parvirostris (Costa Rica, Nicaragua)

IV. Oberkopf blau oder violettblau: *Klais*, 1 Art

♂ Oberkopf violettblau, Oberseite grün, weißer Fleck hinter dem Auge, Kehle violettblau, Unterseite grau, Steuerfedern bronzegrün,
♀ Oberkopf blau, ganze Unterseite grau:
K. guimeti (Mittel- und nördliches Südamerika)

V. Schwanz kastanienbraun: *Chrysolampis,* 1 Art
♂ Oberkopf und Hinterhals glitzernd rubinrot, Kehle und Brust goldorangefarben, Oberrücken braunschwarz
♀ Oberseite bräunlichgrün, Unterseite hell bräunlichgrau:
C. mosquitus (Venezuela, Kolumbien, Brasilien, Curacao, Aruba, Bonaire, Isla de Margarita, Trinidad, Tobago)

VI. Schwanz schwarz mit Purpurschimmer, *Rhamphmicron* 2 Arten
1. ♂ Oberseite purpurfarben, Unterseite metallisch grün, in der Mitte hellbräunlich,
♀ Oberseite grün, Unterseite bräunlichweiß, Kehle und Körperseiten mit grünen Flecken:
*R. microrhynchum (*Ecuador, Kolumbien, Venezuela)
2. ♂ Oberseite schwarz, Kehle goldiggrün, Unterseite dunkel grünlichbronzefarben,
♀ sehr ähnlich dem ♀ von *microrhynchum*:
R. dorsale (Abb. 18 b) (nördliches Kolumbien)

F. Äußerste Schwanzfeder ganz oder nur am Endteil kahl, mit einer Flagge am Ende

I. Beine in wolligen Höschen: *Ocreatus,* 1 Art
♂ Oberseite metallischgrün, ganze Unterseite grün, Beinbefiederung weiß, weißliche Füße,
♀ Oberseite grün, Unterseite weiß, stahlblaue Schwanzfedern mit weißen Spitzen: *O. underwoodi* (Taf. I) (Kolumbien, Venezuela, Ecuador, Peru, Bolivien)

II. Keine Federhöschen, Füße nackt: *Discosura,* 1 Art
♂ Schwanz tief gegabelt, äußerstes Steuerfederpaar verlängert, vor den blauschwarzen Flaggen Federfahnen fehlend,
♀ Oberseite grün, Kehle schwarz, Unterseite grün und weiß:
D. longicauda (Abb. 77 a) (Brasilien, Guayana)

III. ♂ nur 4, ♀ 10 Schwanzfedern: *Lodddigesia,* 1 Art
♂ Außerordentlich verlängertes, nur aus Schaft bestehendes und am Ende etwa 21–25 mm breite Flaggen tragendes äußerstes Steuerfederpaar, Länge über 20 cm,
♀ Oberseite grün, Unterseite hellrostbräunlich, fast weiß:
L. mirabilis (Abb. 77 b) (Peru)

G. Schwanz sehr lang, z. T. tief gegabelt oder einzelne Schwanzfedern extrem verlängert

I. Tiefgegabelter Schwanz mit ganz spitz auslaufenden seitlichen Schwanzfedern, eigentümlich geformte lange Haube, auf dem Rücken weißes Querband: *Popelairea,* 4 Arten
1. ♂ mit Haube:
P. popelairei (Abb. 76 d u. 77 g) (Kolumbien, Ecuador, Peru)
2. ♂ roter Brustfleck:
P. langsdorffi (Brasilien)
3. ♂ blauer Brustfleck:
P. conversi (Ecuador, Kolumbien, Panama, Costa Rica)
4. ♂ weißlicher Brustfleck:
P. letitiae (Bolivien)
Die ♀ dieser Arten sind von denen vieler *Lophornis*-Arten sehr schwer zu unterscheiden

II. Stark verlängerte äußere Schwanzfedern, die vor den Spitzen plötzlich stark verengt sind:

Tilmatura, 1 Art
♂ Oberseite goldiggrün, an den Rückenseiten weißer Fleck,
♀ Rückenflecke bräunlichweiß:
T. duponti (Abb. 77 k) (Mexiko, Guatemala)

III. Tiefgegabelter, 6–7 cm langer Schwanz, gebogener Schnabel, länger als die Hälfte des Flügels: *Doricha*, 2 Arten
1. ♂ Kehle amethystfarben:
D. henicura (Abb. 77 i) (Guatemala)
2. ♂ Kehle rubinrot:
D. eliza (Mexiko)
Die ♀ beider Arten haben bräunlichweiße Unterseite.

IV. Eigenartig gestalteter Schwanz, mittlere Steuerfedern sehr kurz, alle übrigen sehr schmal, kaum über 2 mm breit: *Thaumastura,* 1 Art
♂ Kehle rosenrot, an den Seiten blau,
♀ Unterseite weiß, Schwanz nicht so stark modifiziert:
T. cora (Abb. 77 e) (Peru)

V. Schwanz abgestuft, mittlere Schwanzfedern am längsten, alle in stumpfe Spitzen auslaufend: *Heliactin,* 1 Art
♂ Oberkopf grünlichblau, über den Augen je ein Büschel schmaler Federn purpurglitzernd, an den Spitzen goldiggrünlich,
♂ Schwanz mit breitem schwarzem Band:
H. bilophum (Abb. 77 m) (Brasilien)

VI. Schwanz tief gegabelt, die zweite Steuerfeder, von außen gezählt, stark verlängert: *Trochilus,* 1 Art
♂ Kopf schwarz, Oberseite grün, Unterseite gelblichgrün,
♀ Kopf düster grün, Unterseite weiß:
T. polytmus (Abb. 77 c) (Jamaika)

VII. Schwanz gerundet, aber zweites Schwanzfederpaar – von innen gezählt – stark verlängert, nach innen gebogen und sich überkreuzend: *Topaza*, 2 Arten
1. ♂ seitliche Steuerfedern braun,
♀ Unterseite goldiggrün:
T. pella (Taf. I, II, Abb. 77 1) (Guayana, Brasilien)
2. ♂ Seitliche Steuerfedern schwärzlich,
♀ diese purpurbraun:
T. pyra (Ecuador)

VIII. Tiefgegabelter, herrlich glänzender Schwanz, 5 Gattungen
a) *Aglaiocercus,* 3 Arten
1. ♂ Steuerfedern schwarz mit grünen, violetten oder blaugrünen Spitzen,
♀ Kehle weiß, Unterseite zimtfarben:
A. emmae (Abb. 77 d) (Kolumbien, Ecuador, Bolivien, Venezuela)
2. ♂ Schwanzfedern purpurblau,
♀ ganze Unterseite weiß:
A. kingi (Taf. I) (Venezuela)
3. ♂ wie *A. emmae,* aber nicht mit grüner, sondern mit brauner Unterseite,
♀ weißes Brustband, sonst wie ♀ *A. emmae*:
A. coelestis (Ecuador, Kolumbien)
b) Steuerfedern dunkelstahlblau, violett schimmernd, 1 Art
Neolesbia nehrkorni ♂ (Kolumbien)

c) Mittleres Schwanzfederpaar hellgrün, übrige schwarz mit Purpurschimmer und kupfernen Spitzen, 1 Art
Polyonymus caroli, ♂ Kehle rot, ♀ Kehle unregelmäßig rot gefleckt (Peru)
d) Schwanzfedern grün, vorletztes Paar tiefblau mit grünen Spitzen, äußerstes Paar stahlblau, 1 Art
Taphrolesbia griseiventris, ♂ Kehle mit blauen Federspitzen, ♀ Unterseite fahlbräunlichweiß (Peru)
e) Steuerfedern leuchtend rot mit schwarzen Spitzen; 1 Art
Sappho sparganura (Bolivien, Argentinien)
f) Schwanzfedern grün oder bräunlichschwarz: *Lesbia,* 2 Arten
1. ♂ Schwanzfedern bräunlichschwarz mit grüner Spitze, Kehle grün,
♀ Unterseite weiß:
L. victoriae (Kolumbien, Ecuador, Peru)
2. ♂ Schwanzfedern grün, äußere stahlblau, sonst wie ♂ von *victoriae,*
♀ Unterseite weiß mit grünen Flecken:
L. nuna (Venezuela, Kolumbien, Ecuador, Peru, Bolivien)

IX. Schwanzfedern außerordentlich lang, tief gegabelt, längste Steuerfedern gerade abgeschnitten: *Zodalia,* 1 Art
Kehle olivengrün mit Messingglanz:
Z. glyceria (Kolumbien, Ecuador)

X. Steuerfedern zu den Spitzen hin breiter werdend, Schnabel plump: *Hylonympha,* 1 Art
♂ Kopf und Rücken schwarz, Stirn veilchenblau,
♀ Oberseite grün, Unterseite weiß:
H. macrocerca (Heimat nicht bekannt, wahrscheinlich Brasilien)

XI. Blauer Schwanz tief gegabelt, länger als der Körper, 1 Art
Eupetomena macroura, Kopf, Vorderbrust und Kehle tiefblau (Guayana, Brasilien, Peru, Bolivien)

H. Häubchen, lange Ohrfedern, Federohren oder ähnliche bizarre Kopfanhänge vorhanden

I. Lange spitze Haube: *Popelairea popelairea* (s. G. I. 1.) (Abb. 76 d u. 77 g)

II. Sämtliche Arten folgender Gattungen tragen ein helles Band über dem Unterrücken; Hauben und verlängerte Federbüschel an den Kopfseiten erleichtern die Bestimmung der ♂, die ♀ sind sehr schwer zu unterscheiden;
1. Nur Kragenbüschel, keine Haube vorhanden: *Polemistra,* 2 Arten
a) seitliche Kehlfedern grün, Basis rot mit weißem Fleck, vor der Spitze runder schwarzer Fleck:
P. pavoninus (Abb. 76 f) (Venezuela, Guayana)
b) Verlängerte Kehlseitenfedern mattgrün mit kleinen weißen Spitzen:
P. chalybeus (Peru, Bolivien, Venezuela, Brasilien)
2. Haube und Kragenbüschel vorhanden
a) Seitlich stark verlängerte Kohlfedern rotbraun:
Lophornis ornatus (Abb. 76 c) (Venezuela, Guayana, Trinidad)
b) Verlängerte Kragenfedern weiß mit grünen Spitzen:
Lophornis gouldi (Brasilien)
c) Seitliche Kragenfedern fächerartig verbreitert, an der Wurzel braun mit grünen Spitzen:
Lophornis magnificus (Abb. 76 e) (Brasilien)
d) Wie *L. ornatus,* Haubenfedern an der Spitze eine dunkelgrüne Keule tragend:
Lophornis regulus (Peru, Bolivien)

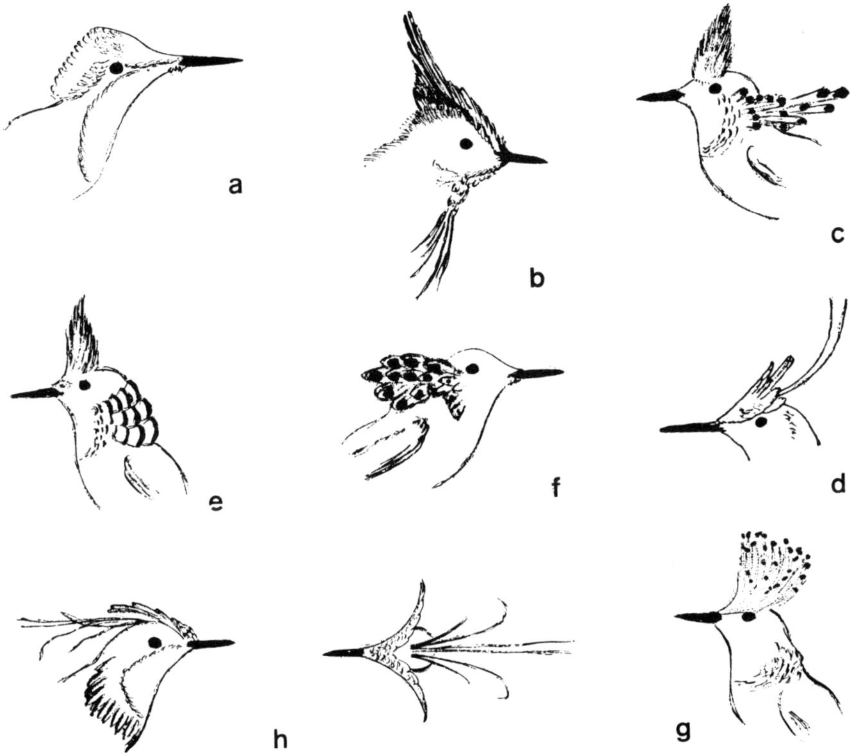

Abb. 76. Kolibriköpfe mit Häubchen, Federohren oder sonstigen bizarren Kopfanhängern. a *Chrysolampis mosquitos,* b *Oxypogon guerini,* c *Lophornis ornatus,* d *Popelairea popelairei,* e *Lophornis magnificus,* f *Polemistria pavoninus,* g *Lophornis stictolophus,* h *Paphosia helenae,* seitlich und von oben. Nach Hartert

e) Wie *L. regulus,* Haube breiter, Endflecke an den Haubenfedern schwarz:
Lophornis stictolophus (Abb. 76 g) (Venezuela, Kolumbien, Ecuador)
f) Wie *L. regulus,* Haubenfedern spitz und ohne Flecken:
Lophornis delattrei (Costa Rica, Panama, Kolumbien, Peru, Bolivien)
g) Zweifarbige Haube, Oberkopf trägt verlängerte grüne Federn, Hinterkopf haarförmige schwarze Federn, Kragenfedern grün und braun:
Paphosia helenae (Abb. 76 h) (Mexiko bis Costa Rica)
Haube weiß, Kragenbüschel grün:
Paphosia adorabilis (Costa Rica)
i) Am Hinterkopf metallischgrüne Haube, grüner Backenbart:
Lithiophanes insignibarbis (nur von einem Balg aus Bogota bekannt)

III. Einige 3 cm lange, schmale, aus der Haube hervorragende Federn blauschwarz, Unterseite violett: *Stephanoxis,* 1 Art
♂ Oberkopf grün,
♀ Unterseite grau:
S. lalandei (Brasilien, Argentinien)

IV. Stirnbefiederung grün, Haubenfedern grün, blau oder violett: *Orthoryncus,* 1 Art
♂ Unterseite rauchschwarz,
♀ Unterseite bräunlichgrau:
O. cristata (Kl. Antillen)

V. Prachtvoll gefärbter, seitlich verlängerter Kehlschild
1. Kehlschild purpurrot, ♀ Unterseite weiß:
Atthis heloisa (Mexiko, Guatemala, Honduras)
2. ♂ Kehlmitte weiß, verlängerte Federn mit rosenroten Spitzen, ♀ Unterseite weiß, Körperseiten rostfarben:
Stellula calliope (Nordamerika bis Mexiko)

VI. Kehlfedern und zuweilen auch Federn des Oberkopfes verlängert: *Chalcostigma,* 4 Arten
1. Stirn und spitzer Nackenstreif braunrot, verlängerte Haubenfedern heller:
C. herrani (Kolumbien, Ecuador)
2. Kehle grün, Kehlbüschel amethystfarben rötlich:
C. heteropogon (Kolumbien, Venezuela)
3. Kehlstreif grün, untere Spitze rötlich amethystfarben und blau.
C. stanleyi (Bolivien, Ecuador, Peru)
4. Kehlstreif oben grün, in der Mitte orange und an der Spitze purpurfarben:
C. olivaceum (Bolivien, Peru)
Die ♀ sind alle etwas kleiner als die ♂ und untereinander sehr schwer zu unterscheiden

VII. Oberkopf mit langer, schwarzer, in der Mitte weißer Haube: *Oxypogon,* 1 Art
♂ stark verlängerte weiße Kehlfedern,
♀ weißer Halsring:
O. guerini (Abb. 76 b) (Kolumbien, Venezuela)

VIII. An den Halsseiten verlängerte Federohren, meist blau, selten rötlich, Schwanz meist gerundet: *Colibri,* 4 Arten, ♂ wie ♀
1. Ober- und Unterseite braun, Kehlfleck blau:
C. delphinae (Peru, Bolivien, Trinidad)
2. Ober- und Unterseite grün, Ohrfleck rötlich:
C. serrirostris (Bolivien, Brasilien, Argentinien)
3. Ober- und Unterseite grün, Ohrfedern und Kehlfleck blau:
a) *C. thalassinus* (Mittelamerika)
b) *C. coruscans* (Abb. 51) (Südamerika)

IX. Hinter den Ohrdecken einige verlängerte veilchenblaue Federn, keilförmiger Schwanz: *Heliothryx,* 2 Arten
♀ ohne Blau hinter dem Ohr
1. Kopf und verlängerte Federn der Halsseiten grün, Kehle und Unterseite weiß:
H. aurita (Kolumbien, Ecuador, Peru, Brasilien, Guayana, Venezuela)
2. Wie *H. aurita,* aber Oberkopf veilchenblau:
H. barotti (Kolumbien, Ecuador, Venezuela)

X. Glitzernde, an den Seiten teilweise verlängerte Halsschildfedern bei den ♂, ♀ schlicht und Unterseite grau, oder weiß, Schwanz tief ausgeschnitten
1. Kehle rubinrot:
Archilochus colubris (Nordamerika)
2. Kehle schwarz:
Archilochus alexandri (Nordamerika)
3. Kopf und Kehle hell purpurfarben:
Calypte costa (Nordamerika, Mexiko)

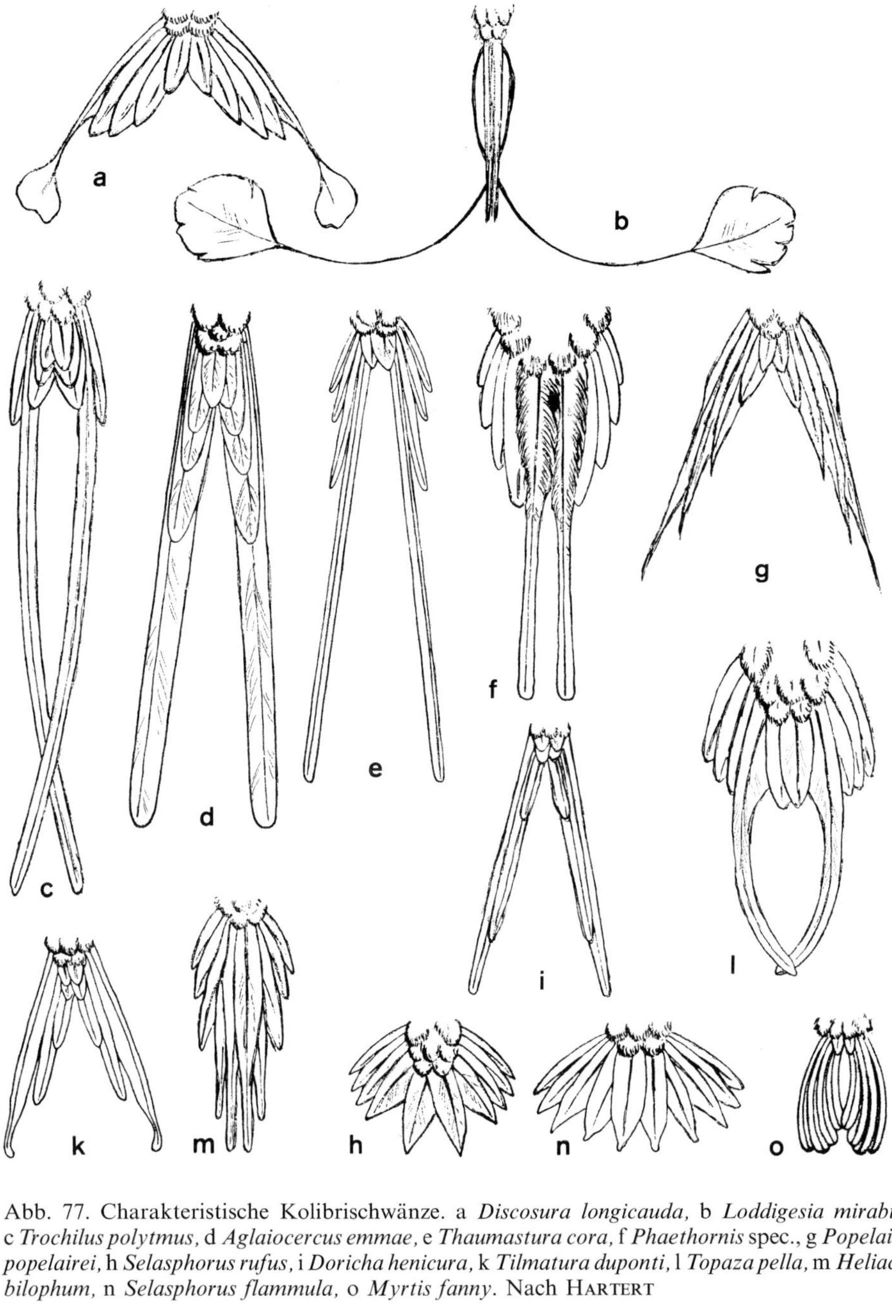

Abb. 77. Charakteristische Kolibrischwänze. a *Discosura longicauda,* b *Loddigesia mirabilis,* c *Trochilus polytmus,* d *Aglaiocercus emmae,* e *Thaumastura cora,* f *Phaethornis* spec., g *Popelairea popelairei,* h *Selasphorus rufus,* i *Doricha henicura,* k *Tilmatura duponti,* l *Topaza pella,* m *Heliactin bilophum,* n *Selasphorus flammula,* o *Myrtis fanny.* Nach Hartert

4. Kopf und Kehle dunkel karmesinrot:
Calypte helenae (Kuba)
5. Kopf und Kehle glitzernd rosenrot:
Calypte anna (Nordamerika)
Bei *Calypte* sind die Kehlfedern seitlich verlängert, bei *Archilochus* nur wenig oder nicht.

I. Völlig ohne Metallfarben, sehr groß: Starker gerader Schnabel, im ganzen graubraun gefärbt: *Patagona gigas*, Geschlechter gleich (Kordilleren, Bolivien bis Chile)

J. Lebhafte Färbung des Flügels. Ein relativ selten auftretendes Unterscheidungsmerkmal

I. Unterflügeldecken und Armschwingen kastanienrotbraun, Schwanz ausgeschnitten: *Boissonneaua,* 3 Arten, Geschlechter gleich
1. Brust blau:
B. jardinei (Kolumbien, Ecuador)
2. Brust rotbraun:
B. matthewsi (Ecuador, Peru)
3. Brust grün:
B. flavescens (Kolumbien, Venzuela, Ecuador)

II. Armschwingen rotbraun, Schwanz gerade: *Eupherusa, Elvira, Lamprolaema*
1. ♂ Unterseite schwarz,
♀ Unterseite hellgrau:
Eupherusa nigriventris (Costa Rica)
2. Unterseite grün
a) ♂ mittlere Steuerfedern grün, Rest weiß
♀ Unterseite weißlichgrau:
Eupherusa poliocerca (Mexiko)
b) ♂ Steuerfedern schwarz,
♀ Unterseite weißlichgrau:
Eupherusa eximia (Mittelamerika)
c) ♂ wie *E. poliocerca,* aber Wurzel des Unterschnabels gelblich,
♀ Unterseite weiß:
Elvira chionura (Costa Rica)
d) Wie *E. chionura,* aber Oberkopf bronzefarben:
Elvira cupreiceps (Costa Rica)
3. ♂ Kehle glitzernd rot, Brust dunkel purpurblau,
♀ Unterseite bräunlich aschgrau:
Lamprolaema rhami (Mittelamerika)

III. ♂ Flügel stahlblau, Unterseite fast schwarz,
♀ Unterseite rotbraun:
Pterophanes cyanopterus (Kolumbien, Bolivien, Peru, Ecuador)

IV. Flügel metallisch grün, Geschlechter gleich:
Eulampis jugularis (Taf. II) (Kleine Antillen)

V. Flügel rotbraun; Unterrücken, Bürzel und Oberschwanzdecken metallisch gefärbt; an der Brust ein Büschel schmaler, verlängerter und oft auffallend gefärbter Federn: *Aglaeactis,* 4 Arten
1. Oberseite dunkelbraun, Unterseite rostfarben, Oberschwanzdecken goldgrün, Bürzel und Unterrücken amethystartig rosenrot. Geschlechter fast gleich, ♀ kleiner und matter gefärbt:
A. cupripennis (Kolumbien, Ecuador, Peru)

Männchen von *Topaza pella* – *Ocreatus underwoodi* – *Coeligena torquata* – *Aglaiocercus kingi* (links oben beginnend; alle Aufn. W. SCHEITHAUER, Bad Aibling)

Weibchen von *Topaza pella* und *Phaethornis longuemareus*, Männchen von *Eulampis jugularis* und *Heliomaster longirostris* (links oben beginnend; alle Aufn. W. SCHEITHAUER, Bad Aibling)

2. Ähnlich *A. cupripennis,* nur dunkler; Bürzel ohne Grün. ♀ matter gefärbt. ♂ u. ♀ Brustbüschel weiß:
A. castelnaudi (Peru)
3. ♂ Ober- und Unterseite glanzlos schwarz; Oberschwanzdecken, Bürzel und Unterrücken goldig bläulichgrün, Brustbüschel mit weißen Spitzen,
♀ Ober- und Unterseite schwarzbraun, Bürzel matter:
A. pamela (Bolivien)
4. ♂ Oberseite dunkelbraun; Unterrücken amethystarting rosenrot, Oberschwanzdecken grünlich goldglänzend, Augenstreif und Zügel weiß; Kinn, Kehlband, Spitzen der Brustbüschel, Unterkörper und Unterschwanzdecken weiß,
♀ weniger dunkelbraun, Bürzel nicht so lebhaft gefärbt:
A. aliciae (Nordperu)

K. Schwanz kurz, Federn schmal oder auffallend gebildet

I. Schwanz kurz, die mittleren Steuerfedern ganz kurz und den Oberschwanzdecken ähnlich, die äußeren fadenförmig und steif: *Chaetocercus, Acestrura, Microstilbon* u. *Myrmia*
1. ♂ Kehle glitzernd rosenrot mit violettem Schimmer, Unterschwanzdecken weiß, Kinn Kehlseiten, Brust und Mitte des Unterkörpers weiß,
♀ Unterschwanzdecken zimtfarben:
Acestrura mulsanti (Kolumbien, Bolivien)
2. ♂ Ähnlich dem vorhergehenden, Kehlfedern seitlich etwas verlängert, Vorderbrust grau, Unterkörper und Unterschwanzdecken grün,
♀ ganze Unterseite zimtfarben:
Acestrura heliodor (Kolumbien, Venezuela, Ecuador)
3. Beiderseits der Kehle ein breiter, aus drei Reihen Federn bestehender karmesinroter Streif:
Microstilbon burmeisteri (Bolivien, Argentinien)
4. ♂ ganze Kehle glitzernd rosarot, Vorderbrust weißlich,
♀ Bauch zimtfarben:
Chaetocercus jourdani (Venezuela, Kolumbien, Trinidad)
5. Färbung wie der vorhergehende, Unterseite mehr grau, kleinster aller Vögel:
Acestrura bombus (Ecuador, Peru)
6. Kehle amethystrot, Vorderbrust weiß, Bauch grün:
Acestrura berlepschi (Ecuador)
7. Kehlschild des ♂ rosenrot glitzernd und unten eingebuchtet, Oberseite hell bronzegrün; Kinn und Unterseite weißlich; Körperseiten rostbräunlich. Beim ♀ Unterseite hell rostbräunlich, Unterkörper und Unterschwanzdecken weiß:
Myrmia micrura (Peru, Bolivien)

II. Schwanz immer stark gerundet, mittlere Schwanzfedern an der Spitze kurz und keilförmig: *Selasphorus,* 7 Arten
1. ♂ Oberseite und Schwanz dunkel zimtfarben, Kopf- und Halsseiten und Kehlschild glitzernd feuerrot,
♀ Oberseite bronzegrün, Unterseite weiß:
S. rufus (Abb. 77 h) (Nordamerika)
2. ♂ wie *rufus,* Oberseite mit Ausnahme des Bürzels und der Oberschwanzdecken grün, Kopfseiten braunrot,
♀ wie *S. rufus* ♂:
S. sasin (Nordamerika)
3. ♂ Kehle schuppenförmig mattglänzend wie verschossenes Himbeerrot,
♀ Kehle weiß:
S. flammula (Abb. 77 n) (Costa Rica)

4. ♂ ähnlich *S. flammula,* aber Kehle bleiartig goldiggrünlich und rötlichgrau, kaum zu beschreibende Färbung,
♀ wie *S. flammula* ♂:
S. torridus (Costa Rica)
5. ♂ Oberseite glänzend grün, Kehle feuerrot,
♀ Unterseite weiß:
S. scintilla (Costa Rica, Panama)
6. Kinn rostrot, Kehle dunkel rosenrot, Vorderbrust weißlichgrau:
S. ardens (Panama)
7. ♂ Kehlschild glitzernd rosenrot, Vorderbrust weiß,
♀ Bauch hellbräunlichgelb:
S. platycercus (Nord- und Mittelamerika)

III. Mittlere Steuerfedern bei den ♂ kurz und weich, von den Oberschwanzdecken vollständig verdeckt, übrige steif und schmal
1. ♂ Kehle hell grünlichblau mit violettem Unterrand,
♀ Unterseite hell zimtfarben:
Myrtis fanny (Abb. 77 o) (Ecuador, Peru)
2. ♂ Kehle glitzernd violettrot,
♀ Unterseite weiß mit hellrostbräunlichem Schimmer:
Eulidia yarrelli (Chile)

IV. Mittlere Schwanzfedern kurz und weich, täuschen Oberschwanzdecken vor, äußere lange Steuerfedern sehr schmal, bei *Calothorax lucifer* nur 1 mm: *Calothorax,* 2 Arten
1. ♂ Kinn, Kehle und verlängerte Federn an den Kopfseiten glitzernd rosenrot,
♀ Unterseite rostbräunlich:
C. lucifer (Nordamerika)
2. ♂ Kehle mit deutlichem violettem Schimmer,
♀ wie das von *C. lucifer*:
C. pulcher (Mexiko)

V. Große langflüglige Arten, Schwanz gerade abgeschnitten, Schnabel länger als der Kopf, leicht gebogen: *Oreotrochilus,* 6 Arten
1. ♂ Kopf und Kehle glänzend violettblau, Unterseite bräunlichgrün,
♀ Unterseite bräunlich aschgrau:
O. chimborazo (Ecuador)
2. ♂ Oberseite olivenbräunlich, Kinn und Kehle leuchtend grün, Brust und Bauch weiß mit rotbraunem Längsstreif,
♀ Unterseite hellbraun:
O. estellae (Peru, Chile)
3. ♂ wie *O. estellae,* Mitte des Bauches schwarz,
♀ Oberseite bräunlichgrau:
O. leucopleurus (Chile, Argentinien, Bolivien)
4. ♂ wie *O. leucopleurus,* aber Oberseite grasgrünlich,
♀ Unterseite bräunlichweiß:
O. melanogaster (Peru)
5. ♂ wie *O. melanogaster,* Körperseiten aber mehr rotbraun,
♀ Unterseite rotbraun:
O. adela (Bolivien)
6. Wie *O. leucopleurus,* aber Oberseite grasgrün:
O. bolivianus (Peru)

L. Tief ausgeschnittene Schwänze, nicht überlang

I. Schnabel gerade, länger als der Kopf, seitliche Steuerfedern der ♂ zugespitzt: *Calliphlox*
♂ Kinn und Kehle rosenrot, Vorderbrust und Mitte des Bauches grauweiß, Bauchseiten rostrot,
♀ Kehlfedern mit dunklen runden Flecken:
C. amethystina (Südamerika, von Venezuela bis Argentinien)

II. Wie *Calliphlox amethystina,* aber keine zugespitzten Schwanzfedern: *Philodice*
1. ♂ Kehle purpurn,
♀ Unterseite rotbraun:
P. mitchelli (Kolumbien, Ecuador)
2. Kehle rubinrot
a) ♂ Brust und Bauch grün,
♀ Unterseite zimtfarben:
P. bryantae (Costa Rica, Panama)
b) ♂ Brust und Bauch braun,
♀ Unterseite weißlich mit rostrotem Schimmer:
P. evelynae (Bahamas)

III. Schnabel doppelt so lang wie der Kopf, schlank und säbelartig gebogen: *Rhodopis,* 1 Art
♂ Kehle glitzernd rosenrot, an den Seiten bläulich, Unterseite weiß, Oberschwanzdecken hellbraun,
♀ Unterseite bräunlichweiß:
R. vesper (Chile, Peru)

IV. Schnabel länger als der Kopf, ganz gerade. Auf dem Oberkopf dunkelbrauner, glitzernd blau eingefaßter Streif. Kinn und Kehle grün, verlängerte rötlich-amethystfarbene Federn, Bauch weißlich = ♂
♀ Kehle schwarz:
Oreonympha nobilis (Peru)

V. Schnabel doppelt so lang wie der Kopf, gerade, mittlere Schwanzfedern der ♂ mit tropfenförmigen weißen Flecken: *Urosticte,* 2 Arten
1. ♂ Kehle grün, Vorderbrust rötlichviolett,
♀ Unterseite weiß:
U. benjamini (Kolumbien, Ecuador, Peru)
2. ♂ Kehle und Vorderbrust grün, Flaumbüschel an den Bauchseiten schwarz mit weißen Spitzen,
♀ Bauch weiß:
U. ruficrissa (Ecuador)

VI. Schnabel länger als der Kopf, gerade, große Flaumbüschel an den Beinen, den ganzen Lauf umschließend, auffallend gefärbt: *Eriocnemis* und *Haplophaedia*
1. ♂ Flaumbüschel schwarz, Ober- und Unterseite grün, Schwanzfedern schwarz,
♀ Flaumenbüschel mit weißen Spitzen:
E. derbyi (Kolumbien, Ecuador)
2. Stirn grünlichblau, Kehle schwarz, Unterschwanzdecken veilchenblau, Flaumbüschel weiß:
E. luciani Geschlechter gleich (Ecuador, Peru)
3. Ähnlich *E. luciani,* aber kleiner, Stirn violettblau, Kehle bläulich:
E. glaucopoides (Bolivien, Argentinien)
4. Stirnfleck grün, Oberschwanzdecken kupferfarben, Kehle grün, Bauch kupferfarben, Unterschwanzdecken grün:
E. isaaksoni (Kolumbien – bisher nur ein Exemplar in Liverpool)
5. ♂ Kehle veilchenblau, Unterschwanzdecken ebenso, Flaumbüschel weiß,

♀ Bauch und Brust weiß:
E. vestitus (Venezuela, Kolumbien, Ecuador)
6. Bauch kupfrig, blauer Kehlfleck, Flaumbüschel weiß, Unterschwanzdecken blau:
E. godini (Vorkommen unbekannt)
7. Bauch rötlich kupferfarben, Unterschwanzdecken veilchenblau, Flaumbüschel weiß:
E. cupreoventris (Venezuela, Kolumbien)
8. Bauch grün, Vorderbrust, Kehle und Halsseiten bronzefarben, Unterschwanzdecken bläulichgrün, Flaumbüschel weiß:
E. mosquera (Kolumbien, Ecuador)
9. Oberschwanzdecken tiefblau, Bauch schwarz, großer Kehlfleck und Unterschwanzdecken veilchenblau, Flaumbüschel weiß:
E. nigrivestis (Ecuador)
10. Stirn, Bauch und Unterschwanzdecken goldiggrün, weißer Brustfleck, Flaumbüschel weiß:
E. aliane (Kolumbien, Ecuador, Peru)
11. Hinterkopf, Hals und Oberschwanzdecken kupferbronzefarben, Bauch aschgrau, Flaumbüschel weiß und zimtfarben:
H. aureliae (Kolumbien, Ecuador, Bolivien, Peru)
12. Unterseite dunkelgrau, Federn der Kehle und Vorderbrust mit weißlichen Säumen, Flaumbüschel weiß und kastanienbraun:
H. lugens (Ecuador)

VII. Schnabel lang und gerade, doppelt so lang wie der Kopf, an den Bauchseiten sehr große Flaumbüschel: *Coeligena,* 11 Arten
1. ♂ Kopffleck violett, breites weißes Brustband, Bauch und Oberseite schwarz,
♀ Kehle weiß mit grünen Flecken:
C. torquata (Taf. I) (Kolumbien, Ecuador, Venezuela, Bolivien, Peru)
2. Schwanz ganz weiß, Laufbefiederung, Ober- und Unterschwanzdecken weiß, Kinn grün, Kehle violett, Brust und Bauch grün:
C. phalerata (Kolumbien)
3. Ober- und Unterseite schwarz, an den Brustseiten großer weißer Fleck, Kehle grünlichblau
C. prunelli (Kolumbien)
4. Ober- und Unterseite braun, Kinn dunkelbraun, Kehle rötlichviolett, an den Kopfseiten großer weißer Fleck:
C. wilsoni (Kolumbien, Ecuador)
5. ♂ Oberseite schwarz, Unterseite dunkelgrün, Stirnfleck grün, Kehle violett,
♀ Kinn und Kehle rostbraun:
C. lutetiae (Kolumbien, Ecuador)
6. ♂ Stirn grün, Steuerfedern zimtfarben, Kehle grün, großer veilchenblauer Fleck, Unterseite goldig, kupfrigglänzend,
♀ Kehle hell zimtfarben:
C. eos (Venezuela)
7. Schwanzfedern zimtfarben, Kinn und Brust grün, großer violetter Kehlfleck, Bauch zimtfarben:
C. violifer (Peru, Bolivien)
8. ♂ Oberschwanzdecken blaugrün, Stirnfleck grün, Kehle und Brust schwarz, veilchenblauer Kehlfleck, Unterkörper glitzernd rosenrot,
♀ Oberschwanzdecken grün und rosiggolden:
C. helianthea (Kolumbien)
9. ♂ Stirnfleck grün, Bürzel kupfrig golden, Bauch grün, veilchenblauer Kehlfleck,
♀ Kehle hell rostfarben:

C. bonapartei (Kolumbien)
10. Oberseite bronzebraun, Bauch braun, Bürzel grün, Steuerfedern bronzefarben:
C. coeligena (Kolumbien, Ecuador, Venezuela, Peru)
11. ♂ Stirn und Oberkopf kupferrot, schmaler Mittelstreif violettblau, Unterrücken, Bürzel, Ober- und Unterschwanzdecken, Schwanz, Bauch kastanienbraunrot, Kehle und Brust grün, violetter Kehlfleck,
♀ ohne Kehlfleck:
C. iris (Ecuador, Peru)

VIII. Schnabel sehr stark, doppelt so lang wie der Kopf, Kehlfedern bilden schildförmigen Fleck: *Eugenia,* 1 Art
♂ Oberseite grün, Schwanz schwarz, Unterseite grün, violettrosa Kehlfleck,
♀ Unterkörper rostbräunlich:
E. imperatrix (Ecuador)

IX. Schnabel länger als der Kopf, gerade oder kaum merklich gebogen, Beinbefiederung weiß, weiße Flaumbüschel an den Bauchseiten: *Heliodoxa,* 4 Arten
1. ♂ auf der Kopfmitte veilchenblauer Fleck, Unterseite grün, Schwanz blauschwarz,
♀ Unterseite weiß, grüngefleckt:
H. leadbeateri (Kolumbien, Venezuela, Ecuador, Peru, Bolivien)
2. ♂ Oberkopf grün, Unterseite grün, veilchenblauer Kehlfleck,
♀ dem der vorigen Art sehr ähnlich:
H. jacula (Costa Rica, Panama, Kolumbien, Ecuador)
3. ♂ auf der Kopfmitte grüner Streif, veilchenblauer Kehlfleck, Unterschnabel fast fleischfarben,
♀ Kinn, Kehle und Brust weiß:
H. xanthogonys (Venezuela, Guayana)
4. ♂ Stirn und Oberkopf grün, Kinn und Kehle grün, großer hell rosenroter Kehlfleck,
♀ ohne Kehlfleck:
H. rubinoides (Kolumbien, Ecuador, Peru)

X. Schnabel etwas länger als der Kopf, gerade oder kaum merklich gebogen, Schwanzfedern sehr breit, am Ende abgestumpft, an den Körperseiten Flaumbüschel: *Lampornis,* 5 Arten
1. ♂ hinter dem Auge ein breiterer und darunter ein schmalerer weißer Streif, Kehle blau, Unterseite grau,
♀ Kehle aschgrau:
L. clemenciae (Abb. 19 u. 28) (südl. USA, Mexiko)
2. ♂ Kinn, Kopf und Hals grün, Kehle violett, Unterseite weiß,
♀ Kehle weiß:
L. hemileucus (Costa Rica, Panama)
3. ♂ hinter dem Auge breiter weißer Streif, Kehle grün, Brust und Bauch weiß,
♀ ganze Unterseite weiß:
L. viridipallens (Mexiko, Guatemala, Honduras, Nicaragua)
4. Oberseite dunkelgrün, Vorderkopf grün, hinter dem Auge schmaler weißer Streif, Kinn und Kehle weiß, Brust grün, Unterseite aschgrau,
5. Ähnlich der vorigen Art, Stirn bläulich, Schwanz grau, nicht grün:
L. cinereicauda (Costa Rica)

XI. Schnabel nur wenig länger als der Kopf, immer schwarz und schwach gebogen, Schwanzfedern breit, an den Spitzen abgerundet: *Thalurania,* 3 Arten
Die Weibchen sind schwer voneinander zu unterscheiden, Unterseite immer grau bis weißlich.

1. Oberkopf veilchenblau, Hinterkopf blauschwarz, Oberseite grün, Bauch und Unterschwanzdecken grün, Schwanz stahlblau:
T. glaucopis (Brasilien, Peru, Uruguay)
2. Oberkopf, Nacken, Hinterhals, Bürzel, Oberschwanzdecken dunkelgrün, Rücken veilchenblau, Unterseite grün, Körperseite blau:
T. watertoni (Guayana, Brasilien)
3. Oberkopf fast schwarz, breites Band über dem Rücken und Unterseite purpurblau, Unterrücken, Bürzel, Oberschwanzdecken dunkelgrün, Kehle smaragdgrün:
T. furcata (Mittelamerika, Kolumbien, Venezuela, Ecuador, Brasilien, Peru)

XII. Schnabel kaum gebogen, länger als der Kopf, Flügel lang, Schwanzfedern breit mit stumpfen Spitzen: *Cyanophaia,* 1 Art
Ganzer Kopf und Kehle kobaltblau, Oberseite dunkelgrün, Oberschwanzdecken blau, ganze Unterseite grün:
C. bicolor (Kleine Antillen)

XIII. Schnabel länger als der Kopf, gerade, Flügel kurz: *Ptochoptera,* 1 Art
Oberseite grün, Kehle blaß metallisch grün, Unterseite blaß rauchbraun, Schwanz purpurbraun:
P. ionolaema (1 Exemplar in Brasilien)

XIV. Schnabel gefärbt, nicht schwarz, leicht gebogen, Flaumbüschel an den Bauchseiten: *Cynanthus,* 2 Arten
1. Oberseite grün, Unterseite grün, Kehle blau, Unterschwanzdecken weiß, Schnabel rot mit schwarzer Spitze:
C. latirostris (USA, Mexiko)
2. Oberseite trüb metallischgrün, Unterseite dunkel bräunlichgrau, weißer Fleck hinter dem Auge:
C. sordidus (Mexiko)

XV. Seitliche Schwanzfedern schmal, Schnabel leicht gebogen, merklich länger als der Kopf: *Lepidopyga,* 3 Arten
1. ♂ Oberseite grün, Kinn, Kehle, Vorderbrust und Halsseiten veilchenblau, Unterkörper grün, an den Bauchseiten weißes Flaumbüschel, Unterschnabel rot mit schwarzer Spitze, ♀ Unterseite weiß:
L. caeruleogularis (Panama, Kolumbien)
2. Oberseite grün, Unterseite grün, an Kehle und Brust bläulich, Unterschwanzdecken weiß, Unterschnabel rötlich mit schwarzer Spitze:
L. goudoti (Kolumbien)
3. Ähnlich *L. goudoti,* aber Oberkopf glanzlos, Unterseite leuchtend blaugrün:
L. luminosa (Kolumbien)

XVI. Ähnlich der Gattung Heliodoxa, lange zerschlissene Unterschwanzdecken: *Agapeta,* 1 Art
Oberseite grün, Flügel schwarz, mit Purpurschimmer, Unterseite grün, großer lila-roter Kehlfleck, Schenkelbefiederung und Unterschwanzdecken weiß:
A. gularis (Ecuador, Peru)

M. Gattungen ohne auffallende Merkmale, Schwanz deutlich gerundet

I. Schwanz grün
1. Weißes Brustband: *Schistes,* 1 Art
Oberseite dunkelgrün, vom Auge abwärts ein weißer Strich, an den Kopfseiten großer violetter Fleck, Unterkörper mit hellgrau gemischt:
S. geoffroyi (Kolumbien, Ecuador, Peru, Venezuela, Bolivien)

2. Ober- und Unterseite grün: *Smaragdites,* 1 Art
Unterschnabel fleischfarben mit brauner Spitze:
S. theresiae (Guayana, Brasilien, Peru)

II. 1. Brust und Bauch blau: *Damophila,* 1 Art
♂ Oberseite metallischgrün, Oberkopf und Kehle grün, Unterschnabel rötlich mit schwarzer Spitze,
♀ Unterseite weißgrau:
D. juliae (Panama, Kolumbien, Ecuador)
2. Blauer Brustfleck, Bürzel mit Bronzeschimmer: *Sericotes,* 1 Art
Oberseite grün, Ober- und Unterschwanzdecken bläulichgrün, Kinn, Kehle und Brust grasrün, Brustmitte blau, Bauch schwarz, Flaumbüschel weiß:
S. holosericeus (Barbados, Grenada, Tobago)
3. Unterseite blau, Oberschwanzdecken rötlichbronzefarben: *Chlorestes*
♂ Oberseite dunkelgrün, Unterseite glitzernd grün, Kinn blau, Unterschnabel mattrot mit dunkler Spitze,
♀ Unterseite weiß:
C. notatus (Trinidad, Tobago, Brasilien, Venezuela, Kolumbien, Ecuador)

III. Schwanz bronzebraun, Unterseite bläulich: *Adelomyia* 1 Art
Oberseite grün, Unterseite hellbräunlich mit braunen Flecken, Körperseiten rostfarben mit großen grünen Flecken:
A. melanogenys (Kolumbien, Venezuela, Ecuador, Peru, Bolivien, Argentinien)

IV. Schnabel an der Basis weich und rot mit schwarzer Spitze: *Hylocharis,* 7 Arten
1. ♂ Oberseite goldiggrün, Kopf veilchenblau, Unterseite grün, Schwanz stahlblau, Flaumbüschel reinweiß,
♀ Unterseite hellgrau:
H. grayi (Kolumbien, Ecuador)
2. ♂ Oberseite grün, Kopf schwarz mit blauem Schimmer, Schwanz kastanienbraun, Kehle grün, Bauch und Unterschwanzdecken rostfarben,
♀ Unterseite trüb rostfarben:
H. xantusi (Kalifornien, Mexiko)
3. ♂ Vorderkopf veilchenblau, Oberseite grün, vom Auge zu den Halsseiten weißer Streif, Kinn veilchenblau, Kehle und Brust grün,
♀ Unterseite gelblichweiß: *H. leucotis* (USA, Mittelamerika)
4. Oberseite grün, Kinn rostfarben, Schwanz goldbronzefarbig:
H. chrysura (Bolivien, Brasilien, Peru, Uruguay, Argentinien)
5. ♂ Oberseite grün, Kopf, Kehle und Vorderbrust veilchenblau, Bauch gräulich, Schwanz und Unterschwanzdecken stahlblau,
♀ Unterseite hellgrau:
H. cyanus (Kolumbien, Venezuela, Guayana, Brasilien, Bolivien, Peru)
6. ♂ Oberseite dunkelgrün, Schwanz und Unterschwanzdecken kastanienbraun, Kinn rostrot, Kehle und Vorderbrust saphirblau, Bauch dunkelgrün,
♀ Kehlfedern mit runden blauen Flecken:
H. sapphirina (Guayana, Brasilien, Argentinien, Peru)
7. Oberseite grün, Schwanz goldbronzefarbig, Kehle und Vorderbrust veilchenblau, Bauch grün, Bauchmitte rostbräunlich:
H. eliciae (Mittelamerika)

V. Schwanz kastanienbraun, Brust und Kopf grün: *Clytolaema,* 1 Art
♂ Oberkopf und Hals grün, glitzernder Streif auf dem Kopf, Rücken, Oberflügeldecken, Bürzel und Oberschwanzdecken rötlich bronzebraun, Kehle feurigrot, Bauch grün,

♀ Bauch rostrot:
C. rubricauda (Brasilien)

VI. Schwanz goldiggrün und kastanienbraun, Brust rotbraun, Oberkopf blau: *Polyplancta,* 1 Art
♂ Oberseite grün, Oberkopf schwarz mit veilchenblauem Mittelfleck, Kinn schwarz, Hals goldiggrün, breites rotbraunes Brustband, Unterseite grün,
♀ ohne blauen Kopffleck:
P. aurescens (Ecuador, Venezuela, Brasilien, Peru)

VII. Grünes Brustband, Unterseite weiß: *Leucochloris* u. *Phlogophilus*
1. Oberseite gründunkel, Unterschnabel fleischfarben mit dunkler Spitze:
L. albicollis (Brasilien, Argentinien)
2. Oberseite grasgrün mit Goldschimmer, Schnabel schwarz, Unterschwanzdecken weiß; äußere Steuerfedern blauschwarz, an der Wurzel und Spitze weiß:
Ph. hemileucurus (Ecuador)

VIII. Oberkopf hell rotbraun mit Lilaschimmer: *Anthocephala,* 1 Art
Oberseite dunkelgrün, Stirn dunkel rahmfarben, Schwanz metallisch-bräunlich, Unterseite bräunlichrahmfarben, Bauch und Unterschwanzdecken hellrostfarben:
A. floriceps (Kolumbien)

N. Schwanz flach ausgeschnitten, wenig ausgebuchtet oder gerade abgeschnitten

I. Schwanz flach ausgeschnitten
1. Ober- und Unterseite zeigt viel Schwarz, Oberkopf glitzernd rötlich-veilchenblau: *Eugenes,* 1 Art
♂ Oberseite bronzegrün, Kinn und Kehle glitzernd grün, Unterseite schwarz, Schwanz bronzegrün, Flaumbüschel weiß,
♀ Unterseite aschgrau:
E. fulgens (Mittelamerika)
2. Schnabel lang und leicht gebogen, an den Bauchseiten und unter den Flügeln weiße Flaumbüschel: *Anthracothorax,* 8 Arten
a) Oberseite dunkelbraun mit Purpurschimmer, Hals rötlich purpurfarben, Unterseite glanzlos schwarz, Schwanz dunkel braunrot mit blauem Schimmer:
A. mango (Jamaika)
b) ♂ Oberseite grün, Schwanz wie bei *A. mango,* Unterseite in der Mitte glanzlos schwarz und blau umrandet,
♀ Unterseite weiß mit schwarzem Mittelstreif:
A. nigricollis (Mittelamerika bis Argentinien)
c) Oberseite grün, Schwanz braunrot mit purpurnem Schimmer, Kehle grasgrün, Mitte von Brust und Unterkörper schwarz, übrige Unterseite grün:
A. viridigula (Venezuela, Guayana, Brasilien)
d) ♂ Oberseite goldiggrün, Kehle schwarz, Unterseite grün, Unterschwanzdecken purpurschwarz,
♀ Unterseite weiß mit schwarzem Mittelstreif:
A. prevosti (Mittelamerika)
e) Wie *A. prevosti,* aber grüne Kehle:
A. veraguensis (Panama)
f) ♂ Oberseite olivengrünlich, Kinn und Kehle goldiggrün, Brust schwarz,
♀ Unterseite grau:
A. virginalis (Puerto Rico)
g) Ähnlich *A. virginalis,* aber ganzer Unterkörper und Unterschwanzdecken schwarz:

A. dominicus (Kleine Antillen)
h) ♂ Oberseite grün mit Bronzeschimmer, Unterseite glänzend grasgrün, Schwanz stahlblau,
♀ Unterseite hellgrau:
A. viridis (Puerto Rico)
3. Kurzer Schnabel ähnlich *Heliangelus*: *Metallura*
a) Oberseite rußigschwarz, Schwanz von oben kupfrig bronzefarben, von hinten grünblau schillernd, Kehle glitzernd bläulichgrün, weißer Flaumbüschel:
M. phoebe (Peru, Bolivien, Chile)
b) Ober- und Unterseite mattgrün, Kehle rostfarben:
M. williami (Ecuador, Kolumbien)
c) Ähnlich *M. williami,* glitzernd feuerroter Kehlfleck:
M. eupogon (Ecuador, Bolivien)
d) ♂ Ober- und Unterseite bronzegrün, Schwanz bronzefarben mit tiefem Purpurschimmer von unten und blau von hinten, Kehle glänzend grün,
♀ Unterseite rostfarben:
M. thyrianthina (Abb. 56) (Venezuela, Kolumbien, Ecuador, Peru, Bolivien)
e) Oberseite dunkelgrün, Schwanz violettpurpurfarben, Unterseite blaugrün, Kinn und Kehle grün
M. purpureicauda (2 Exemplare, Ecuador)
f) ♂ Oberseite bronzegrün, Oberkopf braunrot, Unterseite rötlichbronzefarben. Kinn und Kehlmitte glitzernd grün,
♀ Kinn und Kehle hell rostgelb:
M. ruficeps (Ecuador, Bolivien, Peru)
g) Ober- und Unterseite bronzegrün, grüner Kehlfleck, Schwanz von oben messingfarbig, von hinten blau:
M. aeneocauda (Peru, Bolivien)
h) Ähnlich *M. aeneocauda,* Schwanz violettkupferrot:
M. malagae (Bolivien)
4. Stämmiger Bau, unbefiederte Läufe, starke Füße: *Sephanoides,* 2 Arten
a) ♂ Ganz dunkel zimtfarben, Oberkopf feurig goldrot, Flaumbüschel weiß,
♀ Oberseite grün mit bläulichem Schimmer:
S. fernandensis (Chile)
b) Oberseite grün mit Bronzeschimmer, Oberkopf feurig orangerot, Schwanz bronzegrün, Unterseite hell bräunlichweißgrau, Kehle mit bronzegrünen Flecken:
S. sephanoides (Chile)
5. Unterschwanzdecken lang und breit, weich, an den Enden zerschlissen, an eine Straußenfeder erinnernd: *Chalybura*
a) Oberseite glänzend grün, Oberschwanzdecken kupferig, Schwanz stahlblau, Unterseite glänzend grün, Unterschwanzdecken weiß, Schnabel schwarz, Füße fleischfarben:
Ch. buffoni (Panama, Kolumbien, Venezuela)
b) Oberseite dunkelgrün, Bürzel und Oberschwanzdecken bronzefarben, Schwanz goldigbronzen, Unterkörper graugrün, Unterschwanzdecken weiß, Oberschnabel schwarz, Unterschnabel fleischfarben mit dunkler Spitze:
Ch. urochrysa (Kolumbien, Panama)

II. Schwanz wenig ausgebuchtet
1. Kehle schwarz, großer rötlichvioletter Kehlfleck, Außenkante des Flügels rotbraun: *Ionolaema*, 1 Art
♂ Oberseite grün, Stirnfleck grün, Vorderbrust grün, Schwanz und Unterschwanzdecken blauschwarz,

♀ hell rostgelber Wangenstreif:
I. schreibersi (Ecuador, Peru, Brasilien)
2. Kopf glitzernd veilchenblau: *Chrysuronia,* 1 Art
Kehle blau, Oberseite grün, Oberschwanzdecken goldbronzefarben mit starkem Kupferschimmer, Schwanz bronzefarben, Unterseite grün, Unterschnabel rot mit schwarzer Spitze:
C. oenone (Peru, Bolivien, Ecuador, Brasilien, Venezuela)

III. Schwanz gerade
1. Kehle glitzernd grünlichblau, Unterkörper mattbraun: *Urochroa,* 1 Art
Oberseite bronzebraun, mittlere Schwanzfedern schwarz, äußere bronzefarben, übrige weiß, Flügel dunkel rostrot, Kinn bräunlich:
U. bougueri (Abb. 58) (Kolumbien, Ecuador)
2. Schwanzfedern mit starkem Metallglanz: *Augastes,* 2 Arten
a) Oberseite dunkelgrün, Stirn und spitz nach unten auslaufendes, schwarz gesäumtes Kehlschild grün, an den Halsseiten 2 große dunkelblaue Flecken, Steuerfedern leuchtend grün:
A. scutatus (Brasilien)
b) Oberseite metallischgrün, Stirn und Kehlschild glitzernd goldgrün, Kehlfedern unten blau schimmernd und von einem metallisch glitzernden feurigroten Fleck begrenzt, Oberkopf und Hals schwarz, weißes Brustband, Bauch grün, Schwanz goldigbronzen und rotgelb:
A lumachellus (Brasilien)
3. Unterschnabel hell fleischfarben, Spitze schwarz, Schnabel dick und fast unmerklich gebogen: *Leucippus,* 3 Arten
a) Oberseite goldiggrün, Unterseite weiß, Hals- und Körperseiten mit grünen Flecken, Unterschwanzdecken weiß, Schwanz bläulichgrün mit weißen Schäften:
L. chionogaster (Peru, Bolivien, Argentinien)
b) Ähnlich *L. chionogaster,* Schwanz einfarbig bläulichgrün:
L. viridicauda (Peru)
c) Oberseite grün, Oberkopf mehr braun, Unterseite rostfarben, Unterschwanzdecken weiß:
L. fallax (Kolumbien, Venezuela)
4. Kehlmitte glänzend goldorangefarben, Bauchfleck blau: *Panterpe,* 1 Art
Oberkopf blau, Schwanz blauschwarz, Unterseite grün, Unterschwanzdecken blaugrün, Unterschnabelbasis fleischfarben:
P. insignis (Costa Rica, Panama)
5. Helle gefleckte Brust: *Talaphorus,* 3 Arten
a) Oberseite dunkel goldiggrün, Unterseite weiß, Unterschnabelbasis rot:
T. hypostictus (Ecuador, Peru, Bolivien)
b) Oberkopf und Nacken bronzebraun, Rücken metallischgrün, Unterseite blaßgrau:
T. taczanowskii (Peru)
c) Ähnlich *T. taczanowskii,* aber viel kleiner
T. chlorocercus (Peru)
6. Viel Weiß im Schwanz, mittlerste Oberschwanzdecken so lang wie Steuerfedern, ebenso geformt: *Florisuga,* 1 Art
♂ Kopf und Hals blau, vom grünen Rücken durch weiße Binde getrennt; Unterkörper weiß, vom blauen Hals durch grünes Band getrennt; Schwanzfedern weiß mit dunklen Spitzen, ♀ Oberkörper grün mit Goldglanz, Steuerfedern bläulichgrün mit weißen Spitzen, Unterseite grün, weiß geschuppt:
Fl. mellivora (Abb. 59) (von Mexiko bis Brasilien und Ecuador, Trinidad, Tobago)
7. Ober- und Unterseite schwarz: *Melanotrochilus*

Mittlere Steuerfedern schwarz, Bürzel und Oberschwanzdecken metallisch grün, äußere Steuerfedern weiß dunkel gesäumt, Körperseiten mit weißem Streif, Aftergegend weiß:
M. fuscus (Brasilien)

O. Schwanz teils gegabelt, teils gerade abgeschnitten

I. Schnabel so lang wie der Kopf, ♂ mit leuchtenden Stirn- und Kehlschildchen:
Heliangelus, ♀ schlichter gefärbt, 10 Arten
1. Oberseite bronzegrün, Stirn glitzernd feurig orange, Schwanz bronzefarben, Kehle feurig orangerot, untere Kehlfedern etwas verlängert, hellzimtfarbenes Brustband, Flaumbüschel schwarz mit weißen Spitzen:
H. mavors (Kolumbien, Venezuela)
2. Oberseite dunkelgrün, Stirnschild goldiggrün, Kehle lilarosenrot, weißes Brustband, Bauch dunkelgrün:
H. strophianus (Ecuador)
3. Oberseite bronzegrün, Stirnschild grün, Schwanz schwarz:
H. clarissae (Venezuela, Kolumbien)
4. Oberseite grün, Oberschwanzdecken und Stirn glitzernd grün, Schwanz blauschwarz, Kehle eigentümlich bleiartig grün oder silberartig grünlich oder goldig, schwärzlich gerandet:
H. squamigularis (Kolumbien)
5. Sehr ähnlich der vorigen Art, aber Kehle glitzernd goldgrün und nicht dunkel gerandet:
H. speciosa (1 Bogota-Balg, vielleicht *squamigularis*)
6. Oberseite dunkelgrün, Stirnschild grün, Kinn schwärzlich mit violettem Schimmer, Kehle rotgold, sehr rot nach dem Kinn zu, Bauch grün, in der Mitte bräunlich, Unterschwanzdecken weiß:
H. micraster (Ecuador, Peru)
7. Äußerst ähnlich *H. micraster*, Oberseite reiner grün, Kehlschild rötlicher, mehr rosenrot mit Lilaschimmer:
H. exortis (Kolumbien, Ecuador)
8. Oberseite grün, Stirn bläulichgrün, hinter dem Auge kleiner weißer Fleck, Steuerfedern grün mit Bronzeschimmer und schwarz, Kehle purpurviolett, Unterseite metallisch grün, Flaumbüschel schwarz:
H. viola (Ecuador, Peru)
9. Oberseite dunkel purpurfarben, Schwanz purpurn und blauschwarz, Kehle goldbronzeglänzend, schwarz gerandet, weißes Brustband:
H. rothschildi (1 Bogota-Balg)
10. Sehr ähnlich *H. clarissae,* Stirnfleck goldgrün, Brustband rahmfarben:
H. amethysticollis (Ecuador, Peru, Bolivien)

II. Schnabel stets länger als der Kopf, gerade, sehr kleine Vögel: *Chlorostilbon,* ♀ sehr schwer voneinander zu unterscheiden, Unterseite grau, 13 Arten (14)
1. Oberseite und Unterseite goldgrün, Kehle mit blauem Schimmer, Schwanz stahlblau, Schnabel fleischrot mit schwarzer Spitze:
C. aureoventris (Brasilien, Peru, Argentinien, Bolivien)
2. Oberseite goldgrün, Unterseite grün, Schwanz stahlblau, Schnabel fleischrot mit schwarzer Spitze:
C. caniveti (Mittelamerika, Kolumbien, Venezuela)
3. Oberseite dunkelgrün, Unterseite goldiggrün, Schnabel schwarz, nur Basis des Unterschnabels fleischrot:
C. gibsoni (Kolumbien, Ecuador)
4. Oberseite dunkelgoldgrün, Stirn glitzernd grün, Schwanz dunkelgrün, Schnabel schwarz, Unterschnabelbasis fleischfarben:

C. inexpectatus (Herkunft unbekannt)
5. Oberseite goldiggrün, Schwanz stahlblau, Unterseite grün, Kehle mit blauem Schimmer, Schnabel schwarz:
C. prasinus (Brasilien, Venezuela, Kolumbien, Ecuador, Bolivien, Peru)
6. Oberseite dunkelgrün, Oberkopf und Unterseite grün, Schwanz olivengrün, Schnabel schwarz:
C. poortmanni (Kolumbien, Balg von Bogota)
7. Etwas größer als die vorige Art, mit viel Goldglanz am Unterkörper:
C. euchloris (Kolumbien)
8. Ähnlich *C. euchloris,* Schwanz kupferbronzefarben:
C. russatus (Kolumbien, Peru)
9. Kleiner als *C. euchloris,* Schwanz dunkler:
C. alice (Venezuela) und *C. auratus* (Peru)
10. Unterseite dunkelgrün, Vorderkopf und Unterseite leuchtend grün, Schwanz dunkelgrün, Schnabel schwarz:
C. stenura (Venezuela, Kolumbien, Ecuador)
11. Oberseite grün, Kehle bläulich, Unterschwanzdecken grün, Schwanz stahlblau:
C. maugaeus (Puerto, Rico)
12. Oberseite bronzegrün, Kehle grün, Mitte der Unterseite schwarz, Schwanz braunschwarz:
C. swainsonii (Hispanida, Gonave)
13. Oberseite grün, oft mit Bronzeschimmer, Unterseite grün, Unterschwanzdecken grün, Schwanz schwarz, Unterschnabel fleischfarben mit dunkler Spitze:
C. ricordi (Bahamas, Kuba)

III. Schnabel länger als der Kopf, leicht gebogen, oft gefärbt: *Amazilia,* 27 Arten
1. Oberseite grün bronzeschimmernd, Oberschwanzdecken bronzefarben, Kopf und Hals grün, Kehle und Mitte des Bauches weiß, Schwanz grünlich bronzefarben, Schnabel schwarz:
A. chionopectus (Venezuela, Guayana, Trinidad)
2. Oberseite grün, Kehle, Bauchmitte und Unterschwanzdecken weiß, Schwanz stahlblau:
A. leucogaster (Brasilien)
3. Oberseite bronzegrün, Kehle und Vorderbrust violettblau, Unterseite bläulichgrün, Bauchmitte und Unterschwanzdecken weiß, Unterschnabel rötlich fleischfarben, Spitze schwarz:
A. lactea (Peru, Bolivien, Venezuela, Brasilien)
4. Oberseite goldiggrün, Mitte der Unterseite weiß, Unterschwanzdecken bräunlich, Schwanz olivgrün, Unterschnabel hellrot mit brauner Spitze:
A. versicolor (Kolumbien, Venezuela, Brasilien, Peru)
5. Oberseite dunkelgrün, Kehle und Vorderbrust hellgrün, Mitte der Unterseite weiß, Schwanz stahlblau:
A. viridissima (Venezuela, Guayana, Trinidad)
6. Ähnlich *A. viridissima,* Kehle und Brustseiten mit Blauschimmer:
A. fimbriata (Venezuela, Guayana, Brasilien, Kolumbien, Peru)
7. Oberseite bronzegrün, Unterseite und Unterschwanzdecken weiß, Schwanz olivgrün, Unterschnabel rötlich mit schwarzer Spitze:
A. candida (Mittelamerika)
8. Oberseite und Körperseiten bronzegrün, Kehle und Brust bläulichgrün, Unterkörper und Unterschwanzdecken weiß, Schwanz grün mit schwarzen Spitzen:
A. boucardi (Costa Rica)
9. Oberseite grasgrün, Kopfplatte und Kehlstreif grün, Kinn und Kehle bräunlichgrün, Kehle und Kropfgegend veilchenblau, Bauch grau, Unterschwanzdecken bräunlich:

A. amabilis (Mittelamerika bis Ecuador)
10. Violettblaues Brustband, reinweiße Unterschwanzdecken, sonst wie *A. amabilis*:
A. rosenbergi (Kolumbien, Ecuador)
11. Oberseite grün, Oberkopf veilchenblau, Bürzel und Oberschwanzdecken bronzeschimmernd, Unterseite und Unterschwanzdecken weiß, Unterschnabel fleischfarben mit schwarzer Spitze:
A. franciae (Abb. 9, 26 u. 35) (Kolumbien, Ecuador, Peru)
12. Oberkopf dunkelblau, Oberseite braunrot, Unterseite weiß, Schwanz bronzefarben:
A. microrhyncha (Honduras)
13. Oberseite grün, Oberkopf blau, Unterseite grün, Schwanz stahlblau, Unterschwanz decken dunkelbraun:
A. cyanifrons (Costa Rica bis Kolumbien)
14. Ähnlich der vorigen Art, aber Unterschwanzdecken dunkelbraun mit grünlichem Schimmer:
A. saucerottei (Mittelamerika bis Kolumbien)
15. Oberseite dunkelgrün, Bürzel bräunlich, Schwanz violettblau, Unterseite grün und graubraun, Federbüschel weiß, Unterschnabel fleischrot mit schwarzer Spitze:
A. viridigaster (Kolumbien, Venezuela, Guayana)
16. Kopf und Hals grün, Rücken rötlichkupferfarben, Kinn, Kehle, Brust und Körperseiten grün, Bauch weiß, Unterschwanzdecken bräunlichgrau, Schwanz rötlichbronzefarben, Unterschnabel fleischfarben mit dunkler Spitze:
A. edward (Mittelamerika)
17. Oberseite grün mit Goldschimmer, Flügel tiefbraun, Schwanz stahlblau, Unterseite grün, Schenkelbefiederung weiß, Unterschwanzdecken hell rostrot, Unterschnabel rötlich mit dunkler Spitze:
A. tobaci (Venezuela, Kleine Antillen)
18. Oberseite goldiggrün, Oberschwanzdecken purpurbronzen, Schwingen rostrot, Schwanz rotbraun, Unterkörper graubraun, Unterschwanzdecken rostfarben, Unterschnabel fleischfarben mit dunkler Spitze:
A. berrylina (Mittelamerika)
19. Ober- und Unterseite grün, Schwanz rotbraun, Bauch und Mitte des Unterkörpers schmutzigbraun, Flaumbüschel weiß, Schnabel fleischfarben mit dunkler Spitze:
A. tzacatl (Panama, Kolumbien, Venezuela, Ecuador)
20. Oberseite rötlich, Schwanz kastanienbraun, Kinn, Kehle und Vorderbrust grün, Unterkörper und Unterschwanzdecken rostrot, Flaumbüschel weiß, Unterschnabel fleischrot, Spitze schwarz:
A. castaneiventris (Bogota-Handelsbalg)
21. Oberseite bronzegrün, Kehle und Vorderbrust grün, Bauch und Unterschwanzdecken und Schwanz kastanienbraun, Schnabel fleischrot, Spitze schwarz:
A. yucatanensis (Mittelamerika)
22. Oberseite bronzegrün, Bürzel und Oberschwanzdecken rostrot, Schwanz und Kehle bläulichgrau, weißer Kehlfleck, Bauch rostrot, Mitte weiß, Flaumbüschel weiß, Unterschwanzdecken rostrot:
A. amazilia (Peru, Ecuador)
23. Oberseite bronzegrün, Schwanz braunrot, Unterseite rostrot, Kehle heller, Schnabel blutrot mit schwarzer Spitze:
A. rutila (Mittelamerika)
24. Oberseite bronzegrün, Oberkopf blau, Halsseiten grün, Brust- und Bauchseiten grünlich, Unterseite weiß, Schwanz bronzegrün, Unterschnabel fleischrot mit schwarzer Spitze:
A. cyanocephala (Mittelamerika)

25. Unterseite reinweiß, Oberseite und Halsseiten olivgrün, nicht bläulichschimmernd, Schwanz rötlichbronzefarben, Oberkopf purpurschimmernd:
A. violiceps (Mexiko)
26. Oberseite grün, Bürzel purpun, Unter-, Oberschwanzdecken und Schwanz stahlblau, Unterschnabel fleischfarben mit schwarzer Spitze:
A. cyanura (Mittelamerika)
27. Ähnlich *A. fimbriata*, Schwanz wie bei *A. chionopectus*:
A. luciae (Honduras)

IV. Schnabel kaum merklich gebogen, ♂ haben leuchtende Kehlen: *Heliomaster,* 4 Arten
1. ♂ Oberseite grünlichbronzefarben, Unterseite blau, Kinn und Kehle rosenrot, Flaumbüschel weiß, Schwanz hell stahlblau,
♀ Schwanz auf der Oberseite mit schwarzer Binde:
H. furcifer (Brasilien, Bolivien, Peru, Uruguay, Argentinien)
2. ♂ Oberseite grün, Oberkopf glitzernd hellgrün, seitliche Schwanzfedern schwarz, mittlere grünlichstahlblau, Kinn, Kehle und verlängerte Federn der Kopf- und Halsseiten dunkel rosenrot, Unterseite dunkel grün, Mittellinie weiß,
♀ Unterseite bräunlichgrau:
H. squamosus (Brasilien)
3. ♂ Oberseite grün, auf dem Unterrücken weißer Fleck, Flaumbüschel weiß, Kehle glitzernd feuerrot,
♀ Kehle schwarz:
H. constantii
4. Ähnlich *H. constantii,* Oberkopf dunkel blaugrün:
H. longirostris (Taf. II) (Mittelamerika bis Peru)

P. Handschwingen der Männchen mit stark verbreiterten und abgeflachten Schäften (Schallerzeugung)

I. Schwanz keilförmig oder gerade abgeschnitten: *Campylopterus*
1. Oberseite grün, Oberkopf veilchenblau, Unterseite aschgrau:
C. curvipennis (Mexiko, Guatemala)
2. Oberseite grün, Unterseite dunkel aschgrau, fast die Hälfte der äußeren Steuerfedern weiß:
C. largipennis (Guayana, Brasilien)
3. Oberseite grün, Kinn und Kehle blau, Unterseite grün, äußere Steuerfedern zunehmend weiß werdend:
C. ensipennis (Venezuela, Trinidad, Tobago)
4. Kopf mattschwarz, Hinterhals und Rücken blau, Steuerfedern schwarz mit an Ausdehnung nach außen zunehmenden weißen Spitzen, Unterseite violettblau:
C. falcatus (Mexiko bis Panama)
5. Oberseite dunkelgrün, Kopfseiten und Kinn schwärzlich, Kehle und Brust blau, Unterseite dunkelgrau, Schwanz stahlblau:
C. villaviscensio (Ecuador)
6. Oberseite grün, Schwanz stahlblau, Kehle blau, Brust und Unterseite bläulichgrün:
C. phaenopeplus (Kolumbien)
7. Oberseite grün, Unterseite rostrot, Steuerfedern rostfarben, schwarz, purpun und metallischgrün gebändert:
C. rufus (Guatemala, Mexiko)
8. Wie vorige Art, nur kleiner, Schwanz nicht gebändert:
C. hyperythrus (Venezuela, Guayana)

II. Schwanz tiefgegabelt: *Eupetomena*

Dunkelgrün, Kopf und Kehle tiefblau, Schwanz stahlblau:
E. macroura (Brasilien, Peru, Guayana)

III. Flügel braun: *Aphantochroa, Phaeochroa*
1. Oberseite dunkelgrün, Flügel dunkelbraun, Unterseite bräunlichgrau, Kehle, Vorderbrust und Körperseiten grün, weiße Bauchseitenbüschel:
A. cirrochloris (Brasilien)
2. Oberseite grün, Flügel tiefbraun, Steuerfedern grün mit weißen Spitzen, Unterseite hell rostbräunlich, Hälfte des Unterschnabels fleischfarben:
Ph. cuvieri (Costa Rica, Panama, Kolumbien, Venezuela)

27. Literaturverzeichnis

ADAMS, H. G. (1856): Humming birds. London; ALDRICH, E. C. (1939): Natural history of the Allen hummingbird. Univ. California Libr. Berkely, unpublished master's Thesis; dgl. (1945): Nesting of the Allen hummingbird. - Condor 47: 137–148; dgl. (1956): Pterylography and molt of the Allen hummingbird. - ebd. 58: 121–133; ALLARD, H. H. (1934): Speed of the Ruby-throated hummingbirds flight. - Auk 51: 84; ALLEN W. (1942): Early nesting of the Anna hummingbird in Altadena, California. - Condor 44: 3; AMADON, D. (1966): Hummingbirds. - Enc. Americana 14: 493–494; ANDERSON, C. u. V. (1954): At home with the Allen's hummingbird. - Audubon Mag. 56: 152–153; ANDERSON, L. (1965): Velvet-purple Coronet (*Boissonneaua jardini*). - Foreign Birds 31: 6–7; ANDRLE, F. R. (1967): Birds of the Sierra de Tuxtla in Vera Cruz, Mexico. - Wilson Bull. 79: 163–187; ANTEVS, A. (1948): Behaviour of the Broad-tailed hummingbirds. - Condor 50: 91; APLIN, O. V. (1894): The Birds of Uruguay. - Ibis 6: 149–215; ARMITAGE, K. B. (1955): Territorial behavior in Fall Migrant Rufous hummingbirds. - Condor 57: 239–240; ARNOLD, K. A. (1966): Distributional notes on Costa Rican birds. - Wilson Bull. 78: 316–317; ARNOLD, L. W. (1930): Observations upon hummingbirds. - Condor 32: 302–303; ARP, W. (1956): Observaciones sobre el comportamiento del grupo *Phaethornis longemareus*. - Bol. Soc. Venez. Cienc. nat. 17: 156–168; ATSATT, P. R., u. P. W. RUNDEL (1982): Pollinator maintenance vs. fruit production partitioned reproductive effort in sub dioecious *Fuchsia lycioides*. - Ann. Mo. Bot. Gard. 69 (1): 199–20; ATWOOD, J. L: (1979): Robbery of nesting materials by the Calliope hummingbird *Stellula calliope*. - West Birds 10 (1): 43–44; AUBER, L. (1957): The distribution of the structural colours and unusual pigments in the class Aves. - Ibis 69: 463–476; AUDEBERT, J. B., u. J. VIELLOT (1802): Histoire générale et particulière des colibris. Oiseaux-mouches, Jacamars et Pomerops II, Paris; AUSTIN, G. T. (1970): Interspecific territoriality of migrant Calliope and resident Broad-tailed hummingbirds. - Condor 72: 234; AVELODO, HOSTAS, R. (1955): Un Tucusito nuevo para Venezuela (*Amazilia l. leucogaster*). - Mem. Soc. Sci. nat. 15: 45–47

BACON, P. R. (1973): Hummingbird drinking sea water. - Auk 90 (4): 917; BAILEY, A. M. (1974): 2nd nesting of Broad-tailed hummingbirds. - Condor 76 (3): 350; BAILY, A. M. (1927): Notes on the birds of Southeastern Alaska. - Auk 3: 27–31; dgl. (1945): Rivoli's hummingbird (*Eugenes fulgens*) in Colorado. - ebd. 62: 630–631; dgl. (1960): Rivoli's hummingbird in Colorado. - ebd. 77: 345–346; BAKER, H. G. (1975): Sugar concentrations in nectars from hummingbirds flowers. - Biotropica 7 (1): 37–41; BAKER, W. K. (1962): Additional evidence of Rivoli's hummingbird in Southern Colorado. - ebd. 79: 481–482; BAKUS, G. J. (1962): Early nesting of the Costa hummingbird in Southern California. - Condor 64: 438; BALDRIGE, F. A. (1983): Plumage characteristics of juvenile Black-chinned hummingbirds *Archilochus alexandri*. - Condor 85 (1): 102–103; BALLOU, W. H. (1879): A hummer's meal. - Amer. Natural. 13: 126 und 130; BALTOSSER, W. H. (1978): New and modified methods for color-marking hummingbirds. - Bird Banding 49: 47–49; dgl. (1986): Nesting success and productivity of hummingbirds in Southwestern New-Mexico and Southeastern Arizone USA. - Wilson Bull. 98 (3): 353–367; BANKS, R. C., u. N. K. JOHNSON (1961): A review of North American hybrid hummingbirds. - Condor 63: 3–28; dgl., u. D. R. MEDINA (1963): An albinistic Anna hummingbird. - ebd. 65: 69–70; BAPTISTA, L. F., u. M. MATSUI (1979): The source of the dive noise of Annas hummingbird *Calypte anna*. - ebd. 81 (1): 87–89; BARASH, D. P. (1972): Lek behavior in the Broad-tailed hummingbird. - Wilson Bull. 84 (2): 202–203; BARLOW, J. C. (1967): Rufous hummingbird (*Selasphorus rufus*) in Ontario. - Canad. Field Natural. 81: 148–149; BARTHELMESS, A. (1980): Vögel - lebendige Umwelt. Probleme von Vogelschutz und Humanökologie geschichtlich dargestellt und dokumentiert. Freiburg und München; BARTHOLOMEW, G. A., T. R. HOWELL u. T. J. CADE (1957): Torpidity in the White-throated swift, Anna hummingbird, and poor-will. - Condor 59: 145–155; dgl., u. J. R. B. LIGHTON (1986): Oxygen consumption during hover-feeding in free-ranging Anna hummingbirds *Calypte anna*. - J. Exp. Biol. Edinburgh 123 (0): 191–200; BASSET, F. N. (1920): The Anna hummingbird as a flycatcher. - ebd. 22: 37; dgl. (1921): The nuptial flight of the Allen hummingbird. - ebd. 22: 37; dgl. (1922): The bathing of hummingbirds. - ebd. 63: 44; BATES, H. J., u. R. L. BUSENBARK (1966): Living with hummingbirds. - Foreign Birds 32, 84–90: 109; BEAL, F. E. L. u. W. L. MC ATEE (1922): Food of some well-known birds of forest, farm and garden. - Farm. Bull. U. S. Dept. Agric. 506; BECHER (1919): Flügelfärbung der Kolibris und geschlechtliche Zuchtwahl. - Anat. Hefte 57: 452; BEHNKE-PEDERSEN, M. (1972): Kolibrier. Skibby-Bogarne; BELT, T. (1874): The naturalist in Nicaragua. London; BENDIRE, C. (1895): Life histories of North American birds. - Smithson. Contr. 32; BENE, F. (1940): Rhythm in the brooding and feeding routine of the Black-chinned hummingbird. - Condor 42; dgl. (1941): Experiments on the color preference of Black-chinned hummingbird. - ebd. 43: 237–242; dgl. (1942): Costa hummingbird at Papgo park Arizone. - ebd. 44: 6; dgl. (1945): The role of learning in the feeding behavior of Black-chinned hummingbirds. - ebd. 47: 3–22; dgl. (1946): The feeding and related behavior of hummingbirds. - Mem. Boston Soc. Nat. Hist. 9: 403–478; BENNETT, A. G. (1931): First record of a hummingbird in the Falkland Islands. - Ibis 43; BENT, A. C. (1940): Life histories of North American cuckoos, goatsuckers, hummingbirds and their allies. - U. S. Nat. Mus. Bull. 176: 319–472; BENTZ, G. D., u. R. L. ZUSI (1982): The Humero Ulnar Pulley and its evolution in hummingbirds. - Wilson Bull. 94 (1): 71–73; BERGER, M., u. J. S. HART (1972): Die Atmung beim Kolibri *Amazilia fimbriata* während des Schwirrflugs bei verschiedenen Umgebungstemperaturen. - J. comp. Physiol. 81: 363–380; dgl. (1974): Energiewechsel von Kolibris beim Schwirrflug unter Höhenbedingungen. - J. Orn. 115; 273–288; dgl. (1974): Oxygen consumption and power of hovering hummingbirds at varying barometric and oxygen pressures. - Naturwissenschaften 61: 407; dgl. (1978): Ventilation in the hummingbirds *Colibri coruscans* during altitude hovering. In: Johannes PIIPER, (ed.), Proceedings in Life Sciences. Respiratory function in birds, adult and embryonic. Satellite Symposium of the 27th International Congress of Physiological Sciences. Göttingen. Berlin; BERLEPSCH, H. GRAF V. (1889): Systematisches Verzeichnis der von Herrn Gustav GARLEPP in Brasilien und Nord-Peru im Gebiete des Oberen Amazonas gesammelten Vogelbälge. - J. Orn. 37: 289–321; dgl., u. E. HARTER (1902): On the Birds of the Orinoco Region. - Novit. Zool. 9: 1–134; dgl. (1908): On the Birds of Cayenne. - ebd. 2: 261–324; BERLIOZ, J. (1923): Quelques considérations sur répartition géographique des Colibris. - C. R. Soc. Biogeogr. Paris, Nr. 194–195–196: 1–4; dgl. (1926): A new case of hybridization in the hummingbirds. - Oiseaux 10: 6–7; dgl. (1929): Un cas nouveau d'hybridité chez les Trochilidés. - ebd. 10: 340–343; dgl. (1930): A new hummingbird hybrid, *Calypte anna* × Stellula calliope. - Condor 32; dgl. (1930): A new hummingbird hybrid. - ebd. 32: 215; dgl. (1930): Note critique sur quelques Trochilidés du genre *Thalurania*. - Bull. Mus. Hist. Nat. Paris 2: 65–69; dgl. (1931): Revision des Trochilidés du groupe „Campyloptère". - ebd. 3: 82–90; dgl. (1932): A contribution to the study of the hummingbirds of Mexico. - Ois. Rev. Franc. Orn. 2: 2; dgl. (1936): Etude comparative des Trochilidés du groupe *Helianthea* (= *Coeligena*). -

Oiseau 2: 198–212; dgl. (1937): Note sur une collection d'Oiseaux du Mexique. - Bull. Mus. Hist. Nat. Paris 9: 161–175; dgl. (1937): Notes Ornithologiques au cours d'un voyage en Ecuador. - Oiseau N. S. 7: 389–416; dgl. (1937): Three new cases of presumed natural hybrids among Trochilidae. - Ibis 49: 112–115; dgl. (1938): Notes critiques sur les Trochilidés. - Rev. Franc. Orn. 3; dgl. (1939): Note critique sur les *Thalurania tschudii*. - Bull. Mus. Hist. Nat. Paris 11: 287–290; dgl. (1941): Note sur une espèce de Trochilidés: *Helianthea traviesi m.* et verr. - Ois. Rev. Franc. Orn. 1941: 129–136; dgl. (1944): La vie des Colibris. Paris; dgl. (1945): Révision critique de Trochilidés du genre *Agyrtria*. - Oiseau 15: 72–88; dgl., u. C. JOUANIN (1945): Listes des Trochilidés trouvés dans collections commerciales de Bogota. - ebd. 14: 126–155; dgl. (1946): Quelques considérations sur la répartition géographique de Colibris. - C. R. Soc. Biogéogr. Paris 23: 194–196; dgl. (1948): Notes sur une rare de Trochilidé (*Augasma chlorophana*). - Bull. Mus. Hist. Nat. Paris 20: 57–61; dgl. (1949): Note sur une espèce de Trochilidé, *Chlorostilbon aureo-ventris* Lafr. et d'Orb. - ebd. 21: 51–55; dgl. (1949): Le polymorphisme chez les Trochilidés. Ornithologie als biologische Wissenschaft 3–6 (Festschrift zum 60. Geburtstag von E. STRESEMANN); dgl. (1951): Etudes systématiques de quelques espèces litigieuses de Trochilidés. - Oiseau 21: 278–288; dgl. (1953): Quelques observation ornithologiques au cours d'un voyage en pays caribe. - Rev. Franc. Orn. 2: 125; dgl. (1953): Hummingbirds. - Endeavour 12: 186–189; dgl. (1959): Note sur la distribution géographique d'un Trochilidé: *Eriocnemis alinae* (Bourvier). - Bull. Mus. Hist. Nat. Paris 3: 220–222; dgl. (1962): Observations ornithologiques à Trinidad et à Tobago. - Ois. Rev. Franc. Orn. 32: 193–210; dgl. (1962): Notes critiques sur quelques espèces de Trochilidés. - ebd. 32: 136–144; dgl. (1964): La collection de Trochilidés A. L. BUTLER. - ebd. 34: 91–105; dgl. (1965): Note critique sur les Trochilidés des genres *Timolia* et *Augasma* (*Timolia lerchi - Timolia chlorocephala - Augasma smaragdina - Augasma cyneo-beryllina*). - Oiseau 35: 1–8; dgl. (1968): Note critique sur les Trochilidés du genre *Schistes* GOULD. - ebd. 38: 1–5; dgl. (1974): Considerations on the alticolous populations of hummingbirds Trichilidae in Colombia. - C. R. Seances Soc. Biogeogr. 49 (434–439): 16–19; BERRETT, D. G. (1963): The birds of the Mexican state Tabasco (*Heliothryx barroti*). - Diss. Abstr. 23: 4466–4467; dgl. (1963): First records for the Ruddy-tailed flycatcher and purple-crowned fairy hummingbird. - Condor 65: 163; BERTIN, R. I. (1980): Floral biology hummingbird pollination and pollinator limitation of Trumpet Creeper *Campsis radicans*. The University of British Columbia. Second International Congress of Systematic and Evolutionary Biology, Vancouver, B. C., Canada, July 17–24, I+441 P. University of British Columbia: Vancouver, B. C., Canada; dgl. (1987): Floral biology hummingbird pollination and fruit production of Trumpet Creeper *Campsis radicans*, Bignoniaceae. - Amer. J. Bot. 69 (1): 122–134; BEUCHAT, C. A., S. B. CHAPLIN u. M. L. MORTON (1979): Ambient temperature and the daily energetics of 2 species of hummingbirds *Calypte anna* and *Selasphorus rufus*. - Physiol. Zool. 52 (3): 280–295; BINFORD, L. C. (1989): Reevaluation of the hybrid hummingbird *Cynanthus sordidus* × *Cyanthus latirostris* from Mexico. - Condor 87 (1): 148–150; BLAKE, Ch. H. (1939): The flight of hummingbirds. - Engl. Natural. 1939, Juni; dgl. (1956): Differential contribution of year e.t.c. observations on the Streamer-tailed hummingbird (*Trochilus polytmus*). - Bird Banding Ass. 27: 171–184; dgl. (1962): Long drinks by a hummingbird. - Wilson Bull 74: 98; BLAKE, E. R. (1958): Birds of Volcan de Chiriqui, Panama. - Field. Zool. 36: 5; dgl. (1953): Birds of Mexico. A guide for field identification. Chicago; BLEIWEISS, R. (1985): Iridescent polychromatism in female hummingbird *Heliangelus exortis*. Is it related to feeding stretagies? - Auk 102 (4): 701–703; BODINE, M. L. (1928): Holidays with hummingbirds. - Nation. geogr. Mag. 53: 731; BÖHL, E. O. (1979): Die Zucht von Veilchenohrkolibris in der Außenvoliere. - Die Voliere 2 (2): 67–68; BOEKE, J. D. (1978): A food source of the marvelous Spatuletail *Loddigesia mirabilis*. - Ibis 120 (4): 551; BÖSL, K. (1984): Zucht des Rubinkolibris (*Chrysolampis mosquitus*). - Trochilus 5 (3): 87–89; BOKERMANN, W. C. A. (1978): Observations on the nesting of the hummingbird *Stephanoxis lalandi* Aves Trochilidae. - Rev. Brasil. Biol. 38 (2): 259–262; BOLLES, F. (1894): The hummingbirds of Chocorua. - Pop. Sci. Monthly

45: 588–594; Bonaparte, C. L. J. L. (1850/51): Note sur les Trochilidés. - C. R. Ac. Sci. Paris 30–32; Bond, J. (1954): Notas on Peruvian Trochilidae. - Proc. Ac. Nat. Sci. Philad. 106: 165–183; Borrero, H. J. I. (1965): Notes sobre el comportamiento de colibri coli-rojo (*Amazilia tzacatl*)y el meilero (*Coereba flaveola*) en Colombia. - Hornero 10: 247–250; Boucard, A. (1891/95): The humming bird. Lyon Bourcier, J., u. E. Mulsant (1946): Description de vingt espèces nouvelles d'Oiseaumouches. - Ann. Sci. Phys. Nat. Lyon 9: 321–328; Bowles, J. H. (1910): The Anna hummingbird. - Condor 12: 125–127; dgl. (1912): Early nesting of Allen hummingbird at Santa Barbara. - ebd. 14; Boyden, T. C. (1978): Territorial defense against hummingbirds and insects by tropical hummingbirds. - Condor 80 (2): 216–221; Broom, D. M. (1976): Duration of feeding bouts and responses to salt solutions by hummingbirds at artifical feedeers. -. ebd. 78 (1): 135–138; Brosset, A. (1964): Les oiseaux de Pacaritambo (Quest de l'Ecuador) (*Phaethornis striagularis*). - Oiseau 34: 1–24, 112–135; Brown, J. H., A. Kodric-Brown, T. G. Whitham u. H. W. Bond (1981): Competition between hummingbirds and insects for the nectar of 2 species of shrubs. - Southwest Nat. 26 (2): 133–146; dgl., u. A. Kodric-Brown (1980): Convergence competition and mimicry in a temperature community of hummingbird pollinated flowers. - Ecology 60 (5): 1022–1035; dgl., u. M. A. Bowers (1985): Community organization in hummingbirds relationships between morphology and ecology. - Auk 102 (2): 251–269; Browning, M. R., u. W. English (1967): Anna's hummingbird in Southwestern Oregon. - Condor 69: 89; Bruntan, D. F., S. Andrews, u. D. G. Paton (1979): Nesting of the Callipe hummingbird *Stellula calliope* in Kananaskis Provincial Park Alberta Canada. - Canad. Field Natural. 93 (4): 449–451; Bryant, H. C. (1925): Nesting of the Allen hummingbird in Golden Gate Park. - ebd. 27: 98–100; Buchannan, O. M. (1965): Allen hummingbird (*Selasphorus s. sasin*) on Cedres Island, Baja California. - ebd. 67: 191; Budin, E. (1928): The nest of the hummingbird (*Chaetocercus burmeisteri*). - Hornero 4: 2; Busse, K. (1971): Wilde Kolibris saßen auf meiner Hand. - Das Tier 11 (5): 4–9; Butler, A. L. (1926): On the identity of *Trochilus sparganurus*. - Ibis; dgl. (1926): Vitality of hummingbirds. - ebd.; Butler, C. (1949): Hummingbird killed by praying mantis. - Auk 66: 286

Calder, W. A. (1971): Temperature relationships and nesting of the Calliope hummingbird. - Condor 73: 314–321; dgl. (1973): Piracy of nesting materials from and by the broad-tailed hummingbird. - ebd. 74 (4): 485; dgl. (1973): An estimate of the heat balance of a nesting hummingbird in a chilling climate. - Comp. Biochem. Physiol. A. Comp. Physiol. 46 (2): 291–300; dgl. (1973): The timing of maternal behavior of the Broad-tailed hummingbird preceding nest failure. - Wilson Bull. 85 (3): 283–290; dgl. (1973): Micro habitat selection during nesting of hummingbirds in the Rocky Mountains. - Ecology 54 (1): 127–134; dgl., u. J. Booser (1973): Hypothermia of Broad-tailed hummingbirds during incubation in nature with ecological correlations. - Science 180: 751–753; dgl. (1975): Day length and the hummingbirds use of time. - Auk 92 (1): 81–97; Calder, W. A. II, S. Hiebert (1980): Diuresis and solute losses of hummingbirds. 64th Annual Meeting of the Fed. Amer. Soc. Exp. Biol., Anaheim, Calif., USA, Apr. 13–18, 1980. Fed. Proc. 39 (3), Abstract 1701; dgl. (1975): Factors in the energy budget of mountain hummingbirds. In: David M. Gates und Rudolf B. Schmerl (ed.), Ecological Studies. Analysis and Synthesis, Bd. 12. Perspectives of Biophysical Ecology. Symposium Ann Arbor, Mich., U.S.A., Aug. 20–24, 1973. XIII+609p. Maps. New York, N. Y., U.S.A.; dgl. (1976): Energetics of small body size and high latitude. The Rufous hummingbird in coastal Alaska, USA. - Int. J. Biometeorol. 20 (1): 23–35; dgl. (1979): On the temperature dependency of optimal nectar concentrations for birds. - J. Theor. Biol. 78 (2): 185–196; dgl., u. S. M. Hiebert: Nectar feedings diuresis and electrolyte replacement of hummingbirds. - Physiol. Zool. 56 (3): 325–334; dgl., N. M. Waser, S. M. Hiebert, D. W. Inouye, u. S. Miller (1983): Site fidelty longevity and population dynamics of Broad-tailed hummingbirds *Selasphorus platycercus*. A 10 Year Study. - Oecologia (Berl.) 56 (2–3): 359–364; dgl. (1985): The comparative biology of longevity and lifetime energetics. - Exp. Gerontol. 20 (3–4): 161–170; Calder, W. A. Jr.

(1974): The thermal and radiant environment of a winter hummingbird nest. - Condor 76 (3): 268– 283; CARPENTER, F. L. (1974): Torpor in an Andean hummingbird: Its ecological significance. - ebd. 183: 545–547; dgl. (1976): Ecology and evolution of an Andean hummingbird *Oreotrochilus estella*. - Univ. Calif. Publ. Zool. 106: 1–75; dgl. (1979): Competition Between hummingbirds and insects for Nectar. Symposium on Competition between Distantly Related Taxa. - Amer. Zoolog. 19 (4): 1105–1114; dgl., u. J. L. CASTRONOVA (1980): Maternal diet selectivity in *Calypte anna*. - Amer. Midland Natural. 103 (1): 175–179; dgl., M. A. HIXON, u. D. C. PATON (1981): Pre-migratory changes in time budgets of territorial hummingbirds. Annual Meeting of the American Society of Zoologists, American Microscopal Society, Animal Behavior Society, Crustacean Society, Society of Protozoologists and the Society of Systematic Zoology, Dallas, Tex., USA, Dec. 27–30. - Amer. Zoolog. 21 (4): 921; dgl., D. C. PATON, u. M. A. HIXON (1983): Weight gain and adjustment of feeding territory size in migrant hummingbirds *Selasphorus rufus*. - Proc. Nation. Ac. Sci. Washington 80 (23): 7259–7263; dgl., u. dgl. u. dgl. (1983): Territory size and weight gain in migrant hummingbirds. Annual Meeting of the American Society of Zoologists, American Microscopical Society, Animal Behavior Society, Biological Society of Washington, Crustacean Society, and the International Association of Astacology, Philadelphia, PA, Dec. 27–30. - Amer. Zoolog. 23 (4): 1000; CARVALHO, C. T. DE (1958): Notas biologicas sobre *Chlorestes notatus* (REICH.). - Bol. Mus. Goeldi Zool. 18: 1–17; CASSIDY, J. (1938): Flycatchers and hummingbirds of Canada. - Avicult. Mag. 4: 2; CHAPLIN, A. (1947): hummingbirds. - Zool. Life 2: 3–6; CHAPMAN, F. M. (1929): My tropical air castle. London u. New York; CHARDINE, J. W. (1986): Why hummingbirds hover. A commentary. - Auk 103 (4): 832–833; CHIKELY, G. M. (1965): Calliope hummingbird (*Stellula calliope*) in Nebraska. - ebd. 82: 650–651; CHRISTY, B. H. (1932): A humming-birds nest. - Condor 34: 6; CLARK, F. C. (1900): Notes on the nesting of the Blue-throated hummingbird. - Auk 17; CLARK, H. L. (1902): Are hummingbirds cypsloid or coprimuloid? - Science 15: 108–109; CLYDE, D. P. (1972): Annas hummingbird in adult male plumage feeds nestling. - Condor 74 (1): 102; CODY, M. L. (1968): Interspecific territoriality among hummingbird species. - Condor 70: 270–271; COGSWELL, H. L. (1949): Alternate care of two nests in the Black-chinned hummingbird. - ebd. 51: 176–178; COLBORN, T. E., u. O. REAMERS (1971): Annas hummingbird in Colorado. - Colorado Field. Orn. 9: 26; COLE, S., F. R. HAINSWORTH, A. C. KAMIL, T. MERCIER, u. L. L. WOLF (1982): Spatial learning as an adaptation in hummingbirds. - Science 217 (4560): 655–657; COLLIAS, N. E., COLLIAS (1968): Anna's hummingbird's trained to select different colors in feeding. - ebd. 70: 273–274; COLLINS, C. T. (1978): The natal pterylosis of hummingbirds. - Bull. S. Calif. Ac. Sci. 77 (1): 14–21; COLLWELL, R. K., B. J. BETTS, P. BUNNELL, F. L. CARPENTER, u. P. FEINSINGER (1974): Competition for the nectar of *Centropogon valrii* by the hummingbird *Colibri thalassinus cabanidis* and the flower piercer *Diglossa plumbea* and its evolutionary implicactions. - Condor 76 (4): 447–452; dgl., u. S. NAEEM (1979): The 1 st known species of hummingbird flower mite north of Mexico. *Rhinosetus epoecus* new-species *Mesostigmata ascidae*. - Ann. Ent. Soc. Amer. 72 (4): 485–491; dgl. (1979): The geographical ecology of hummingbird flower mites in relation to their host plants and carriers. In: J. G. RODRIGUEZ, (ed.). Recent advances in Acarology Bd. 2. 5th International Congress of Acarology, East Lansing, Mich., USA, Aug. 6–12, 1978. XX + 569p. New York, N. Y., USA; London, England; dgl. (1986): Community biology and sexual selection lessons from hummingbird flower mites. In: J. DIAMOND u. T. J. CASE (ed.). Community ecology, XXII + 665p. New York, N. Y., USA; Cambridge, England; CONSTANTZ, G. D. (1980): Growth of nestling Rofous hummingbirds *Selasphorus rufus*. - Auk 97 (3): 622–624; CONTINO, F. (1975): Observations on the behavior of *Sappho sparganura* in the Cerrode-Santa-Barbara jujuy, Argentina. - Hornero 11 (4): 265–270; CONWAY, A. E., u. S. R. DRENNAN (1979): Rufous hummingbirds in Eastern North America. - Amer. Birds 33 (2): 130–132; COPENHAVER, C., u. P. W. EWALD (1980): Cost of territory establishment in hummingbirds. - Oecologia Berlin 46 (2): 155–160; CORBEN, H. C. (1983): Wing beat frequencies, wing areas and masses of flying insects and hummingbirds. -

J. Theor. Biol. 102 (4): 611–624; CORDIER, C. (1982): Auf Kolibrifang in Südamerika. - Trochilus 3 (3): 79–81; dgl. (1983): Der Schwertschnabelkolibri (*Ensifera ensifera*) in Bolivien. - ebd. 4 (3): 91–92 COTTAM, C., u. P. KNAPPEN (1939): Food of some uncommon North American birds. - Auk 56: 23–24; dgl. (1941): Incubation feeding of the Calliope hummingbird. - ebd. 58: 59–60; dgl. (1941): Color attractive to hummingbirds. - ebd. 58: 261; CRISP, E. (1863): On some points relating of the anatomy of the hummingbird (*Trochilus colubris*) - Ann. Nat. Hist. 12: 70–72; CHRISTINA, P. (1948): Osservacioni sui colibri ucelli mosca. - Riv. Ital. Orn. 18: 1–12; dgl. (1954): Alimentazione dei colibri in cattivita. - ebd. 24: 169–173; CROSS, F. C. (1950): A hummingbird thief. - Condor 52: 91; CROWE, C. J. (1947): The ornithology of 16th century Mexico. - Gull 29

DAVEY, W. N., u. J. R. DAVEY (1945): Hovering and backward flight in the hummingbirds. - Jack-Pine Warbler 23: 2–7; DAVIS, T. A. W. (1934): Notes in display in the hermits *Phaethornis superciliosus* and *Phaethornis ruber*. - Ibis 13 (4): 732–738; dgl. (1953): An outline of the ecology and breeding seasons of birds of the lowland forests region of British Guiana. - ebd. 95: 450–467; dgl. (1958): The displays and nests of three forest hummingbirds of British Guiana. - ebd. 100: 31–39; DAWES DUBOIS, A. (1938): Observations at a Rufous hummingbirds nest. - Auk 40: 4; DEBENEDICTIS, P. A., F. B. GILL, F. R. HAINSWORTH, G. H. PYKE, u. L. L. WOLF (1978): Optimal meal size in hummingbirds. - Amer. Natural. 112 (984): 301–316; DE LA LUZ ZAMUDIO, M. (1985): Phoretic mites Mesostigmata Ascidae of the nasal cavities of hummingbirds of Mexico 1. - Fol. Ent. Mexico 0 (64): 81–92; DELACOUR, J., u. M. LEGENDRE (1925): Hummingbirds in aviculture. - Avicult. Mag. 4; DELPINO, F. (1869): Alcuni appunti di Geografica Botanica. - Boll. Soc. Geogr. Ital. Firence 1869: 124; DESCARPENTRIES, A. (1952): Sur on Oiseau-mouche vivant du Jardin des Plantes. - Oiseau 22: 60–61; DES GRANGES, J. L. (1978): Organization of a tropical nectar feeding bird guild in a variable environment. - Living Bird 17: 199–236; DESSENBERGER, H. (1932): Über den Verdauungskanal nektarfressender Vögel. - J. Orn. 80: 309–318; DIAMOND, J. M., W. H. KARASOY, D. PHAN u. F. L. CARPENTER (1986): Digestive physiology is a determinant of foraging bout frequency in hummingbirds. - Nature London 320 (6057): 62–63; DI DIO L. J. A. (1972): Presence of the so-called myelin figures in the myo cardium of the hummingbird as seen with electron-microscopy. - Monit. Zool. Ital. 6 (3–4): 263–268; DIXON, J. B. (1912): The Costa hummingbird. - Condor 14: 75–77; DIXON, J. S. (1938): Records of Allen and Rufous hummingbirds in the Sierra Nevada, California. - ebd. 40: 264; DOBKIN, D. S. (1985): Heterogeneity of tropical floral microclimates and the response of hummingbird flower mites. - Ecology 66 (2): 536–543; DÖHLING, F. (1931): Die Kolibris lecken und saugen ihre Nahrung. - Orn. Mber. 39: 140–142; DORST, J. (1946): Quel est le rôle des oiseaux dans la vie des fleurs. - Rev. Franc. Orn. 113; dgl. (1951): Recherches sur la structure des plumes des Trochilidés. - Mem. Mus. Nat. Paris (Zool.) 3: 125–260; dgl. (1956): Etude biologique des Trochilidés des hauts plateaux peruvienes. - Oiseau 26: 165–193; dgl. (1957): The Puya stands of the Peruvian high plateaux as a bird habitat. - Ibis 99: 594–599; dgl. (1962): Novelles recherches biologiques sur les Trochilidés des hauts Andes Peruviens (*Oreotrochilus estella*). - Oiseau 32: 95–126; DRESSLER, R. L. (1971): Dark pollinia in hummingbird-pollinated orchids ordo hummingbirds suffer from strabismus. - Amer. Natural. 105: 80–83; DUBACH, M. (1981): Quantitative analysis of the respiratory system of the House sparrow *Passer domesticus Budgerigar Melopsittacus undulatus* and Violet-eared hummingbird *Colibri coruscans*. - Resp. Physiol. 46 (1): 43–60; DUBOIS, A. D. (1938): Observations at a Rufous hummingbirds nest. - Auk 55: 629–641; DUNFORD, C., u. E. DUNFORD (1972): Interspecific aggression of resident Broad-tailed and migrant Rufuos hummingbirds. - Condor 74: 479; DUNNING, J. S., u. P. FEISINGER (1977): Notes on the hummingbirds of Monteverde Cordillera-de-Tilaran, Costa Rica. - Wilson Bull. 89 (1): 159–164; DYER, E. I. (1939): More observations on the nesting of the Allen hummingbird. - ebd. 41

EDGERTON, H. E. (1947): Hummingbirds in action. - Nation. geogr. Mag. 92: 221–231; dgl., R. J. NIEDRACH u. W. VAN RIPER (1951): Freezing the flight of hummingbirds. - ebd. 100: 245–261;

EDWARDS, E. P. (1982): Hummingbirds feeding on an excretion produced by scale insects. - Condor 84 (1): 122; EISENMANN, E., u. T. R. HOWELL (1962): The taxonomic status of the hummingbird *Chalybura melanorrhoa* and *Ch. urochrysia*. - Condor 64: 300–310; ELGAR, R. J. (1976): Notes on the Stripe-breasted starthroat hummingbird *Heliomaster squamosus*. - Avicult. Mac. 82 (2): 83–84; ELLIOT, D. R. (1876): Notes on the Trochilidae. - Ibis 9; dgl. (1877): Review of the specimens of Trochilidae in the Paris Museum, brought by D'ORBIGNY from South America. - ebd. 10; dgl. (1878): Classification et synopsis Trochilidés; dgl. (1879): Classification and synopsis of the Trochilidae. - Smithson. misc. Coll. 317: 277; EMERSON, W. O. (1901): Capture of a Floresi's hummingbird at Haywards, California. - Condor 3: 68; EPTING, R.J., u. T. M. CASEY (1973): Power output and wing disc loading in hovering hummingbirds. - Amer. Natural. 107: 761–765; dgl. (1980): Functional dependence of the power for hovering on wing disc loading in hummingbirds. - Physiol. Zool. 53 (4): 347–357; ESTEBANN, J. G. (1947): On two Trochilidae to the Argentine fauna. - Acta Zool. Tucuman 4: 107–113; ESTES, J. R., u. P. M. HALL (1975): Pollination of *Ipomopsis rubra,* Polemoniaceae by Ruby-throated hummingbirds. - Bull. Torrey Bot. Club 102 (6): 413–415; EWALD, P. W., u. F. L. CARPENTER (1978): Territorial responses to energy manipulations in the Anna hummingbird. - Oecologia Berlin 31 (3): 277–292; dgl., u. W. A. WILLIAMS (1982): Function of the bill and tongue on nectar uptake by hummingbirds. - Auk 99 (3): 573–576; dgl. (1985): Influence of asymmetries in resource quality and age on aggression and dominance in Black-chinned hummingbirds *Archilochos alexandri*. - Anim. Behav. 33 (3): 705–719; EYER, L. E. (1949): A study of a nest of a Ruby-throated hummingbird. - Jack-Pine Warbler 27: 148–158

FEINSINGER, P., u. J. B. CHAPLIN (1975): On the relationship between wing disc loading and foraging strategy in hummingbirds. - Amer. Natural. 109: 217–224; dgl. (1976): Organization of a tropical guild of nectarivorous birds. - Ecol. Monogr. 46 (3): 257–291; dgl., u. R. K. COLWELL (1978): Community organization among neotropical nectar feeding birds. - Amer. Zoolog. 18 (4): 779–795; dgl., R. K. COLWELL, J. TERBORGH u. S. B. CHAPLIN (1979): Elevation and the morphology flight energetics and foraging ecology of tropical hummingbirds. - Amer. Natural. 113 (4): 481–498; dgl., J. A. WOLFE u. L. A. SWARM (1982): Island ecology reduced hummingbird diversity and the pollination biology of plants. Trinidad and Tobago West-Indies. - Ecology 63 (2): 494–506; dgl., u. L. A. SWARM (1982): Ecological release seasonal variation in food supply and the hummingbird *Amazilia tobaci* on Trinidad and Tobago West-Indies. - ebd. 63 (5): 1574–1587; dgl. (1983): Variable nectar secretion in a *Heliconia psittacirum* pollinated by Hermit hummingbirds. - Biotropica 15 (1): 48–52; dgl., L. A. SWARM, u. J. A. WOLFE (1985): Nectar-feeding birds on Trinidad and Tobago comparison of diverse and depauperate guilds. - Ecol. Monogr. 55 (1): 1–28; dgl., K. G. MURRAY, S. KINSMAN u. W. H. BUSBY (1986): Flora neighborhood and pollination success in four hummingbird-pollinated cloud forest plant species. - Ecology 67 (2): 449–464; FINLEY, W. L. (1905): Hummingbird studies. - Condor 7: 59–62; FLEETWOOD, R. J., u. C. E. HUDSON (1889): Probable green Violetear hummingbird *Colibri thalassinus* in Camerar country Texas. - Nature, London 10: 312; FISK, E. J., H. M. STEVENSON u. H. W. KALE II (1978): Records of the rufous hummingbird in Florida, USA. - Florida Field Natural. 6 (2): 23–26; FITZPATRICK, J. W., D. E. WILLARD u. J. W. TERBORGH (1979): *Heliangelus regalis* new species of hummingbird from Peru. - Wilson Bull. 91 (2): 177–186; FJELDSA, J., u. C. E. BARBOSA (1983): A giant hummingbird from Paramo de Chingaza Colombia. - Wilson Bull. 95 (4): 661–662; FOLGER, H. (1982): Kolibris. Stuttgart; FOX, R. P. (1954): Plumages and territorial behaviour of the Lucifer hummingbird in the Chisos Mountains, Texas. - Auk 71: 465; FRAGA, R. M. (1984): Aspects of reproductive biology of the hummingbird *Clorostilbon aureoventris*. - Hornero 12 (3): 156–158; FRANKS, E. C. (1979): Ant bee *Apis mellifera* and wasp control at hummingbird feeders. - Jack-Pine Warpler 57 (2): 70–75; FREEMAN, C. E., W. H. REID, J. E. BECVAR u. R. SCOGIN (1984): Similarity and apparent convergence in the nectar sugar composition of some hummingbird pollinated flowers. - Bot. Gaz. Chicago

145 (1): 132–135; FRENCH, N. R., u. R. W. HODGES (1959): Torpidity in cave-roosting hummingbirds. - Condor 61: 223; FRIES, R. E. (1903): Beiträge zur Kenntnis der Ornithophilie in der südamerikanischen Flora. - Ark. Bot. 1: 393–435

GAMBOA, G. J. (1977): Predation on rufous hummingbird by wieds crested flycatcher. - Auk 94 (1): 157–158; GANDER, F. F. (1971): Nog een Kerr Kolibris nesjes en joungen. - Artis Amsterdam 17: 33–35; GARDNER, L. L. (1925): The adaptive modifications and the taxonomic value of the tongue in birds. - Proc. U.S. Mus. 67: 1–49; GASS, C. L. (1978): Rufous hummingbird feeding territoriality in a suboptimal habitat. - Canad. J. Zool. 56 (7): 1535–1539; dgl. (1979): Territory regulation tenure and migration in rufous hummingbirds. - ebd. 57 (4): 914–923; dgl., u. K. P. LERTZMAN (1981): Capricious mountain weather a driving variable in hummingbird territorial dynamics. - ebd. 58 (11): 1964–1968; dgl., u. G. D. SUTHERLAND (1985): Specialization by territorial hummingbirds on experimentally enriched patches of flowers energetic profitability and learning. - ebd. 63 (9): 2125–2133; GEORGE, M. W. (1980): Hummingbird foraging behavior at *Malvaviscus arboreus var drummond II*. - Auk 97 (4): 790–794; dgl. (1980): Floral ecology and hummingbird pollination in *Malvaviscus arboreus*. The University of British Columbia. Second International Congress of Systematic and Evolutionary Biology, Vancouver, B. C., Canada, July 17–24, 1980. University of British Columbia: Vancouver, B. C., Canada; GESELL, J. P. (1934): Ruby-throated hummingbird. - Bird Lore 36: 5; GILL, F. B., F. J. STOKES, u. C. STOKES (1973): Contact zones and hybrodization in the Jamaican hummingbird *Trochilus polytmus*. - Condor 75 (2): 170–176; dgl., A. L. MACK u. R. T. RAY (1982): Competition between hermit hummingbirds *Phaethorninae* and insects for nectar in a Costa-Rican rain forest. - Ibis 124 (1): 44–49; dgl. (1985): Hummingbird flight speeds. - Auk 102 (1): 97–101; GLADKOV, N. A. (1956): Hummingbirds - the poikilothermic animals. - Priroda 10: 100–102; GLOGE, R. (1984): Haltung und Zuchtversuch von Juliakolibris (*Damophila juliae*) im Augsburger Zoo. - Trochilus 8 (2): 65; GOERTZ, J. W., A. S. MORRIS u. S. M. MORRIS (1980): Ruby-throated hummingbirds *Archilochus colubris* feed at night with the aid of artificial light. - Wilson Bull. 92 (3): 398–399; GOLDSMITH, T. H., u. K. M. GOLDSMITH (1979): Discrimination of colors by the Black-chinned hummingbird *Archilochus alexandri*. - J. Comp. Physiol. A Sens. Nerual Behav. Physiol. 130 (3): 209–220: dgl., u. dgl. (1979): Color vision of Black-chinned hummingbirds *Archilochus alexandri*. Annual Meeting of the Association for Research in Vision and Ophthalmology Incorporated, Sarasota, FLA, USA, Apr. 30-May 4, 1979. - Invest. Ophthalmol. Visual Sci. 0 (Suppl.), 249; dgl. (1980): Hummingbirds see near UV light. - Science 207 (432): 786–788; dgl., J. S. COLLINS u. D. L. PERLMAN (1981): A wave length discrimination function for the hummingbird *Archilochus alexandri*. - J. Comp. Physiol. A Sens. Neural Behav. Physiol. 143 (1): 103–110; dgl., u. K. M. GOLDSMITH (1982): Sense of smell in the Black-chinned hummingbird *Archilochus alexandri*. - Condor 84 (2): 237–238; GOMARA, F. L. DE (1852): Conquista de Méjico. - Bibl. Aut. Espana 22: 425; GOSSE, P. H. (1863): The hummingbirds tongue. - Zoologist 21: 84–85; GOULD, J. (1847): Drafts for an arrangement of the Trochilidae or hummingbirds. - Proc. Zool. Soc. London 15: 16; dgl. (1850–1861): Monographs of the Trochilidae or familiy of hummingbirds. London; dgl. (1861): An introduction to the Trochilidae or familiy of hummingbirds. ebd.; dgl. (1887): A guide to the GOULD collection of hummingbirds. Brit. Mus. Nat. Hist. Cat., 1–22; GRANT, K. A. (1966): A hypothesis concerning the red coloration in Californian hummingbird flowers. - Amer. Natural. 100: 85–97; dgl., u. V., GRANT (1968): Hummingbirds and their flowers. Columbia Univ. Press, 1–15; dgl., u. dgl. (1970): A hummingbird pollinated species of *Boraginaceae* in the Arizona flora. - Proc. Nation. Ac. Sci. Washington 66 (3): 917–919; GRANTSAU, R. (1968): Die Wiederentdeckung der brasilianischen Kolibris *Augastes scutatus* und *Augastes lumachellus*. - J. Orn. 109: 434–437; GRAVES, G. R. (1978): Predation on hummingbird by *Oropendola*. - Condor 80 (2): 251; dgl. (1980): Metaltail hummingbird *Metallura odomae* new-species from Northern Peru. - Wilson Bull. 92 (1): 1–7; dgl. (1986): Systematics of the gorgeted woodstars *Aves*, *Trochilidae*, *Acestrura*. - Proc. Biol. Soc.

Washington 99 (2): 218–224; GREENEWALT, C. H. (1960): Hummingbirds. New York; dgl., W. BRANDT, u. D. D. FRIEL (1960): Iridescent colors of hummingbird feathers. - J. Optic. Soc. Amer. 50: 1005–1013; dgl. (1963): Photographing hummingbirds in Brazil. - Nation. geogr. Mag. 123: 100; dgl. (1966): The marvelous hummingbird rediscovere. - ebd. 130: 98–101; GREW, N. (1694): A query concerning the food of the hummingbirds. - Phil. Trans. R. Soc. London 17: 815; GRINNEL, J. (1929): A new race of hummingbird from southern California. - Condor 31: 226–227; GRINYER, u. I., J. C. GEORGE (1969): Some observations on the ultrastructure of the hummingbird pectoral muscles. - Canad. J. Zool. 47 (5): 771–774; GRISWOLD, O. (1960): Streamer-tail expedition - How to catch a shooting star. - Foreign Birds 26: 118–224; dgl. (1963): The second smallest bird in the World, Vervian hummingbird, *Mellisuga minima*. - Animal Kingdom 63: 151–153; GÜNTHER, A. (1887): A guide to the GOULD collection of hummingbirds. Brit. Mus Nat. Hist.; GUERRANT, E. O. Jr. (1986): The neotenic evolution of the hummingbird pollinated larkspur *Delphinium nudicaule* Ranunculaceae. The University of British Columbia. Second International Congress of Systematic and Evolutionary Biology, Vancouver, B.C., Canada, July 17–24, 1980. University of British Columbia: Vancouver, B.C., Canada; dgl. (1982): Neotenic evolution of *Delphinium nudicaule*, Ranunculaceae. A hummingbird pollinated larkspur. - Evolution 36 (4): 699–712; GUILDING, L. (1834): Facts on hummingbirds. - Mag. Nat. Hist. London 7: 569

HAINSWORTH, F. R., u. L. L. WOLF (1969): Resting, torpid, and flight metabolism of the hummingbird *Eulampis jugularis*. - Amer. Zoolog. 9: 1100–1101; dgl., u. dgl. (1970): Regulation of oxygen consumption and body temperature during torpor in a hummingbird *Eulampis jugularis*. - Science 168: 368–369; dgl., u. dgl. (1971): Energetics of tropical hummingbirds during torpor. - Feder. Proc. 30 (2): 483; dgl., u. dgl. (1972): Crop volumes, nectar concentration and hummingbird energetics. - Comp. Biochem. Physiol. 42A: 359–366; dgl. u. dgl. (1972): Energetics of nectar extraction in a small, high altitude, tropical hummingbird, *Selasphorus flammula*. - J. comp. Physiol. 80: 377–387; dgl., u. dgl. (1972): Power of hovering flight in relation to body size in hummingbirds. - Amer. Natural. 106: 589–596; dgl. (1973): On the tongue of a hummingbird: Its role in the rate and energetics of feeding. - Comp. Biochem. Physiol. 46: 65–78; dgl. (1974): Food quality and foraging efficiency: The efficiency of sugar assimilation by hummingbirds. - J. Comp. Physiol. 88: 425–431; dgl., u. L. L. WOLF (1975): Wing disc loading implications and importance for hummingbird energetics. - Amer. Natural. 109 (966): 229–233; dgl., u. dgl. (1976): Nectar characteristics and food selection by hummingbirds. - Oecologia Berlin 25 (2): 101–113; dgl., B. G. COLLINS u. L. L. WOLF (1977): The function of torpor in hummingbirds. - Physiol. Zool. 50 (3): 215–222; dgl., u. L. L. WOLF (1978): Regulation of metabolism during torpor in temperate zone hummingbirds. - Auk 95 (1): 197–199; dgl., M. F. TARDIFF u. L. L. WOLF (1981): Proportional control for daily energy regulation in hummingbirds. - Physiol. Zool. 54 (4): 452–462; HALBINGER, W. (1971): More about hummingbirds. - Gef. Welt 95 (4): 62–66; HALL, E. M. (1947): Anna hummingbird with three eggs. - Condor 49: 175; HAMILTON, M. P. (1981): Feeding stategies and energetics in hummingbirds. A simulation model. Annual Meeting of the American Society of Zoologists, American Microscopical Society, American Society of Limnology and Oceanography, Animal Behavior Society, Canadian Society of Zoologists, Ecological Society of America, Society of Systematic Zoology, and the Western Society of Naturalists, Seattle, Wash. USA, Dec. 27–30, 1980. - Amer. Zoolog. 20 (4): 1908 (Recd. 1981) 855; HAMILTON, W. I. (1965): Sun-orientated display of the Anna's hummingbird. - Wilson Bull. 77: 38–44; HAMMERSLEY, G. (1928): Observations on the Rufous hummingbird. - Canad. Field Natural. 42; HARGER, M., u. D. LYON (1980): Further observations of lek behavior of the green Hermit hummingbird *Phaethornis guy* at Monteverde Costa-Rica. - Ibis 122 (4): 525–530; HARTERT, E., u. C. HARTERT (1894): On a collection of hummingbirds from Ecuador and Mexico. - Novit. Zool. 1: 43–64; dgl. (1897): Various notes on hummingbirds. - Ibis; dgl. (1898): Further notes on hummingbirds. - Novit. Zool. 5: 514–520;

dgl. (1900): Trochilidae. Das Tierreich Bd. 9; dgl., u. E. J. OTTO (1900): Exhibition of hybrid hummingbirds. - Bull. Brit. Orn, Cl. 10: 39–40; HARTMAN, F. A. (1954): Cardiac and pectoral muscles of trochilids. - Auk 71: 467–469; dgl., u. K. A. BROWNELL (1959): Liver lipids in hummingbirds. - Condor 61: 270–277; dgl. (1961): Locomotor mechanism of birds. - Smithson. Misc. Coll. 143; HAUSER, D. C., u. N. CURRIE (1966): Hummingbird survives through December in North Carolina. - Condor 83: 138–139; HAVERSCHMIDT, F. (1951): The nest and eggs of *Smaragdites t. theresiae*. - Wilson Bull. 63: 115; dgl. (1952): Notes on the life history of *Amazilia fimbriata* in Surinam. - ebd. 64: 2; dgl. (1952): Nesting notes on *Amazilia fimbriata*.- Ardea 46: 138– 144; dgl. (1968): A nest of the Rufous-breasted hermit with three eggs. - Auk 85: 693; HAVERSTOCK, M. S. (1971): The hummingbird natures over achiever. - Int. Wildl. 1 (2): 44–46; HAYES, S. P. jr. (1929): Speed of flying hummingbird. - ebd. 46: 116; HAYT, S. F. A. (1931): Hummingbirds in difficulty. - Bird Banding Ass. 31: 91; HEIL, R. s. (1981): An avian fallout and Black-chinned hummingbird *Archilochus alexandri* new-record and Lucys Warbler *Vermivora luciae* new-record in Massachusetts USA. A consideration of the factors that may have resulted in an unusual cluster of records. - Amer. Birds 35 (2): 139–141; HEINE, F. (1863): Trochilidae. - J. Orn. 11: 173–217; HENSHAW, H. W. (1877): Notes on the habits of the Green-backed California hummingbird (*Selasphorus alleni* HENSHAW). - Field Forest 3: 95–98; HERING, L. (1947): Courtship and mating of Broad-tailed hummingbird. - Condor 49: 126; HESSE, M., u. W. HESSE (1982): Zuchterfolg mit der Violettschwanzsylphe (*Aglaiocercus coelestis*). - Trochilus 3 (2): 29–31; HILDEBRANDT, E. M. (1949): Hummingbird captures by praying mantis. - Auk 66: 286; HNKELMANN, C. (1985): Die Adlerschnabelkolibris - *Eutoxeres aquila* (BOURCIER, 1847) und *Eutoxeres condamini* (BOURCIER, 1851). - Trochilus 6 (4): 110–115; dgl. (1987): Bronzeschwanz-Schattenkolibris (*Glaucis dohrni*) noch nicht ausgestorben. - ebd. 8 (2): 66–67; dgl. (1987): Neu beschriebene Kolibriarten. - ebd. 8 (3): 93–99; HIXON, M. A. (1981): Determinants of feeding territory size in hummingbirds and damselfish preliminary field experiments. Annual Meeting of the American Society of Zoologists, American Microscopical Society, American Society of Limnology and Oceanography, Animal Behavior Society, Canadian Society of Zoologists, Ecological Society of America, Society of Systematic Zoology, and the Western Society of Naturalists, Seattle, Wash., USA, Dec. 27–30. - Amer. Zoolog. 20 (4); dgl., F. L. CARPENTER, u. D. C. PATON (1983): Territory area flower density and time budgeting in hummingbirds. An experimental and theoretical analyslis. - Amer. Natural. 122 (3), 366–391; HOFSLUND, P. B. (1950): A breeding behaviour study of the Ruby-throated hummingbird. - Jack-Pine Warbler 28: 73–77; HORVÁTH, O. (1948): Seasonal differences in Rofous hummingbird, nest height and their relation to nest climate. - Ecology 45: 235–241; HOUGHTON, A. S. (1947): Late nest of Ruby-throated hummingbird. - Auk 48: 153; HOWELL, T. R., u. W. R. DAWSON (1954): Nest temperatures and attentiveness in the Anna hummingbird. - Condor 56: 93–97; dgl., u. G. A. BARTHOLOMEW (1954): Further experiments on torpidity in the Poor-will. - ebd. 61: 180–185; HÜNING, W. (1971): Den Kolibris eine neue Heimat. - Geflügelbörse 92 (19): 6–8; dgl. (1986): Einundzwanzig Jahre Kolibrihaltung in der Tropenvoliere. - Die Voliere 9 (7): 229–233; HUEY, L. M. (1924): Nuptial flight of the Black-chinned hummingbird. - ebd. 26: 186–187; dgl. (1944): A hybrid Costa's Broad-tailed hummingbird. - Auk 61: 636–637; HUNT, R. (1920): Nuptial flight of the Anna hummingbird. - Condor 22: 109–110; HUNTER, P. E. (1972): New Rhinoseius species *Mesostigmata ascidae* from Costa-Rican hummingbirds. - J. Georgia Ent. Soc. 7 (1): 26–35; HUTH, H. H. (1972): Der spektrale Sehbereich eines Violettohrkolibris. - Naturw. Berlin 59: 650; HUXLEY, J. S., C. B. WEBB u. A. T. BEST (1939): Temporary poikilothermy in birds. - Nature London 143: 683–684

IMMELMANN, K. (1961): Beiträge zur Biologie und Ethologie australischer Honigfresser. - J. Orn. 102: 164–207; INGELS, J. (1976): Observations on the hummingbirds *Orthorhyncus cristatus* and *Eulampis jugularis* of Martinique, French West-Indies. - Gerfaut 66 (1–2) (Recd. 1977): 129–132; dgl. (1976): Observations on some hummingbirds of Martinique. - Arvic. Mag. 82 (2): 98–100;

INOUYE, D. W. (1975): Why don't more hummingbird-pollinated flowers have dark-colored pollen? - Amer. Natural. 109: 377–387; IPPEN, R., u. H. POLZIN (1964): Über die Mykosen der in Zoologischen Gärten gehaltenen Vögel. - Zool. Garten 29: 14–27;

JARDINE, W. (1852–1854): Ornithology. Naturalists Library, Edingburgh; dgl. (1833): Natural history of hummingbirds; JAWETT, S. G. (1945): The Calliope hummingbird at Portland, Oregon. - Condor 47: 170; JEFFRIES, J. A. (1888): A description of an apparently new species of *Trochilus* from California. - Auk 5: 168–169; JEWETT, P. H., u. J. R. SOMMER (1970): Finch and hummingbird cardiac muscle ultrastructure. - Feder. Proc. 29 (2): 390; dgl., dgl. u. E. A. JOHNSON (1971): Cardiac muscle - its ultrastructure in the finch and hummingbird with special reference to the sarcoplasmic reticulum. - J. Cell. Biol. 49 (1): 50–65; JOHNSGARD, P. A. (1983): The hummingbirds of North America. Washington D.C.; JOHNSON, J. C. (1970): Ruby-throated hummingbird studies Part 3: Procedures for trapping and banding hummingbirds. - Inland Bird-Band. News 42 (5): 163–169; dgl. (1970): Ruby-throated hummingbird studies Part 1: Attracting hummingbirds. - ebd. 42 (3): 86–91; JOHOW, A. (1961): Fang und Haltung unserer Kolibris. - Gef. Welt 85, August 1961; JOHOW, F. (1900): Zur Bestäubungsbiologie chilenischer Blüten. - Verh. Dtsch. Wiss. Ver. Santiago 4: 232–253; JOUANIN, C. (1946): Liste de Trochilidés trouvés dans les collections commerciales de Trinidad. - Oiseau 16: 103–112; dgl. (1948): Liste de Trochilidés trouvés dans les collections commerciales de Bahia. - ebd. 18: 104–116; dgl. (1949): A propos d'un specimen litigreux de Colibri (*Melanotrochilus fuscus*). - ebd. 19: 150–152; dgl. (1951): Catalogue systématique des types de Trochilidés du Musée National d'Histoire Naturelle de Paris. - Union Int. Sci. Biol. Sect. Zool. 3: 1–27

KARASOV, W. H., D. PHAN, J. M. DIAMOND u. F. L. CARPENTER (1986): Food passage and intestinal nutrient absorption in hummingbirds. - Auk 103 (3): 453–464; KATTAN, G., u. C. MURCIA (1985): Hummingbird association with Acorn woodpecker *Melanerpes formicivorus* sap trees in Colombia. - Condor 87 (4): 542–543; KELLY, J. W. (1955): History of nesting of an Anna hummingbird. - ebd. 57: 147–153; dgl. (1956): Prolonged incubation by an Anna hummingbird. - ebd. 58: 163; KEVAN, P. G., S. D. ST. HELENS u. I. BAKER (1983): Hummingbirds feeding from exudates on diseased scrub oak. - ebd. 85 (2): 251–252; KINGSOLVER, J. G., u. T. L. DANIEL (1983): Mechanical determinants of nectar feeding strategy in hummingbirds energetics tongue morphology and licking behavior. - Oecologia Berlin 60 (2), 214–226; KLEINSCHMIDT, O. (1950): Die Kolibris. - N. Brehm-Büch. 1; KNOLL, M. (1951): Über den Schwirrflug der Kolibris. - Vjschr. naturf. Ges. Zürich 96: 162–175; KOBBÉ, W. H. (1900): The Rufous hummingbird of Cape Disappointment. - Auk 17: 8–15; KODRIC-BROWN, A., u. J. H. BROWN (1978): Influence of economics interspecific competition and sexual dimorphism on territoriality of migrant Rufous hummingbirds. - Ecology 59 (2): 285–296; dgl., dgl., G. S. BYERS u. D. F. GORI (1984): Organization of a tropical island community of hummingbirds and flowers. - ebd. 65 (5): 1358–1368; KOENIG, O. (1959): Die Pflege von Kolibris und Nektarvögeln in Gefangenschaft. - Gef. Welt 83, Sept. 1959; KOESTER, F., u. H. STOEWESAND (1973): Coccidae as honeydew gatherers for hummingbirds and insects. - Bonn. Zool. Beitr. 24 (1–2): 15–23; KREIG, H. (1952): Der kältestarre Kolibri. - Naturw. Rdsch. 5; KRUEGER, K., R. PRINZINGER u. K. L. SCHUCHMANN (1982): Torpor and metabolism in hummingbirds. - Comp. Biochem. Physiol. A. Comp. Physiol. 73 (4): 679–690; KUBAN, J. F., u. R. L. NEILL (1980): Feeding ecology of hummingbirds in the highlands of the Chisos Mountains, Texas, USA. - Condor 82 (2): 180–185; dgl., J. LAWLEY u. R. L. NEILL (1983): The partitioning of flowering century plants by Black-chinned hummingbirds *Archilochus* alexandri and Lucifer hummingbirds *Calothorax lucifer*. - Southw. Natural. 28 (2): 143–148; KUNZE, D. (1981): Eine gelungene Aufzucht des rotschnäbligen Jamaika-Kolibris. - Die Voliere 4 (4): 59–60; dgl. (1984): Nachzucht des Granat-Kolibris (*Eulampis jugularis*). - Trochilus 5 (3): 84–87

Lack, D. (1941): Courtship feeding, a correction. - Auk 58: 59; dgl. (1973): The numbers of species of hummingbirds in the West Indies. - Evolution 27: 326–337; Lamb, C. C. (1925): Observations of the Xantus hummingbird. - Condor 27: 89–92; Land, H. C., u. L. F. Kiff (1965): The Band-tailed barbthroat *Threnetes suckeri* in Guatemala. - Auk 82: 286; Landsborough, T. A. (1964): A new dictionary of birds. London u. Edinburgh; Langner, S. (1973): Beitrag zur Biologie der Hochlandtrochiliden, *Oreotrochilus estella,* in den Anden Boliviens. - Bonn. Zool. Beitr. 24: 24–47; Lasiewski, R. C. (1962): The energetics of migrating hummingbirds. - Condor 64: 324; dgl. (1962): The capture and maintenance of hummingbirds for experimental purposes. - Avicult. Mag. 68: 59–64; dgl. (1963): Physiological responses to temperature in hummingbirds. Diss. Albstr. 23, 3561; dgl. (1963): The energetic cost of small size in hummingbirds. - Proc. 13 Int. Orn. Congr. 1962: 1095–1103; dgl. (1963): Oxygen consumption of torpit, resting, active, and flying hummingbirds. - Physiol. Zool. 36: 122–140; dgl. (1964): Body temperature, heart and breating rate, and evaporative water loss in hummingbirds. - ebd. 37: 212–223; dgl. (1964): Das aufwendige Leben der Kolibris. - Vogelkosmos, April 1964: 73–77; dgl., F. R. Galey, u. C. Vasquez (1965): Morphology and physiology of the pectoral muscles of hummingbirds. - Nature London 206: 404–405; dgl., L. A. Acosta u. M. H. Bernstein (1966): Evaporative water loss in birds. - Comp. Biochem. Physiol. 19: 459–470; dgl., u. R. J. Lasiewski (1967): Physiological responses of the Blue-throated (*Lamponis clemenciae*) and Rivoli's hummingbird (*Eugenes fulgens*). - Auk 84: 34–48; dgl., u. W. R. Dawson (1967): A re-examination of the relation between standard metabolism rate and body weight in birds. - Condor 69: 13–23; Laverty, T. M., u. R. C. Plowright (1985): Competition between hummingbirds and bumblebees for nectar in flowers of *Impatiens biflora*. - Oecologia Berlin 66 (1): 25–32; Leberman, R. C. (1972): Identify sex and age IT key to age sex determination of Ruby-throated hummingbirds in autumn. - Inland Bird-Banding News 44 (5): 197–202; Leck, C. F. (1974): Sunbathing in the Streamertail hummingbird. - Wilson Bull. 86 (1): 78–79; Legendre, M. (1952): Les Oiseaux mouches en captiveté. - Oiseau 22: 41–47; Lesson, R. P. (1829): Histoire naturelle des Oiseaux mouches. Paris; dgl. (1831): Histoire naturelle des colibris suivie d'un supplement des Oiseaux mouches. - ebd.; dgl. (1833): Les Trochilidés ou les colibris ou les Oiseaux mouches. - ebd.; dgl. (1840): Oiseaux mouches rares ou nouveauy communiqué par M. M. Longuemare et Parzudaki. - Rev. Zool. Paris 71: 74; Leth-Smith, D. (1933): The arrival of hummingbirds. - Avicult. Mag. 11: 6 – 8; Lewy, S. H. (1958): A possible United States breeding area for the Violet-crowned hummingbird (*Amazilia verticalis*). - Auk 75: 350; Linhart, Y. B. (1973): Ecological and behavioral determinants af pollen dispersal in hummingbird-pollinated Heliconia. - Amer. Natural. 107: 511–523; Lint, K. C. (1965): Lebende Edelsteine - Kolibris in Zoologischen Gärten. - Freunde Köln. Zoo 8: 3–6; dgl. (1965): Hummingbirds in Zoological Gardens. - Foreign Birds 31: 198–202; dgl. (1969): Hummingbirds in California. - Zoonooz 42: 5–9; dgl. (1970): Sparkling Violet-ears. - ebd. 43: 6–9; Lodge, G. E. (1896): Notes on some of the West-Indian hummingbirds. - Ibis; Loew, E. (1906): Die ornithophilen Blüten und ihre Beziehungen zu den Lebensgewohnheiten blumenbesuchender Vögel. - SB. Ges. naturf. Fr. Berlin 1906: 304–313; Loos, P. A. (1931): Nektarraub eines Kolibris durch Vermittlung einer Holzbiene. - Orn. Mber. 39: 143; Lowe, P. R. (1939): On the systematic position of the swift (suborder *Cypseli*) and hummingbirds (suborder *Trochili*) with special reference to their relation to the order Passeriformes. - Trans. Zool. Soc. London 24: 307–348; Lucas, F. A. (1891): On the structure of the tongue in hummingbirds. - Proc. U.S. Mus. 14: 169–172; dgl. (1893): Swifts and hummingbirds. - Ibis 5: 365–371; dgl. (1893): The food of hummingbirds. - Auk 10: 311–315; dgl. (1896): The taxonomic value of the tongue in birds. - ebd. 13: 109–115; dgl. (1897): The tongue of birds. - Rep. U.S. Mus.: 1003–1020; Lyerly, S. B., F. Riess u. S. Ross (1950): Color preference in the Mexican Violet-eared hummingbird (*Colibri th. thalassinus*). - Behaviour 2: 237–249; Lynch, J. F., u. L. A. Peter (1970): A new hybrid hummingbird *Archilochus alexandri* × *Selasphorus sasin*. - Condor 72: 209–212; Lyon, D. L., u. C. Chadek (1971): Exploitation of nectar resources by hummingbirds, bees (*Bombus*), and *Diglossa baritula* and its role in the evolution of *Pentstemon kunthii*. - ebd. 73: 246–248; dgl. (1973): Territorial and feeding activity of Broad-tailed hummingbirds (*Selasphorus platycercus*) in *Iris missouriensis*. - ebd. 75: 346–349; dgl. (1976): A montane hummingbird territorial system in Oaxaca, Mexico. - Wilson Bull. 88 (2): 280–299; dgl., J. CRANDALL u. M. MCKONE (1977): A test of the adaptiveness of interspecific territoriality in the Blue-throated hummingbird. - Auk 94 (3): 448–454

MACFARLAND, W. (1887): Nesting habits of the hummingbird *Trochilus colubris*. - J. Nat. Hist. Soc. 2; MACIOR, L. W. (1985): Bumblebee and hummingbird pollination syndromes in *Pedicularis densiflora*. 94th Annual Meeting of the Ohio Academy of Science on the Legacy of Daniel Drake, M. D. (1785–1852), Cincinnati, Ohio, USA, Apr. 19–21; 1985. - Ohio J. Sci. 85 (2): 17–18; MAILLIARD, J. (1919): Flycatching birds. - Condor 21: 212; MALME, G. O. (1923): Kolibris als Einbrecher. - Bot. Nat. Lund 1923; MARDEN, L. (1963): The man who talks to hummingbirds. - Nation. Geogr. Mag. 123: 80; MARTIN, A., u. A. MUSY (1964): Das Leben der Kolibris. Creatura 6, Naturkundliche Taschenbücher. Bern; MARTIN, W. C. (1861): A general history of hummingbirds, or the Trochilidae. London; MAYR, E. (1966): Hummingbird caught by sparrow. - Auk 83: 664; dgl. (1971): New species of birds described from 1956–1965. - J. Orn. 112: 302–316; MCATEE, W. L. (1947): Torpidity in birds. - Amer. Midland Natural. 38: 191–206; MCDADE, L. A., u. S. KINSMAN (1980): The impact of floral parasitism in 2 neotropical hummingbird pollinated plant species. - Evolution 34 (5): 944–958; dgl. (1983): Long-tailed Hermit hummingbird *Phaethornis superciliosus* visits to inflorescence color morphs of *Heliconia irrasa*. - Condor 85 (3): 360–364; MCNEIL, R., u. S. RODRIGUEZ Jr. (1985): Nest seasonal movements and breeding of buffy hummingbirds in Xeric habitats of Northeastern Venezuela. - Wilson Bull. 97 (4): 547–551; MEES, G. F. (1977): On the distribution of *Phaethornis malaris*, Aves, Trochilidae. - Zool. Meded. Leyden 52 (17): 209–212; MENGEL, R. M. (1960): Errors concerning the date and source of the name *Melanotrochilus* Eudes-Deslongchamps. - Auk 77: 87–88; MERLIN, D. (1935): Contributions to the study of the theory of selection II. The Problem of Ornithopily. - Uppsala Univ. Arsskr. 16; MEUSKENS, H. (1967): Kolibris, ihre Fütterung und Haltung. - Gef. Welt 91: 12; MILLER, R. S. (1966): Territorial aggression between a dragonfly and hummingbird. - Blue Jay 24: 19; dgl., u. R. E. MILLER (1971): Feeding activity and color preferences of Ruby-throated hummingbird. - Condor 73: 309–313; dgl., u. R. W. NERO (1983): Hummingbird *Archilochus colubris* and sapsucker *Sphyrapicus varius* associations in northern climates. - Canad. J. Zool. 61 (7): 1540–1546; dgl., u. C. L. GASS (1985): Survivorship in hummingbirds is predation important. - Auk 102 (1): 175–178; dgl. (1985): Why hummingbirds hover. - Auk 102 (4): 722–726; dgl., S. TAMM, G. D. SUTHERLAND u. C. L. GASS (1985): Cues for orientation in hummingbird foraging color and position. - Canad. J. Zool. 63 (1): 18–21; MILLER, S. J., u. D. W. INOUYE (1983): Roles of the wing whistle in the territorial behavoir of male Broad-tailed hummingbirds *Selasphorus platycercus*. - Anim. Behav. 31 (3): 689–700; MIRANDA, F. (1944): Los secretas de las flores. - Folletos divulg. sci. Ist. Biol. Chapultepec; MIRSKY, E. N. (1976): Song divergence in hummingbird and junco populations on Guadalupe Island. - Condor 78 (2): 230–235; MOBBS, A. J. (1969): Hummingbirds in flights. - Foreign Birds 35: 102 und 103; dgl. (1969): Difficult hummingbirds. - ebd. 35: 172–175; dgl. (1969): The Ruby topaz (*Chrysolampis mosquitus*). - ebd. 35: 182–183; dgl. (1970): Those difficult hummingbirds. - ebd. 36: 8–9, 226–227; dgl. (1970): Acclimatisation of a Tyrian Metal-tailed hummingbird. (*Metallura tyrianthina*). ebd. 36: 111–114; dgl. (1971): Notes on the Reddish hermint hummingbird. - Avicult. Mag. 77: 160–163; dgl. (1972): The Coronet hummingbirds. - ebd. 78: 137–141; dgl. (1972): Observations on the pre-mating behavior in the Andean emerald and the Golden-tailed Sapphire hummingbirds. - Aivcult. Mag. 78 (5): 173–176; dgl. (1972): Notes on the Frilled Coquette hummingbird. - ebd. 78 (3): 77–79; dgl. (1973): Further observations on the Tourmaline Sunangel hummingbird. - ebd. 79 (4): 118; dgl. (1973): Notes on the Tormaline Sunangle hummingbird. - ebd. 79 (3): 79–83; dgl. (1973): The Horned Sungem hummingbird. - ebd. 79 (2): 49–52; dgl. (1973): Scratching and preening postures in hummingbirds. - ebd. 79: 200–202; dgl. (1974): Notes on the Puff-legged hummingbirds. - ebd. 80 (6): 213–216; dgl. (1977): Notes on the Ruby-topaz hummingbird. - ebd. 83 (1): 53–56; dgl. (1982): Hummingbirds. Hindhead, Surrey; MOLLER, W. (1930–1931): Über die Schnabel- und Zungenmechanik blütenbesuchender Vögel. - Biol. Gen. 6: 651–726, 99–154; dgl. (1931): Vorläufige Mitteilung über die Ergebnisse einer Forschungsreise nach Costa-Rica. - ebd. 7: 239–299; dgl. (1931): Bemerkungen zu SCHARNKE's Mitteilung „Die Nektaraufnahme mit der Kolibrizunge". - Orn. Mber. 39; MONROE, B. L. (1963): A revision of the *Lampornis viridipallens* complex. - Occ. Pap. Mus. Louisiana 27: 1–10; MONTALDO, N. H. (1984): Association two species of hummingbirds with trees of the genus *Eucalyptus*, Myrtaceae in the province of Buenos-Aires, Argentina. - Hornero 12 (3): 159–162; MONTGOMERIE, R. D. (1977): The cost of competition evidence from hummingbirds. - Amer. Zoolog. 17 (4): 885; dgl., u. C. A. REDSELL (1981): A nesting hummingbird *Selasphorus platycercus* feeding solely on arthropods. - Condor 82 (4): 463–464; dgl., u. C. L. GASS (1981): Energy limitation of hummingbird populations in tropical and temperature communities. - Oecologia Berlin 50 (2): 162–165; dgl. (1984): Nectar extraction by hummingbirds response to different floral characters. - ebd. 63 (2): 229–236; dgl., J. M. EADIE, u. L. D. HARDER (1984): What do foraging hummingbirds maximize? - ebd. 63 (3): 357–363; MOORE, R. T. (1934): A new species of hummingbird, genus *Chaetocercus*, from eastern Ecuador. - Condor 36: 2–6; dgl. (1939): Habits of the White-eared hummingbird in North-western Mexico. - Auk 56: 4; dgl. (1939): The Arizona Broad-billed hummingbird. - ebd. 56: 313–319; dgl. (1940): The nomenclature and habits of the Black-throated Copper-tailed hummingbird. - Condor 42: 251–254; dgl. (1947): Habits of male hummingbirds near their nests. - Wilson Bull. 37: 103; dgl. (1950): Northern record for *Klais guimeti* in Central America. - Auk 67: 387; MORLEY, B. D. (1971): A hybrid swarm between 2 hummingbird pollinated species of *Columnea-D Gesneriaceae-D* in Jamaica. - Bot J. Linnean Soc. 64 (1): 81–96; MORRISON, P. (1962): Modification of body temperature by active in Brazilian hummingbirds. - Condor 64: 315–323; MUNRO, D. G. (1982): *Stachys cooleyae* a hummingbird flower? - Davidsonia 12 (3): 62; MURAWSKI, D. A., u. L. E. GILBERT: Pollen flow in *Psiguria warscewiczii*. A comparison of Heliconius butterflies and hummingbirds. - Oecologia Berlin 68 (2): 161– 167

NAVAS, J. R. (1965): Nuevos aportes para *Oreotrochilus leucopleurus*. - Hornero 10: 283 und 285; NEGRI, T. (1941): La vida del Colibri en cautiverio. - ebd. 8; dgl. (1954): Investigaciones y experianicas sobre los Troquilidos hechas en expecies argentinas. - Riv. ital. Orn. 24: 75–97; NEWFIELD, N. L. (1983): Records of Allens hummingbird *Selasphorus sasis* in Louisiana, USA. - Condor 85 (2): 253–254; dgl. (1984): 3 records of Calliope hummingbird *Stellula calliope* from Louisiana, USA. - ebd. 86 (3): 346–348; NICHOLSON, E. M. (1931): Communal display in hummingbirds. - Ibis 13: 74–83; dgl. (1931): Field notes on the Guiana King hummingbird. - ebd. 13: 534–553; NICKELL, W. P. (1948): Alternate care of two nests by a Ruby-throated hummingbird. - Wilson Bull. 60: 242; NORRIS, R. A., u. C. E. CONELL (1957): Notes on full plumage, weights and fat conditions in the Ruby-throated hummingbirds. - ebd. 69: 155–163; NORTON, M. E., P. ARCESE, u. P. W. EWALD (1982): Effect of intrusion pressure on territory size in Black-chinned hummingbirds *Archilochus alexandri*. - Auk 99 (4): 761–764

OBERHOLSER, H. C. (1898): Description of a new *Amazilia*. - Auk 15: 32–36; dgl. (1902): Catalogue of a collection of hummingbirds from Ecuador and Colombia. - Proc. U. S. Mus. 24: 309–342; dgl., u. F. M. CHAPMAN (1924): The migration and plumage of North American hummingbirds. - Bird Lore 26: 3–4; OLROG, C. C. (1963): *Colibri thalassinus*, nuevo picaflor para la fauna Argentina. - Neotropica 9: 94; ONIKI, Y. (1970): Brazilian Sphecid wasps in occupied hummingbird nests. - J. Kansas Ent. Soc. 43 (4): 354–356; dgl., u. K. C. EMERSON (1982): *Trochiloecetes naevius* new species Mallophaga, Ricinidae from the Saw-brilled hermit *Ramphodon naevius* Apodiformes, Trochilidae. - Rev. Brasil. Biol. 42 (1): 85–88; dgl., u. E. O. WILLIS (1983): Breeding birds of the Belem area Brazil. 2. Psittacidae to Trochilidae. - Cienc. Cult. Sao Paolo 35 (7): 956–964; ORR, R. T. (1939): Observations on the nesting of the Allen hummingbird. - Condor 41: 17–24; dgl., u. D. F. LILLY (1959): The Allen hummingbird - how many nests a year? - Pacific Discov. 12: 22–25; ORTIZ-CRESPO, F. I. (1968): Interactions in three species of Californian hummingbirds in a planted area containing melliferus flowering vegetation. M. A. Thesis Univ. California, Berkely; dgl. (1972): A new method to separate adult and immature hummingbirds. - Auk 89: 851–857; dgl. (1974): The Giant hummingbird *Patagona gigas* in Ecuador. - Ibis 116 (3): 347–359; dgl., u. R. BLEIWEISS (1982): The northern limit of hummingbird genus *Oreotrochilus* in South America.- Auk 99 (2): 376–378; ORTON, J. (1871): On the condors and hummingbirds of the Equatorial Andes. - Ann. Nat. Hist. 8: 191

PARK, C. K., u. W. T. ATYEO (1971): A new subfamiliy and genus of feather mites from hummingbirds Acarina, Proctophyllodidae. - Florida Entomolog. 54 (3): 221–229; dgl., u. dgl. (1972): A new genus of allodectine feather mites from hummingbirds. - J. Kansas Ent. Soc. 45 (3): 327–334; dgl., u. dgl. (1973): The pterodectine feather mites of hummingbirds. The genus Toxerodectes. The Hastifolia group. - J. Georgia Ent. Soc. 8 (3): 221–233; dgl., u. dgl. (1973): The pterodectine feather mites of hummingbirds. -The genera *Syntomodectes* and *Sclerodectes*. New genus. - ebd. 8 (1): 39–51; dgl., u. dgl. (1975): The pterodectine feather mites of hummingbirds. The genus *Xynonodectes*. - ebd. 10 (2): 128–144; PATON, D. C., u. F. L. CARPENTER (1984): Peripheral foraging by territorial Rufous hummingbirds *Selasphorus rufus* defense be explitation. - Ecology 65 (6): 1808–1819; PEARSON, O. P. (1950): The metabolism of hummingbirds. - Condor 52; 145–152; dgl. (1953): Use of caves by hummingbirds and other species at high altitude in Peru. - ebd. 55; 17–20; dgl. (1953): The metabolism of hummingbirds. - Sci. Amer. 188 (1): 69–72; dgl. (1954): The daily energy requirements of a wild Anna hummingbird. - Condor 56: 317–322; dgl. (1960): Speed of the Allen hummingbird diving. - ebd. 62: 403; dgl. (1960): Torpidity in birds. - Bull. Mus. Comp. Zool. Havard 124: 93–103; PEDERSEN, M. (1967): Notes on hummingbirds in captivity. - Foreign Birds 33: 112–115; dgl. (1967): Kolibrier i fangenskab. - Stuefuglene 8: 457–463; dgl. (1972): Kolibrier, Bd. 1. Skibby; PEET, M. M. (1947): Violet-crowned hummingbird in Arizona. - Condor 49: 88; PEIKERT, L. (1983): Blauschwanz-Schleppensylphe baut Schlafnest. - Trochilus 4 (3): 93; PETERS, J. L.: (1945): Checklist of birds of the world. Bd. 5. Cambridge; PETERSON, R. T. (1936): The Ruby-throated hummingbird. - Bird Lore 38; PETTINGILL, O. S. (1937): The New Hampshire hummingsbirds. - ebd. 39: 3–4; PHELPS, W. H. W. (1948): The discovery of the habiat of Goulds hummingbird, *Hylonympha macrocerca*. - Auk 65: 62–66; PHILLIPS, A. R. (1947): Status of Anna hummingbirds in Southern Arizona. - Wilson Bull. 59: 111–113; PICKENS, A. L. (1927): Unique method of pollination by the Ruby-throat. - Auk 44: 24–27; dgl. (1929): Bird pollination problems in California. - Condor 31: 229–232; dgl. (1930): Favorite colors of hummingbirds. - Auk 47: 346–352: dgl. (1931): Some flowers visited by birds. - Condor 33: 23–28; dgl., u. L. P. GARRISON (1931): Two year record of the Ruby-throat visits to a garden. - Auk 48: 522– 537; dgl. (1941): A red figwort as the ideal nearctic birdflower. - Condor 43: 100–102; dgl. (1944): Seasonal territory studies of Ruby-throats. - Auk 61: 88–89; PICKERING, C. F. (1953): Hummingbirds. - Migrant 52: 67–73; PILLSBURY, R. W. (1950): Early spring feeding of the Rofous hummingbird on the coast of southern British Columbia. - Murrelet Seattle 31: 45; PILZ, G. E. (1978): Systematics of *Mirabilis* subgenus *Quamoclidion*, Nyctaginaceae. - Madrono 25 (3): 113–132; PIMM, S. L., M. L. ROSENZWEIG, W. MITCHELL (1985): Competition and food selection field tests of a theory. - Ecology 66 (3): 798–807; PINEL, H. W., u. J. R. RIDDELL (1977): Ist record of Annas hummingbird for Alberta, Canada. - Canad. Field Natural. 91 (4): 394; PITELKA, F. A. (1942): Territoriality and related Problems in North American hummingbirds. - Condor 44: 189–204; dgl. (1951): Ecological overlap and interspecific strife in breeding population of Anna hummingbirds. - Ecology 32: 641–661; dgl. (1951): Breeding seasons of hummingbirds near Santa Barbara, California. - Condor 53: 198–201; dgl., u. K. LEGG (1956): Ecological overlap of Allen and Anna hummingbirds nesting at Santa Cruz, California. - ebd. 58: 393–405; Planta, A. v. (1886): Über die Zusammensetzung einiger Nektararten. Z. Physiol. Chem. 10: 227; Pojar, J. (1975): Hummingbird flowers of British-Columbia, Canada. - Syesis 8: 25–28; Poley, D. (1966): Beiträge zur Haltung von Kolibris. - Zool. Garten 33: 1–19; dgl. (1968): Beitrag zum Balzverhalten des Kolibris. - J. Orn. 109: 37–42; dgl. (1968): Experimentelle Untersuchungen zur Nahrungssuche und Nahrungsaufnahme der Kolibris. - Bonn. Zool. Beitr. 19: 111–156; dgl. (1969): Kolibris. - Vögel 4 (1969): 73–79; dgl. (1971): Körperpflege der Kolibris. - Bonn. Zool. Beitr. 22: 236–246; dgl. (1971): Kolibris - die kleinsten Vögel der Welt. - Z. Kölner Zoo 14: 35–39; dgl. Kampf- und Kontaktverhalten bei Kolibris. - Bonn. Zool. Beitr. 23: 197–218; dgl. (1973): Kolibris und Zahlen. - Gef. Welt 97: 52–53; dgl. (1977): Mit Netz, Leim und Blasrohr. - Z. Zoofreunde 22: 10–11; dgl. (1978): Beitrag zur Brutbiologie des Veilchenohrkolibris (*Colibri coruscans*). - Tiergarten Heidelberg Chronik 1978: 25–34; dgl. (1979): Die Torpidität des Kolibris. - ebd. 1979: 29–40; dgl. (1980): Funkelnder Nachwuchs. - Z. Zoofreunde 26: 15–15; dgl. (1980): Beitrag zur Brutbiologie des Veilchenohrkolibris (*Colibri corsucans*). - Gef. Welt 104: 162–166; dgl. (1980): Zur Kulturgeschichte der Kolibris. - Tiergarten Heidelberg Chronik 1980: 25–52; dgl. (1981): Beitrag zum Nestbauverhalten der Kolibris. - ebd. 1981: 19–34; dgl. (1981): Breeding the Sparkling Violet-ear hummingbird (*Colibri coruscans*) at Heidelberg Zoo. - Int. Zoo Yb. 21: 121–122; dgl. (1986): Fang, Transport und Eingewöhnung von Kolibris. - Zool. Garten 56 (3): 183–192; dgl. (1986): Beiträge über Kolibris und Nektarvögel. In: F. Robiller (Hrsg.), Lexikon der Vogelhaltung. Lepzig; dgl.: Beitrag zur Poikilothermie der Kolibris. Im Druck.; dgl.: Halten wir unsere Kolibris falsch? - Zool. Garten, im Druck; Poling, O. C. (1890): Notes on *Eugenes fulges*. - Auk 7: 402–403; Porsch, O. (1924): Vogelblumenstudien I. - Jb. Bot. 63: 553–706; dgl. (1926–1930): Kritische Quellenstudien über Blumenbesuch durch Vögel. - Biol. Gen. 2–6; dgl., u. M. Sassi (1928): A list of the hummingbirds arranged according to countries and states are found. - Verh. Orn. Ges. Bayern 18: 1–2; dgl. (1933): Der Vogel als Blumenbestäuber. - Biol. Gen. 9: 243–246; Prestel, D. (1983): Der Langschwanz-Schattenkolibri (*Phaethornis superciliosus* L., 1766). - Trochilus 4 (3): 73–81; dgl. (1983): Die Sternelfe (*Stellula calliope* Gould, 1847). - ebd. 4 (4): 132–136; dgl. (1985): zur Biologie der Schattenkolibris, *Glaucis hirsuta* Gmelin, 1788, und *Glaucis aenea* Lawrence, 1867. - ebd. 6 (3): 89–102; dgl. (1986): Der Zimtkolibri, *Selasphorus rufus* (Gmelin, 1788). - ebd. 7 (2): 43–50; dgl. (1987): Der Anna-Kolibri, *Calypte anna* (Lesson, 1829). - ebd. 8 (2): 37–46; dgl., u. G. Schuchmann-Wegert (1983): Zur Biologie des Breitschnabelkolibris (*Cynanthus latirostris*). - ebd. 4 (2): 33–35; Prestwich, A. A. (1945): The first importation of hummingbirds. - Avicult. Mag. 10: 143–144; Primack, R. B., u. H. F. Howe (1975): Interference competition between a hummingbird *Amazilia tzacatl* and skipper butterflies Hesperiidae. - Biotropic 7 (1): 55–58; Prinzinger, R., K. Krueger u. K. L. Schuchmann (1981): Metabolism weight relationship in 17 hummingbird species. A. Different temperatures during day and night. - Experientia (Basel) 37 (12): 1307–1309; dgl., I. Lübben u. S. Jackel (1986): Vergleichende Untersuchungen zum Energiestoffwechsel bei Kolibris und Nektarvögeln. - J. Orn. 127: 303–313; Pulich, W. M. (1968): The occurrence of the Crested hummingbird, *Orthorhynchus cristatus exilis,* in the United States.- Auk 85: 322; dgl., u. W. M. Pulich (1963): The nesting of the Lucifer hummingbird in United States. - 80: 370–371; Pyke, G. H. (1978): Optimal foraging in hummingbirds testing the marginal value theorem. - Amer. Zoolog. 18 (4): 739–752; dgl. (1981): Optimal nectar production in a hummingbird pollinated plant. - Theor. Popul. Biol. 20 (3): 326–343; dgl. (1981): Hummingbird foraging on artifical inflorescences. - Behav. Anal. Lett. 1 (1): 11–16; dgl. (1981): The foraging behavior of australian Honey-eaters. A review and some comparisons with hummingbirds. - Austral. J. Ecol. 5 (4): 343–370

Quincey, R. de (1960): Notes on some hummingbirds. - and the nesting of the Doctor or Streamer-tailed hummingbird (*Trochilus polytmus*). - Avicult. Mag. 66: 58–66

RAVEN, P. H. (1972): Why are bird-visited flowers predominantly red? - Evolution 26: 674; RAYNOR, G. S. (1948): Rufous hummingbird at sea 100 miles from land. - Auk 65: 127; REICHHOLF, H., u. J. REICHHOLF (1973): Bracaatinga Coccids honeydew as winter food for hummingbird Trochilidae in Southern Brazil. - Bonn. Zool. Beitr. 24 (1–2): 7–14; REINEHR, S. L. (1984): Hummingbirds of the Grande-Porto-Alegre region Rio-Grande-Do-Brazil. Behavior, Nutrition and Occurrence. 18th Congress of „Young Scientists" and the 26th Contest of the „Scientists of Tomorrow". - Cienc. Cult. Sao Paolo 36 (5): 828; REMSEN, J. V. Jr., F. G. STILES, u. P. E. SCOTT (1986): Frequency of arthropods in stomachs of tropical hummingbirds. - Auk 103 (2), 436–441; REUTHER, R. T. (1959): Successful breeding of the Streamer-tailed hummingbird (*Trochilus polytmus*). - Avicult. Mag. 65: 103–106; REVENTLOW, A. (1941): Einzelheiten über die Kopenhagener Kolibrihaltung. - Zool. Garten 13: 167–178; dgl. (1948): Details on the keeping of hummingbirds in Copenhagen. - Avicult. Mag. 54: 69–79; dgl. (1953): Experience during fifteen years with the feeding and management of hummingbirds in captivity. - ebd. 59: 1–7; REYNARD, G. B. (1958): Hummingbird flight training. - Cassinia 43: 12; RIBA, R., u. T. HERRERA (1973): Ferns, lichens and hummingbirds nests. - Amer. Fern. J. 63 (3): 128; RICHMOND, C. W. (1899): Overlooked descriptions of five hummingbirds. - Auk 16; 323–325; RIDGWAY, R. (1891): The hummingbirds. - Rep. U.S. Mus. 253–283; dgl. (1909): Hybridism and generic characters in the Trochilidae. - Auk 26: 440–442; RIPER, W. V., u. R. J. NIEDRACH (1947): Hummingbirds in action. - Nat. Hist. N. York 56: 208–209; RISING, J. D. (1965): Notes on behavioral responses of the Blue-throated hummingbird (*Lampornis clemenciae*). - Condor 67: 352–354; RODGERS, T. L. (1940): The dive note of the Anna hummingbird. - ebd. 42: 86; RODILES, I. C. (1960): El Zurzuncito (*Mellisuga helenae*) economis value in cuba. - Soc. cubana hist. nat. 2: 1–7; RODRIGUEZ- M., J. V. (1978): Discovery of *Hylocharis eliciae*. New-Record, Aves, Trochilidae, Colombia. - Caldasia 12 (58); ROMERO-ZAMBRANO, H., u. J. I. HERNANDEZ-CAMACHO (1979): *Haplophaedia aureliae bernali* new subspecies for Colombia Aves Trochilidae. - Lozania 0 (30): 1–6; RONGREN, B. (1972): On hand raising nestling hummingbird chicks. Observations on behavior and maturation. - Avicult. Mag. 78 (6): 202–205; ROSSEM, A. J. VAN (1945): The eastern distributional limits of the Anna hummingbird in winter. - Condor 47: 79; ROUBIK, D. W. (1982): The ecological impact of nectar robbing bees and pollination hummingbirds on a tropical shrub. - Ecology 63 (2): 354–360; ROTHSCHILD, L. W. (1927): Exhibition of hybrid hummingbirds. - Bull. Brit. Orn. Cl. 48: 41; ROWLETT, D. W. (1982): Rofous hummingbird at Lily-Pons Maryland. - Atlant. Nat. 26 (3): 125–126; ROWLEY, J. S., u. R. T. ORR (1964): A new hummingbird from Southern Mexico. - Condor 66: 81–84; RÜPPELL, W. (1931): Herzgewichte bei Trochiliden. - Orn. Mber. 39: 124; RUSCHI, A. (1966): Hummingbirds. Bibliography of A. RUSCHI 1949–1966. - Bol. Mus. biol. Ser. Divulg. 33 (Auf ein Verzeichnis der mehr als 80 Arbeiten wird hier verzichtet.); RUTGERS, A. (1966–1971): Vogelwelt von Südamerika. Bd. 2. Gorssel

SALVIN, O. (1860): Notes on the hummingbirds of Guatemala. -Ibis 1: 259–272; SAUNDERS, A. A. (1954): An unusual nest of the Ruby-throated hummingbird. - Auk 71: 313; SAUNDERS, W. E. (1942): A hummingbirds migration. - ebd. 59: 4; SAZIMA, M. (1977): Hummingbird pollination of *Barbacenta flava* Velloziaceae in the Serra-do-Cipo Minas-Gerais Brazil. - Flora (Jena) 166 (3): 230–248; dgl. (1981): Pollination of 2 species of *Pavonia*, Malvaceae by hummingbirds in Serra-do-Cipo Minas-Gerais Brazil. - Rev. Brasil. Biol. 41 (4): 733–738; SCAMELL, K. M. (1966): Near misses with Violet-eared hummingbirds, (*Colibri coruscans*). - Avicult. Mag. 72: 160–167; dgl. (1967): Breeding the Violet-eared hummingbird (*Colibri coruscans*). - Foreign Birds 33: 125–138; dgl. (1967): Opdraet af Violet-oret Kolibri (*Colibri coruscans*). - Fugleliebhaveren, 10–26; SCHÄFER, J. C. (1954): Sobre la Biologia de *Colibri coruscans*. - Biol. Soc. Venez. Gen. Nat. 15: 153–162; SCHARNKE, H. (1930): Über den Bau der Kolibrizunge. - Orn. Mber. 38; 150–151; dgl. (1931): Die Nektaraufnahme mit der Kolibrizunge. - ebd. 39: 22–23; dgl. (1931): Beiträge zur Morphologie und Entwicklungsgeschichte der Zunge der Trochilidae, Meliphagidae und Picidae. - J. Orn. 79: 426–491; SCHEITHAUER, W. (1966): Kolibris, fliegende Edelsteine. München; dgl. (1975): Erfolgreiche Aufzucht eines Kolibris. - Gef. Welt 99: 127–129; SCHEMSKE, D. W. (1980): Floral ecology and hummingbird pollination of *Combretum farinosum* in Costa-Rica. - Biotropica 12 (3): 169–181; SCHLAG, C. W. (1930): Hummingbirds and their nests. - Cardinal 2: 195–200; dgl. (1939): Hummingbird notes. - ebd. 5: 17–18; SCHLISING, R. A., u. R. A. TURPIN (1971): Hummingbird dispersal of *Delphinium cardinale* pollen treated with radioactive iodine. - Amer. J. Bot. 58: 401–406; SCHMIDT, W. J. (1952): Neuere Untersuchungen über Schillerfarben. - J. Orn. 93: 130–135; dgl. (1970): The structure of Trochilidae egg shell. - Z. Zellforsch. 107 (1): 119–122; SCHMIDT-HOENSDORF, F. (1931): Beobachtungen an Kolibris. - Zool. Garten 4; 267–276; SCHNARF, K. (1900): Vergleichende Charakteristik der Vogelblumen. - Jber. K. K. Staatsgymn. im IV. Bezirk zu Wien: 1–34; SCHUCHMANN, K. L. (1972): Statistische Auswertung der Lebensdauer von Kolibris. - Gef. Welt 96: 218–219, 237–240; dgl. (1972): Statistic evaluation of the life span of hummingbirds in captivity. - ebd. 96 (11): 218–219; dgl. (1973): Albinismus bei Kolibris. - ebd. 97: 51–52; dgl. (1973): Observations on an albino Black-chinned hummingbird. - Avicult. Mag. 79: 203–204; dgl. (1977): Nestbau und Nestanpassung an den tropischen Regenwald bei *Glaucis hirsuta*. - Orn. 118: 200–201; dgl. (1980): Ecology and evolution of hummingbirds in the West-Indies. - Bonn. Zool. Beitr. 31 (3–4): 289–310; dgl. (1980): Allopatric speciation in the hummingbird genus *Trochilus*. - Ardea 66 (4): 156–172; dgl. (1982): Der Kometschweifkolibri (*Sappho sparganura*) - Biologie und Haltungserfahrungen. - Die Voliere 5 (1): 20–23; dgl. (1982): Ein Erstimport aus Bolivien, der Adelakolibri. - Trochilus 3 (2): 50–51; dgl. (1982): Zur Biologie des Königskolibris (*Topaza pella*). - ebd. 3 (3): 57–61; dgl. (1982): Haltungsprobleme beim Fahlschwingen-Inka Kolibri. - ebd. 3 (3), 88–89; dgl. (1984): Der Fahlbauch-Schattenkolibri (*Phaethornis anthophilus*). - ebd. 5 (1): dgl. (1985): Schillerkolibris (*Aglaeactis spec.*). - ebd. 6 (1): dgl. (1985): Morpho- und Thermogenese nestjunger Blaukehl-Kolibris (*Lampornis clemenciae*). - J. Orn. 126: 305–308; dgl. (1986): Natal care and growth in a nestling reddish hermit *Phaethornis ruber* in Suriname. - Ardea 74 (1): 101–104; dgl. (1987): Biologie und Haltung des Rosenkolibris (*Heliomaster longirostris*). - Trochilus 8 (1): 23–27; dgl. (1987): Stirbt der Juan-Fernandez-Kolibri aus? - ebd. 8 (2): 72; dgl. (1987): Warum sind Blumenvögel so klein? - ebd. 8 (4): 130–137; dgl., D. SCHMIDT-MARLOH, u. H. BELL (1979): Energetic regulation of feeding by a tropical hummingbird, *Amazilia tzacatl*. - J. Orn. 120 (1): 78–85; dgl., u. dgl. (1979): Temperature regulation in nontorpid hummingbirds. - Ibis 121 (3): 354–356; dgl., u. dgl. (1979): Metabolic and thermal responses to heat and cold in Streamertail hummingbirds *Trochilus polymus* and *Trochilus scitulus*, Trochilidae. - Biotropica 11 (2): 123–126; dgl., dgl., u. H. BELL (1979): Energetische Untersuchungen bei einer tropischen Kolibriart (*Amazilia tzacatl*). - J. Orn. 120: 78–85; dgl., u. H. JAKOB (1981): Energy expenditure of an incubating tropical hummingbird under laboratory conditions. - Gerfaut 71 (2): 227–234; dgl., u. G. SCHUCHMANN-WEGERT (1984): Notes on the displays and mounting behavior in the Purple-throated Carib hummingbird *Eulampis jugularis*. - Bonn. Zool. Beitr. 35 (4); SCHUCHMANN-WEGERT, G., u. K. L. SCHUCHMANN (1982): Beobachtungen zur Biologie des Blaukehlkolibris (*Lampornis elemenciae*). - Trochilus 3 (4): 95–99; dgl., u. dgl. (1984): Der Arosettkolibri (*Avocettula recurrirostris* SWAINS, 1822). - ebd. 5 (2): 30–33; dgl., u. dgl. (1986): Elfenkolibris (*Lophornis* spec.). - ebd. 7 (1); 3–7; dgl., u. dgl. (1986): Flaggensylphen (*Ocreatus underwoodi* ssp.). ebd. 7 (3): 79–84; SCHÜRER, U. (1983): Zur Geschichte der Kolibrihaltung in Europäischen Zoologischen Gärten. - ebd. 4 (1): 3–5; SELBY, G., u. J. A. SELBY (1955): Ruby-throated hummingbirds at lookout point. - Bull. Fed. Ontario Natural. 70: 9–20; SETH-SMITH, D. (1933): The arrival of hummingbirds. - Avicult. Mag. 11: 173–178; SHELLABERGER, C. J., u. R. C. LASIEWSKI (1968): Thyroid function in active, sleeping and torpid hummingbirds. - Nature London 191: 1318; SHEPPARD, J. M. (1968): Beryl-line and Violet-crowned hummingbirds in Arizone (*Amazilia beryllina* and *A. verticalis*). - Auk 85: 329; SHEPPARD, R. W. (1944): An albino hummingbird. - Wilson Bull. 56: 214; SHERMAN, A. R. (1913): Experiments in feeding hummingbirds during seven summers. - ebd. 25: 153–166;

SHIER, G. R. (1971): Buff-bellied hummingbird at Golden Jefferson County, Colorado. - Colorado Field Orn. 9 (29); SHORT, L. L., u. A. R. PHILLIPS (1966): More hybrid hummingbirds from the United States. - Auk 83: 253–265; SHUFELDT, R. W. (1983): Comparative notes on the swifts and hummingbirds. - Ibis 5: 84–100; dgl. (1894): On the taxonomy of the swifts and hummingbirds. - ebd. 6: 32–39; SHUFELDT, Y. R. W. (1914): Reder og aeg of Nordamerikanske Kolibrier. - Dansk orn. Foren. Tidskr. 8: 187–195; SICK, H., u. D. M. TEIXEIRA (1981): Nocturnal activities of Brazilian hummingbirds and flycatchers at artifical illumination. - Auk 98 (1): 191–195; SIMON, E. (1897): Catalogue d'espèces actuellement connues de la famille des Trochilidés. Paris; dgl. (1902): Etude sur les Trochilidés observés au Perou par G. A. BAER 1900–1901. - Novit. Zool. 9: 177–183; dgl., u. E. C. HELLMAYER (1908): Notes critiques sur quelques Trochilidae. - ebd. 15: 1–12; dgl. (1910): Notes critiques sur les Trochilidés. - Rev. Franc. Orn. 1: 177–178; dgl. (1921): Histoire naturelle des Trochilida. Paris; SKUTCH, A. F. (1931): The life history of Rieffers hummingbird (*Amazilia tzacatl*) in Panama and Honduras. - Auk 48: 481–500; dgl. (1940): Some aspects of Central-American bird life. - Sci. Monthly 51: 409–418; dgl. (1946): Hummingbirds book. - ebd. 63: 447–457; dgl. (1951): Life history of Longemares hermit hummingbird. - Ibis 93: 180–195; dgl. (1952): Scarlet Passion-flower. - Nature Mag. 45: 523–525; dgl. (1958): Life history of the Violet-headed hummingbird. - Wilson Bull. 70: 5–19; dgl. (1961): Life history of the White-crested Coquette hummingbird. - ebd. 73: 5–10; dgl. (1962): The Purple-capped Fairy hummingbird (*Heliothrix barotti*). - Audubon Mag. 63: 8–9; dgl. (1964): Life history of the Scaly-breasted hummingbird. - Condor 66: 186–198; dgl. (1964): Life histories of Hermit hummingbirds. - Auk 81: 5–25; dgl. (1973): The life of the hummingbirds. London; SMITH, C. T. C. (1969): A high altidude hummingbird on the volcano Cotopaxi. -Ibis 111: 17–22; SMITH, J. H. (1954): Hummingbird feeding at Yellow-bellied sapsucker holes. - Auk 71: 316; SMITH, W. K., S. W. ROBERTS, u. P. C. MILLER (1974): Calculating the nocturnal energy expenditure of an incubating Annas hummingbird. - Condor 76 (2): 176–183; SMYTH, T. (1948): Late nesting of Ruby-throated hummingbird at Mt. Lake Virginia. - ebd. 65: 308–309; SNOW, B. D., u. D. W. SNOW (1972): Feeding niches of hummingbirds in a Trinidad valley. - J. Anim. Ecol. 41: 471–485; dgl. (1973): The behavior and ecology of Hermit hummingbirds in the Kanaku Mountains, Guiana. - Wilson Bull. 85 (2): 163–177; dgl., u. dgl. (1974): Breeding of the Green-bellied hummingbird. - Auk 91 (3): 626; dgl. (1977): Feeding behavior of 2 hummingbirds in a Costa-Rican montane forest. - Wilson Bull. 89 (4): 613–616; dgl. (1977): Comparison of the leks of Guys-Hermit hummingbird *Phaethornis guy* in Costa-Rica and Trinidad. - Ibis 119 (2): 211–214; dgl., u. dgl. (1980): Relationships between hummingbirds and flowers in the Andes of Colombia. - Bull. Brit. Mus. Nat. Hist. 38 (2): 105–139; dgl., u. D. L. TEIXEIRA (1982): Hummingbirds and their flowers in the coastal mountains of southeastern Brazil. J. Orn. 123 (4): 446–450; SNYDER, L. L. (1951): Aerial feeding on insects by Ruby-throated hummingbird, *Archilochus colubris*. - Auk 68: 507; SOUTHWICK, E. E. (1973): Micro climate selection by nesting hummingbirds. - Amer. Zoolog. 13 (4): 1330; dgl. (1973): Energy environment of a Ruby-throated hummingbird nursery. - Proc. Penusylo. Ac. Sci. 47: 13; dgl., u. D. M. GATES (1975): Energetics of occupied hummingbird nests In: David M. GATES, Rudolf B. SCHMERL (Ed.): Ecological studies. Analysis and synthesis, Bd. 12. Perspectives of Biophysical Ecology. Symposium. Ann Arbor, Mich., U.S.A., Aug. 20–24, 1973. New York, Heidelberg, S. 417–430; dgl. (1977): Aspects of an interrupted incubation by the Ruby-throated hummingbird. - Jack-Pine Warbler 55 (2): 59–62; dgl., u. A. K. SOUTHWICK (1980): Energetics of feeding on tree sap by Ruby-throated hummingbirds *Archilochus colubris* in Michigan, USA. - Amer. Midland Natural. 104 (2): 328–334; SPOFFORD, S. H. (1976): Roadrunner catches hummingbird in flight. - Condor 78 (1): 142; dgl. (1980): Ability of Blue-throated hummingbirds and Rivolis hummingbirds, *Eugenes fulgens* to survive sub freezing temperatures. - West Birds 11 (1): 49–52; SPROT, G. D. (1927): Notes on the courtship of the Rufous hummingbird. - Condor 29: 71–72; STAHMER, M. (1978): Kolibris in der Voliere 1 (2): 49–50; STEINBACHER, G. (1935): Hummingbirds in the Zoological Garden of Berlin. Avicult. Mag. 13: 12; dgl. (1935): Der Trinkakt der

Kolibris. - Orn. Mber. 43: 11–15; dgl. (1935): Die Kolibris des Zoologischen Gartens Berlin. - Zool. Garten 8: 26–31; dgl. (1936): Neue Kolibris im Zoologischen Garten Berlin. - Gef. Welt 13: 151; dgl. (1936): Contribution à l'anatomie et la biologie des Colibris. - Oiseau 3: 412–417; dgl. (1936): Kolibris. - Naturf. Berlin 12: 372–375; Stepney, P. Hr., u. P. C. Boxall (1981): Black-chinned hummingbird, *Archilochus alexandri*, new subspecies in Alberta, Canada. - Wilson Bull. 93 (3): 405–406; Stiefel, A. (1976): Ruhe und Schlaf bei Vögeln. - N. Brehm-Büch. 487; Stiles, F. G. (1970): Food supply and the annual cycle of the Anna hummingbird. Diss. Univ. California, Los Angeles; dgl. (1970): Time, energy and territoriality of the Anna hummingbird (*Calypte anna*). - Science 171: 818–821; dgl., u. L. L. Wolf (1970): Hummingbird territoriality at a tropical flowering tree. - Auk 87: 467–491; dgl. (1971): On the field identification of California hummingbirds. Calif. Birds 2 (2): 41–54; dgl. (1972): Age and sex determination in Rufous and Allen hummingbirds. - Condor 74 (1): 25–32; dgl., u. dgl. (1973): Techniques for color-marking hummingbirds. - ebd. 75: 244–245; dgl. (1973): Food supply and annual cycle of the Anna hummingbird. - Univ. Calif. Publ. Zool. 97: 1–116; dgl., u. L. L. Wolf (1974): A possible circannual molt in a tropical hummingbird. - Amer. Natural. 108: 341–354; dgl. (1975): Ecology, flowering phenology, and hummingbird-pollination of some Costa Rican *Heliconia* species. - Ecology 56: 285–301; dgl. (1976): Taste preferences, color preferences and flower choice in hummingbirds. - Condor 78 (1): 10–26; dgl. (1977): Coadapted competitors. The flowering seasons of hummingbird pollinated plants in a tropical forest. - Science 198 (4322): 1177–1178; dgl. (1978): Temporal organization of flowering among the hummingbird food plants of a tropical wet forest. - Biotropica 10 (3): 194–210; dgl. (1978): Possible specialization for hummingbird hunting in the tiny hawk. - Auk 95 (3): 550–553; dgl. (1979): Notes on the natural history of *Heliconia musaceae* in Costa-Rica. - Brenesia 0 (15) (15 Suppl.): 151–180; dgl. (1979): The annual cycle of a coadapted community of hummingbirds and flowers in a tropical wet forest of Costa-Rica. - Rev. Biol. Trop. 27 (1): 75–102; dgl. (1980): The annual cycle in a tropical wet forest hummingbird community. - Ibis 122 (3): 322–343; dgl. (1982): Aggressive and courtship displays of the male Annas hummingbird, *Calypte anna*. - Condor 84 (2): 208–225; dgl. (1983): Systematics of the southern forms of *Selasphorus*, Trochilidae. - Auk 100 (2): 311–325; Stolpe, M., u. K. Zimmer (1939): Der Schwirrflug des Kolibri im Zeitlupenfilm. - J. Orn. 87: 136–155; Stoner, E. A. (1947): Anna hummingbirds at play. - Condor 49: 36; Storer, T. I. (1930) Twenty-five minutes in the life of a *Selasphorus* hummingbird. - ebd. 32. 189–191; Stott, K. (1942): An unusual concentration of hummingbirds. - ebd.44: 6; dgl. (1951): An anna hummingbird caught by spider web. - ebd. 53: 49; Strehlow, H. (1985): Zur Frühgeschichte der Kolibrihaltung in Europa. - Trochilus 6 (3): 102–103; Stresemann, E., u. K. Zimmer (1932): Über die Frequenz des Flügelschlags beim Schwirrflug des Kolibris. - Orn. Mber. 5; dgl. (1934–1937): Aves, Handb. Zool.; dgl., u. V. Stresemann (1966): Die Mauser der Vögel. - J. Orn. 107, Sonderheft; Strnad, F. B. (1974): Banding Ruby-throated hummingbirds in Minnesota. - Loon 46 (2): 91–92; Suarez, R. K., G. S. Brown, u. P. W. Hochachka (1986): Metabolic sources of energy for hummingbird *Selasphorus rufus* flight. - Amer. J. Physiol. 251 (3, part 2): 537–542; Suchantke, A. (1982): Der Kontinent der Kolibris. Stuttgart; Sutherland, G. D., C. L. Gass, K. P. Lertzman u. P. A. Thompson (1982): Feeding territoriality in migrant Rufous hummingbirds defense of Yellow-bellied sapsucker, *Sphyrapicus varius*, feeding sites. - Canad. J. Zool. 60 (9): 2046–2050

Talmadge, R. R. (1953): Rufous hummingbird nesting in California. - Condor 55: 155; Tamm, S., C. L. Gass (1986): Energy intake rates and nectar concentration preferences by hummingbirds. - Oecologia Berlin 70 (1): 20–23; dgl. (1985): Breeding territory quality and agonistic behavior effects of energy availability and intruder pressure in hummingbirds *Stellula calliope*. - Behav. Ecol. Sociobiol. 16 (3): 203–208; Taylor, G. (1966): Notes on a Turquoise jay and hummingbirds. - Foreign. Birds 32: 13–14; Taylor, J. M., u. J. W. Kamp (1985): Feeding activities of the Annas hummingbird *Calypte anna* at subfreezing temperatures. - Condor 87 (2): 292–293;

TAYLOR, W. P. (1909): An instance of hybridization in hummingbirds with remarks on the weight of generic characters in the Trochilidae. - Auk 26: 291–293; dgl., u. J. A. DUVALL (1951): The Lucifer hummingbird in the United States. - Condor 53: 202; THAYER, J. E., u. O. BANGS (1907): Another hybrid hummingbird - *Selasphorus rufus* × *Atthis calliope* - from California. - Auk 24: 312–313; TOLEDO, V. M. (1975): The flowering season of flowers used by hummingbirds in humid tropical forest in Mexico. - Biotropica 7 (1): 63–70; TOOZE, Z. J., u. C. L. GASS (1985): Responses of Rufous hummingbirds to midday fasts. - Canad. J. Zool. 63 (10): 2249–2253; TRACKER, T. L. (1951): Heliotropism in nesting and young of Rufous hummingbird. - Murrelet Seattle 32: 28; TRELEASE, W. (1880): Fertilization of flowers by hummingbirds. - Amer. Natural. 14: 362–364; dgl. (1881): The fertilization of *Salvia splendens* by birds. - ebd. 15: 265–268; TROMBULAK, S. C. (1980): Territorial behavior of 2 species of tropical hummingbirds during the dry season. Annual Meeting of the American Society of Zoologists, Americal Microscopal Society, American Society of Limnology and Oceanography, Animal Behavior Society, Canadian Society of Zoologists, Ecological Society of America, Society of Syst. Zoology, Seattle, Wash., USA, Dec. 27–30, 1980. - Ann. Zool. 20 (4): 746; dgl. (1983): A bathing assembly of Blue-vented hummingbirds *Amazilia saucerottei* in Costa-Rica. - Condor 85 (4): 495–495; TROUSDALE, B. (1954): Copulation of Anna hummingbird. - ebd. 56: 110; TUCKER, B. F. (1936): Feeding Californian hummingbirds. - Bird Lore 38: 4; TYRELL, E. Q., u. R. A. TYRELL (1985): Hummingbirds. Their life and behavior. New York

UDVARDY, M. D. F. (1983): The role of the feet in behavioral thermo-regulation of hummingbirds. - Condor 85 (3): 281–285

VAN TYNE, J. (1953): Geographical variation in Blue-throated hummingbird (*Lampornis clemenciae*). - Auk 70: 207; VAN VUREN, D. (1983): Temporal feeding patterns and interspecific aggression of Annas hummingbird, *Calypte anna* and Allens hummingbirds, *Selasphorus sasin*.- Bull. S. Calif. Ac. Sci. 82 (3): 149–151; VERBEEK, N. A. M. (1971): Hummingbirds feeding on sand. - Condor 73: 112–113; VILLADA, M. M. (1873): Troquilideos del valle de Mexico. - Naturaleza 2: 339–369; VLECK, C. M. (1981): Hummingbird incubation, female attentiveness and egg temperature. - Oecologia Berlin 51 (2): 199–205; VOLKENS, G. (1899): Über die Bestäubung einiger Loranthaceen und Proteaceen. - Bot Unters. Schwend.: 260–268

WACHSBERGER, E. M. (1974): Probable Rofous hummingbird. - Loon 46 (4): 167; WAGNER, H. O. (1945): Notes on the life history of the Mexican Violet-ear. - Wilson Bull. 57: 165–187; dgl. (1946): Food and feeding habits of Mexican hummingbirds. - ebd. 58: 69–93; dgl. (1948): Die Balz des Kolibris *Selasphorus platycercus*. - Zool. Jb. Syst. 77: 267–278; dgl. (1952): Beitrag zur Biologie des Blaukehlkolibris (*Lampornis clemenciae* LESSON). - Veröff. Mus. Bremen RA 2: 5–44; dgl. (1954): Versuch einer Analyse der Kolibribalz. - Z. Tierpsychol. 11: 182–212; dgl. (1955): Einfluß der Poikilothermie bei Kolibris auf ihre Brutbiologie. - J. Orn. 96: 361–368; dgl. (1955): The molt of hummingbirds. - Auk 72: 286–291; dgl. (1957): Variation in clutch size at different latitudes. - ebd. 74: 243–250; dgl. (1957): The moulting periods of Mexican hummingbirds - ebd. 74: 251–257; dgl. (1958): Die Balz des Kolibris. - Umschau 54: 501–504; dgl. (1959): Nestplatzwahl und den Nestbau auslösende Reize bei einigen mexikanischen Vogelarten. - Z. Tierpsychol. 16: 297–301; dgl. (1959): Beitrag zum Verhalten des Weißohrkolibris (*Hylocharis leucotis* VIEILL.). - Zool. Jb. Syst. 86: 253–302; dgl. (1966): Meine Freunde, die Kolibris. Hamburg u. Berlin; dgl. (1967): Beitrag zur Biologie der Kolibris. - Beitr. Vogelk. 12: 217–233; WALLACE, A. R. (1895): Hummingbirds. London; WASER, N. M., u. W. A. CALER (1975): Possible impairment of nest building of hummingbirds by acetate leg tags. - Condor 77 (3): 361; dgl., u. D. W. INOUYE (1977): Implications of re-captures of Broad-tailed hummingbirds banded in Colorado. - Auk 94 (2): 393–395; dgl. (1976): Food supply and nest timing of Broad-tailed hummingbirds in the Rocky Mountains. - Condor 78 (1): 133–135; dgl. (1979):

Competition for hummingbird pollination and sequential flowering in 2 Colorado USA wild flowers. - Ecology 59 (5): 934–944; WAUER, R. H., u. M. C. RYLANDER (1968): Anna's hummingbird in West Texas. - Auk 85: 501; WEBB, C. J., u. K. S. BAWA (1983): Pollen dispersal by hummingbirds and butterflies. A comparative study of 2 lowland tropical plants. - Evolution 37 (6): 1258–1270; dgl. (1984): Hummingbird pollination of *Malvaviscus arboreus* in Costa-Rica. - New Zealand J. Bot. 22 (4): 575–582; WEIS-FOGH, T. (1972): Energetics of hovering flight in hummingbirds and in *Drosophila*. - J. exp. Biol. 56, 79–104; WELLS, S., u. L. F. BAPTISTA (1979): Displays and morphology of an *Anna Calypte anna* × *Allen Selasphorus sasin sedentarius* hummingbird hybrid. - Wilson Bull. 91 (4): 524–532; dgl., R. A. BRADLEY, u. L. F. BAPTISTA (1978): Hybridization in Calypte hummingbird. - Auk 95 (3): 537–549; WELTER, W. A. (1935): Nesting habits of Ruby-throated hummingbird. - ebd. 37: 88–89; WERTH, E. (1912): Die klimatischen Grenzen der Ornithophilie in Südamerika. - Aus d. Natur 12; dgl. (1915): Kurzer Überblick über die Gesamtfrage der Ornithophilie. - Englers Bot. Jb., Beibl.: 316–370; WESKE, J. S., u. J. W. TERBORGH (1977): *Phaethornis koepckeae*, new species hummingbird from Peru. - Condor 79 (2): 143–147; WETMORE, A. (1947): The races of the Violet-corwned hummingbirds *Amazilia violiceps*. - J. Washingt. Ac. Sci. 37: 103; dgl. (1951): Seeking the smallest feathered creatures. - Nation. Geogr. Mag.; WEYDEMEYER, W. (1971): Injured Calliope hummingbird lifted by another. - Auk 88 (2): 431; WEYMOUTH, R. D., R. C. LASIEWSKI u. A. J. BERGER (1964): The tongue apparatus in hummingbirds. - Acta anat. 58: 252–270; WHEELER, T. G. (1980): Experiments in feeding behavior of the Anna hummingbird *Calypte anna*. - Wilson Bull. 92 (1): 53–62; WHILETY, H. (1871): Further notes on hummingbirds collected in high Perou. - Proc. Zool. Soc. London: 675–676; WHITE, E. M., G. F. BENNETT u. N. A. WILLIAMS (1979): Avian haemoproteidae Part 11. The haemoproteids of the hummingbird familiy Trochilidae. - Canad. J. Zool. 57 (4): 908–913; WHITTEN, W. M. (1981): Pollination ecology of *Monarda didyma, Monarda clinopodia* and Hybrids Lamiaceae in the southern Appalachian Mountains, USA. - Amer. J. Bot. 68 (3): 435–442; WHITTLE, C. L. (1937): A study of hummingbird behaviour during a nesting season. - Bird Banding Ass. 8: 170–173; WIEDENFELD, D. A. (1985): Nests of three Andean South America hummingbird species. - Bull. Brit. Orn. Cl. 105 (4): 113–116; WIED-NEUWIED, M. Prinz zu (1822): Über die Nahrung der Fliegenvögel (Trochilus). - Isis Jena: 470–471; WIEGERT, R. (1959): Rufous hummingbird feeding on sap of English walnut at Sapsucker holes. - Auk 76: 526–527; WIGGINS, S. L. (1964): Notes on the behaviour of the Xantus hummingbird. - Condor 62: 409–410; WILHARD, F. C. (1911): The Blue-throated hummingbird. - ebd. 13; WILLIAMS, C. B. (1945): Hummingbirds in Trinidad. - Country Life London 97: 66–67; WILLIAMSON, F. S. L. (1956): The molt and testis cycles of the Anna hummingbird. - Condor 58: 342–366; dgl. (1957): Hybrids of Anna and Allen hummingsbirds. - ebd. 59: 118–123; dgl., L. J. REYTON, u. M. E. ISLIEB (1969): New distributional and overwintering records of birds from southcentral Alaska (*Selasphorus rufus*). - ebd. 67: 73–80; WILLIAMSON, G. B. u. E. M. BLACK (1981): Mimicry in hummingbird pollinated plants. - Ecology 62 (2): 494–496; WITHERS, P. C. (1977): Respiration metabolism and heat exchange of euthermic and torpid poorwills and hummingbirds. - Physiol. Zool. 50 (1): 43–52; WITTMANN, M. (1982): Hohes Alter bei Kolibris. - Trochilus 3 (2): 48; dgl. (1984): Wissenswertes über Amazilien. - 5 (4): 112–115; WOLF, L. L. (1964): Nesting of Forked-tailed emerald (*Clorostilbon canivetti*) in Oaxaca, Mexico, - ebd. 66: 51–55; dgl. (1969): Fermale territoriality in a tropical hummingbird (*Panterpe insignis*). - Auk 86: 490–504; dgl. (1970): The impact of seasonal flowering on the biology of some tropical hummingbirds. - Condor 72: 1–14; dgl. dgl., u. J. S. WOLF (1970): Nesting of the Purple-throated Carib hummingbird . - Ibis 113: 306–315; dgl., u. F. G. STILES (1970): Evolution of pair cooperation in a tropical hummingbird. - Evolution 24 (4): 759–773; dgl., u. F. R. HAINSWORTH (1971): Time and energy budgets of territorial hummingbirds. - Ecology 52; dgl., u. dgl. (1972): Environmental influence on regulated body temperature in torpid hummingbirds. - Comp. Biochem. Physiol. 41 A: 167–173; dgl., u. dgl. (1972): Energetics of foraging rate and effecienty of nectar extraction by hummingbirds. - Science 176: 1351–1352;

dgl. (1975): Prostitution behavior in a tropical hummingbird. - Condor 77 (2): 140–144; dgl. (1975): Mechanism of feather replacement in a hummingbird. - Auk 92 (1): 152; dgl., u. dgl. (1975): Foraging efficiencies and time budgets in nectarfeeding birds. - Ecology 56: 117–128; dgl., F. G. STILES, u. F. R. Hainsworth (1976): Ecological organization of a tropical highland hummingbird. - J. Anim. Ecol. 45 (2): 349–379; dgl., u. F. R. HAINSWORTH (1977): Temporal patterning of feeding by hummingbirds. - Anim. Behav. 25 (4): 976–989; dgl., u. dgl. (1989): Information and hummingbird foraging at individual inflorescences of *Ipomopsis aggregata.* - Oikos 46 (1): 15–22; WOODBURY, A. M. (1938): Red-naped sapsucker and Rufous hummingbird. - Condor 40: 125; dgl., u. J. W. SUDGEN (1938): An hour in the life of a Broad-tailed hummingbird. - ebd. 40: 160–162; WOODS, R. S. (1923): Further observations on the Costa hummingbird. - ebd. 25: 195–198; dgl. (1927): The hummingbirds of California. - Auk 44: 297–318; dgl. (1931): Hummingbird boarders. - Condor 33: 181–187; dgl. (1936): Choice of nesting sites by hummingbirds. - ebd. 225–228; dgl. (1938): An early spring migration record for Calliope hummingbird. - ebd. 40: 42; dgl. (1938): Records of arrival of Calliope hummingbirds. - ebd. 40: 93; dgl. (1951): Hummingbirds ways. - Audubon Mag. 53: 232–236; WORTH, B. C. (1942): Notes on hummingbirds at Chiriqui, Panama. - Auk 59: 364–368; WYMAN, L. E. (1929): Notes on the Calliope hummingbird. - Condor 22: 206–207

YEATON, R. I., u. L. LAUGHRIN (1976): Fall resource division in Santa-Cruz Island hummingbirds. - Wilson Bull. 88 (2): 272–279; YOUNG, A. M. (1971): Foraging for insects by a tropical hummingbird. - Condor 73 (1): 36–45

ZIMMER, J. T. (1950): Studies of Peruvian birds. No. 55. The genera *Doryfera, Glaucis, Threnetes* and *Phaethornis.* - Amer. Mus. Nov. 1449: 1–51; dgl. (1950): Studies on Peruvian Birds, No. 56. The genera *Eutoxeres, Camplyopterus, Eupetomena* and *Florisuga.* - ebd. 1450: 1–14; dgl. (1950): Studies on Peruvian Birds. No. 57. The genera *Colibri, Anthracothorax, Klais, Lophornis* and *Chlorestes.* - ebd. 1463: 1–28: dgl. (1950): Studies on Peruvian Birds. No. 58. The genera *Chlorostilbon, Thalurania, Hylocharis* and *Chrysuronia.* - ebd. 1474: 1–31; dgl. (1950): Studies on Peruvian Birds. No. 59. The genera *Polytmus, Leucippus* and *Amazilia.* - ebd. 1475: 1–27; dgl. (1951): Studies on Peruvian Birds. No. 60. The genera *Heliodoxa, Phlogophilus, Urosticte, Polyplancta, Adelomyia, Coeligena, Ensifera, Oreotrochilus* and *Topaza.* - ebd. 1513: 1–45; dgl. (1951): Studies on Peruvian Birds. No. 61. The genera *Aglaeactis, Lafresnaya, Pterophanes, Boissonneaua, Heliangelus, Eriocnemis, Haplophaedia, Ocreatus* and *Lesbia.* - ebd. 1540: 1–55; dgl. (1952): Studies of Peruvian Birds. No. 62. The genera *Patagona, Sappho, Polyonymus, Rhamphomicron, Metallura, Chalcostigma, Taphrolesbia* and *Aglaiocercus.* - ebd. 1595: 1–29; dgl. (1953): Studies on Peruvian Birds. No. 63. The genera *Oreonympha, Schistes, Heliothryx, Loddigesia, Heliomaster, Rhodopis, Thaumastura, Calliphlox, Myrtis, Myrmia* and *Acestrura.* - ebd. 1604: 1–26; ZIMMERMANN, D. A., u. S. H. LEVY (1960): Violet-crowned hummingbird nesting in Arizona and New Mexico. - Auk 77: 470; ZIPPERLEN, A. (1880): Kolibris in Gefangenschaft. - Gef. Welt 9: 439; ZUSI, R. L., u. G. D. BENTZ (1982): Variation of a muscle in hummingbirds and swifts and its systematic implications. - Proc. Biol. Soc. Washington 95 (2): 412–429; dgl., u. dgl. (1983): Myology of the Purpel-throated Carib *Eulampis jugularis* and other hummingbirds, Aves, Trochilidae. - Smithson. Contr. Zool. 0 (385)

28. Register

* = Abbildung

Abeilléa abellei 63, 169
Acestrura mulsanti 8, 177
Adelomyia melanogenys 71, 73, 75, 76, 115, 140, 183
Aggressionsverhalten 99ff.
Aglaeactis cupriprennis 21, 93*, 100*, 176
Aglaiocercus 98, 171
– *coelestis* 76, 140, 171
– *emmae* 175*, 171
– *kingi* 71, 72, 73, 76, 140, 164*, 171
Amazilia 11, 103*, 188
– *amabilis* 111, 115, 140, 189
– *amazilia* 115, 140, 189
– *cyanifrons* 140, 189
– *cyanocephala* 78, 189
– *cyanura* 63, 190
– *distans* 119
– *fimbriata* 140, 164, 188
– *franciae* 29, 30*, 32, 33, 50, 58, 82*, 83, 92*, 104*, 109*, 110*, 111, 113, 189
– *handleyi* 119
– *rutila* 63, 189
– *tzacatl* 11, 50, 71, 78, 106, 110*, 111, 138, 140, 189
– *versicolor* 48, 188
– *violiceps* 11, 190
– *viridigaster* 71, 189
– *yucatanensis* 78, 189
Anthracothorax nigricollis 110, 111, 138, 139, 140, 184
Apodiformes 15ff.
Archilochus 11, 18, 21
– *alexandri* 12, 48, 62, 84, 91, 116, 117, 140, 174
– *colubris* 8, 11, 14, 15, 17, 21, 42, 51, 57, 62, 63, 86, 89, 90, 106, 111, 114, 115*, 121, 140, 164*, 174
Artenschutz 141ff.
Aspergillose 136
Atthis heloisa 63, 79, 106, 108*, 111, 174
Augasma cyaneo-beryllina 118
Augastes
– *lumachellus* 9, 117, 186
– *scutatus* 117, 186
Ausrottung 9
Azteken 7

Baden 95
Balz 78ff.
Balzfüttern 83
Bandwurm *(Ananchotaenia trochili)* 135
Bestäubung 35ff., 42ff.
Blinddärme 17
Blütenbau 41
– duft 41
– farbe 36ff., 45ff.
– form 32ff.
– gestalt 38ff.
– größe 37ff.
– nektar 22ff.
Boissonneaua 176
– *flavescens* 140, 176
– *jardinei* 8, 176
– *matthewsi* 140, 176
Bourardia termifolia 30, 39, 47, 49
Bronchien 17
Brustbein 16, 20
– muskulatur 16
Brutdauer 83
– pflege 84
Buddleia brasiliensis 49

Calliphlox 11, 179
– *amethystina* 18, 48, 90, 179
Calothorax 178
– *lucifer* 11, 79, 80*, 178
Calypte 11, 21
– *anna* 44, 53, 54, 56, 59, 60, 61, 62, 63, 66, 77*, 79, 84, 86, 89, 104, 106, 111, 116, 117, 176
– *costae* 62, 79, 116, 174
Campylopterus 44, 190
– *hemileucurus (=falcatus)* 63, 78, 79, 190
– *lessoni* 8
– *villaviscensio* 115, 190
Canna indica 49

Castilleja 53
Centropogon 43
– *cordifolius* 44
Chaetocercus mulsanti 164*
Chalybura buffoni 8, 185
Chlorestes notatus 21, 140, 183
Chlorostilbon 11, 15, 21, 187
– *aureoventris* 48, 140, 187
– *ricordi* 8, 12, 140, 164*, 188
– *swainsoni* 8, 188
Chrysolampis 11, 170
– *mosquitus* 21, 140, 173*, 170
Chrysuronia oenone 140, 185
Coeligena 11, 180
– *coeligena* 140, 180
– *helianthea* 140, 180
– *wilsoni* 140, 180
Colibri 15, 104, 174
– *coruscans* 15, 26, 50, 71, 73, 76, 84, 86, 101*, 102*, 103*, 104, 105*, 107, 110, 111, 113, 140, 174
– *delphinae* 71, 72, 73, 75, 107, 113, 140, 174
– *serrirostris* 51, 174
– *thalassinus* 11, 15, 21, 43, 44, 50, 63, 79, 91, 106, 111, 140
Cynanthus latirostris 12, 23, 182

Damophila 183
– *juliae* 102*, 105, 140, 183
Discosura 20, 170
– *longicauda* 175*, 170
Doricha 171
– *eliza* 78, 171
– *henicura* 175*, 171

Eiablage 83
Energiebedarf 55ff.
– haushalt 53ff., 57ff.
Ensifera
– *ensifera*
Eriocnemis
– *luciani*
– *mirabilis* 119
Erythrina 39
Eugenes 184
– *fulgens* 20, 63, 89, 106, 111, 184
Eugenia imperatrix 10
Eulampis 176
– *jugularis* 15, 115, 140, 164*, 176
Eupetomena 20, 190
– *macroura* 21, 86, 191
Eupherusa cyanophrys 119
Eutoxeres 26, 47, 167
– *aquila* 65, 167

Farbsehen 48ff.
Florisuga 186
– *mellivora* 24, 122, 140, 186
Flügellänge 14
Flug 14ff.
– geräusch 16
– muskulatur 20
– technik 20
Fortpflanzung 68ff.
Fuchsia lyciotides 45
Fütterung 127ff.
Furcula 17

Galapagos-Archipel 13
Gesang 78
Geschmacksknospen 32
Geschwindigkeit 21
Gewicht 17
Glaucis 86, 167
– *hirsutus* 70*, 87, 167
Gourlica decorticans 49
Größe 17ff.

Handknochen 16
Handschwingen 16
Heliactin bilophum 175*, 171
Heliangelus 11, 187
– *regalis* 119
– *rothschildi* 10
– *viola* 113, 187
Helianthea 10
– *lutetiae* 116
– *torquata* 116
Heliodoxa leadbeateri 11, 124, 140, 181
Heliomaster 11, 191
– *constantii* 12, 190
– *squamosus* 90, 190
Heliothryx 104
Herz 16
Hochzeitsflug 80ff.
Hohenbergia augusta 49
Hylocharis 12, 183
– *grayi* 83, 183
– *leucotis* 24, 38, 42, 45, 48, 50, 63, 73, 78, 81*, 86, 87, 89, 106, 108*, 111, 183
Hybriden, Hybridisation 14, 116ff.

Insekten 22ff.

Körpergewicht 14, 16, 18, 20, 54, 57
– pflege 94ff.
Krankheiten 133ff.
Kropfkapazität 54

Lamourouxia exerta 43, 44
Lampornis 12, 181
– *amethystinus* 63, 181
– *clemenciae* 12, 38, 63, 66, 69*, 73, 78, 79, 83, 84, 85*, 88*, 91, 100, 111, 115, 116, 181
Lesbia 20, 172
– *nuna* 48, 172
– *victoriae* 140, 172
Loddigesia 20, 170
– *mirabilis* 8, 175*, 170
Lophornis 172
– *delattrei* 8
– *gouldi* 8
– *magnificus* 120, 172, 173*
– *ornatus* 172, 173*
– *stictolophus* 173*
Lycium cestoides 49

Macranthera lecontei 42
Macrochires 15
Marcgravia picta 44
– *mexicana* 45
Mauser 88ff.
Melanotrochilus 21
Mellisuga minima 18, 79, 169
Metallura 113, 185
– *odomae* 119
– *thyrianthina* 65, 71, 75, 112*, 185
Mykose 136
Myrmia micrura 115, 140, 177
Myrtis fanny 79, 175*, 178

Nahrungsaufnahme 28ff.
Nazca-Kultur 154ff.
Nektar 39ff.
Nest 69
Nestlinge 87
Nicotiana glauca 49

Ocreatus underwoodi 20, 65, 98, 140, 170
Oreotrochilus 27, 178
– *chimborazzo* 15, 60, 67, 178
– *estellae* 27, 60, 67, 70, 84, 106, 178
– *leucopleurus* 58, 178
Ornithophilie 35ff.
Orthoryncus 12, 174
– *cristata* 15, 47, 174
Oxypogon guerini 173*, 174

Pampa pampa (= Campylopterus curvipennis) 78, 79
Patagona 176
– *gigas* 18*, 21, 26, 54, 83, 84*, 140, 176
Penstemon 47
Penstemon campanulatus 38
Phaethornis 15, 26, 27, 70, 86, 135*, 168
– *eurynome* 70*, 168
– *guy* 78, 168
– *koepckeae* 118
– *longemareus* 8, 48, 78, 140, 168
– *maranhoensis* 118
– *margarethae* 118
– *nigrirostris* 118
– *pretrei* 115, 168
– *ruber* 21, 78, 79, 140, 168
– *superciliosus* 21, 78, 168
Philodice evelynae 12, 15, 179
Phrygilanthus cuneifolius 49
Polemistria pavoninus 173*, 172
Pollen 23, 25, 41ff.
Proctolaelaps 52
Puya 40, 41

Quetzalcoatl 149

Ramona polystrachya
Rhamphomicron
– *microrhynchum*
Rhinoseius 52
– *opoecus* 53
Rhodopis vesper 45, 140, 179
Rhus ovata 45
Ricordia ricordi (= Chlorostilbon) 125

Salvia
– *cardinalis* 38, 42, 45, 47
– *mexicana* 47, 50
– *splendens* 39
Sappho 20, 172
– *sparganura* 71, 73, 75, 115, 140, 172
Schwanz 20
Schwirrflug 20, 22, 55, 56, 67
Scutellaria costaricana 48
Selasphorus 12, 21, 177

Selasphorus flammula 175*, 177
– *platycercus* 12, 14, 49, 79, 91, 115, 116, 178
– *rufus* 14, 53, 54, 62, 63, 79, 83, 87, 89, 91, 104, 106, 111, 116, 135*, 177
– *sasin* 12, 14, 17, 53, 59, 60, 62, 116, 177
– *torridus* 15, 178
Sephanoides sephanoides 94, 185
Sericotes holosericeus 15, 115, 183
Soor 136, 167
Spielflüge 107
Stammesgeschichte 13
Stellula calliope 11, 14, 62, 63, 83, 91, 106, 116, 174
Strelitzia reginae 42
Sutherländia 50, 39

Tecoma radicans 48
Thalurania furcata 71, 72, 140, 182
– *glaucopis* 70, 105, 140, 182
Thaumastura 20, 171
– *cora* 90, 175*, 171
Threnetes 26, 27, 167
– *cristinae* 117
– *fraseri* 8
– *loekheni* 117
Tilmatura duponti 175*, 171
Topaza 171
– *pella* 175*, 171
– *pyra* 11, 171
Torpidität 58ff.
Trochilus 171
– *mango (= Anthrcothorax)* 124
– *polytmus* 15, 20, 49, 73, 140, 175*, 171
– *scitulus* 119

Urochroa bougueri 121*, 186

Veronica fulta 49
Vogelblumenmilben 52ff.

Wanderbewegung 21
Wasser 23, 25

Zunge 17, 28
Zungenbeinhörner 17

Die Neue Brehm-Bücherei
Ornithologische Titel

*Von den mit * versehenen Bänden sind nur noch geringe Restbestände vorhanden*

Allgemeines

Hans Bub*
Kennzeichen und Mauser europäischer Singvögel, 3. Teil
1983, Bd. 550, 200 S., 34,- ISBN 3 89432 335 3

Hans Bub
Kennzeichen und Mauser europäischer Singvögel, 4. Teil
1988, Bd. 580, 221 S., 35,- ISBN 3 89432 336 1

Hans Bub*
Vogelfang und Vogelberingung, 1
5. Auf. 1985, Bd. 359, 169 S., 23,- ISBN 3 89432 338 8

Hans Bub
Vogelfang und Vogelberingung, 3
4. Aufl. 1986, Bd. 389, 240 S., 26,- ISBN 3 89432 339 6

Hans Bub, Hans Oelke
Markierungsmethoden für Vögel
2. Aufl. 1985, Bd. 535, 152 S., 25,- ISBN 3 89432 337 X

Gerhard Creutz*
Geheimnisse des Vogelzuges
10. Aufl. 1989, Bd. 75, 110 S., 16,- ISBN 3 89432 340 X

Monographien

Wolfgang Baumgart
Der Sakerfalke, *Falco cherrug*
3. Aufl. 1991, Bd. 514, 156 S., 39,- ISBN 3 89432 377 9

Peter Berthold, Ulrich Querner, Rolf Schlenker
Die Mönchsgrasmücke, *Sylvia atricapilla*
1990, Bd. 603, 180 S., 32,- ISBN 3 89432 393 0

Hans Blümel
Die Rohrammer, *Emberiza schoeniclus*
1982, Bd. 544, 72 S., 15,- ISBN 3 89432 370

Hans Blümel, Rudolf Krause
Die Schellente, *Bucephala clangula*
1990, Bd. 605, 108 S., 19,- ISBN 3 89432 395 7

Gerhard Creutz
Der Graureiher, *Ardea cinerea*
2. Aufl. 1983, Bd. 530, 192 S., 34,- ISBN 3 89432 341 8

Gerhard Creutz
Der Weißstorch, *Ciconia ciconia*
2. Aufl. 1988, Bd. 375, 236 S., 35,- ISBN 3 89432 342 6

Hartmut Dittberner, Winfried Dittberner
Die Schafstelze, *Motacilla flava*
1983, Bd. 559, 188 S., 32,- ISBN 3 89432 358 2

Rolf Dwenger
Das Rebhuhn, *Perdix perdix*
2. Aufl. 1991, Bd. 447, 144 S., 39,- ISBN 3 89432 373 6

Rolf Dwenger*
Die Dohle, *Corvus monedula*
1989, Bd. 588, 148 S., 24,- ISBN 3 89432 372 8

Helmut Engler*
Die Teichralle, *Gallinula chloropus*
2. Aufl. 1983, Bd. 536, 231 S., 37,- ISBN 3 89432 347 7

Hermann Hötker
Der Wiesenpieper, *Anthus pratensis*
1989, Bd. 595, 156 S., 26,- ISBN 3 89432 360 4

Lothar Kalbe
Der Gänsesäger, *Mergus merganser*
1990, Bd. 604, 137 S., 26,- ISBN 3 89432 394 9

Siegfried Klaus, Alexander V. Andreev, Hans-Heiner Bergmann, Franz Müller, Jan Porkert, Jochen Wiesner
Die Auerhühner, *Tetrao urogallus und T. urogalloides*
2. Auf. 1989, Bd. 86, 280 S., 39,- ISBN 3 89432 345 0

Siegfried Klaus, Hans-Heiner Bergmann, Christian Marti, Franz Müller, Oleg A. Vitovic, Jochen Wiesner
Die Birkhühner, *Tetrao terix und T. mlokosiewiczi*
1990, Bd. 397, 288 S., 44,- ISBN 3 89432 397 3

Siegfried Krüger
Der Brachpieper, *Anthus campestris*
1989, Bd. 598, 128 S., 19,- ISBN 3 89432 361 2

Hans Löhrl
Die Haubenmeise, *Parus cristatus*
1991, Bd. 609, 120 S., 32,- ISBN 3 89432 375 2

Wolfgang Lübcke, Robert Furrer
Die Wacholderdrossel, *Turdus pilaris*
1985, Bd. 569, 198 S., 29,- ISBN 3 89432 363 9

Horst Marks
Kropftauben
2. Aufl. 1986, Bd. 568, 192 S., 32,- ISBN 3 89432 351 5